역학의 원리와 응용

역학의 원리와 응용

Epidemiology
The principles and applications

안윤옥
유근영
박병주
김동현
배종면
강대희
신명희
이무송

서울대학교출판문화원

머리말

서울의대를 비롯한 5개 의과대학에서 역학 전공 교수로 재직하고 있는 7명의 교수가 의학과 학생, 예방의학 전공의 또는 보건학 전공 대학원생에게 유용한 역학교과서를 출간하기로 뜻을 같이 한 것은 1997년 겨울이었다. 국내의 역학연구 사례를 인용한 국산품 역학교과서를 만들어 보자는 결의도 있었다. 당시만 해도 역학에 관한 국내외 저술서적은 모두 합하여 30권 내외였다. 그러나 그 이후 특히 외국의 신간 저술과 개정판 저술이 쏟아져 나왔고 내용과 범위도 더욱 확대 또는 심화되는 두드러진 변화가 있었다. 초기에 구상했던 편집 내용을 대폭 수정할 수밖에 없었다. 장, 절별 집필 내용도 많은 보강이 필요했으며 제14장 '분자 및 유전역학'의 집필자로 강대희 교수가 늦게 공동저자에 합류하였다. 내용 설명에 인용하는 국내 역학연구 사례도 가급적 최근에 이루어진 연구로 교체하기도 하였는데 결국 약 7년간의 공동작업의 결실로 이 책자가 나왔다.

과거 전염병이 만연하던 시대 그 원인이 병원균으로 확인되기 수십 년 이전부터 전염병의 유행과 확산을 막는 유일한 의료수단으로 Epidemiology(疫學, 중국에서는 流行病學)가 태동하였다. 역학은 사람을 직접 연구대상으로 하여 건강－질병 현상의 인과관계를 규명하는 분야로 협의의 병인학(病因學)이라고 할 수 있고 예방의학의 근간을 이루는 학문으로 자리 매김 되어왔다. 그러나 의학에서 사람을 직접 대상으로 행하는 인과성 연구방법은 역학의 전유물로 발전되어 왔고 지금에 이르러는 의학연구방법의 한 축이 되었다. 의학에서 다루는 지식이 거의 인과성에 관련되는 내용이라고 해도 과언은 아니다. 특정 징후나 증세, 또는 임상검사의 소견을 통하여 질병을 진단하는 일도 결국은 인과성에 의존하는 판단이고, 환자의 치료나 예후에 관한 의사의 판단도 바로 인과관계에 그 바탕을 두고 있음을 상기한다면 역학이 의학에서 차지하고 있는 비중이 어느 정도일지 쉽게 가늠할 수 있다. 오늘날의 역학은 예방의학뿐 아니라 의학의 모든 분야에서 행하는 인과성 연구에 널리 적용되는 기초학문의 역할로 확대되었다.

인과성을 어떻게 이해하여야 하는가?, 어떻게 인과관계를 증명할 수 있는가?, 그 증거들은 어떤 방법으로 만들어져야 하는가? 하는 것들은 역학의 가장 기본이 되는 이념적 문제이다. 역학적 방법론과 병인에 관한 많은 역학적 지식은 바로 일관성 있게 정립된 기본 이념의 바탕 위에서 이루어진 것이다. 제1장에서 제5장은 역학의 기본 이념에 관한 내용을 다루고 있다. Determinism이 아닌 확률적 입장에서 인과성을 이해하며 인과성에 대한 정의는 activity theory를 따른다는 내용과, 인과성에 관련되는 증거들은 전적으로 과학적 방법에 의하여 만들어져야 하며 인과성 여부에 대한 판단은 생성된 증거들로 이루어진 논리적 추론에 의한다는 설명이 수록되어 있다. 역학을 공부함에 있어 제일 먼저 이해하고 넘어가야 할 내용으로 이 책을 교재로 사용하는 모든 독자에게 필히 한 번쯤 정독할 것을 권한다.

제6장에서 제14장까지는 역학의 연구영역별로 그 방법론을 다루고 있다. 여기에서 독자는 역학의 영역과 그 체계를 조감할 수 있으며 각 영역에서의 방법론을 터득하게 된다. 연구대상의 표적(target)이 되는 건강-질병 현상의 특성을 기술하는 영역에서부터 관련성 또는 상관성을 파악하는 영역, 관찰조사연구로 인과성을 추론하는 영역, 시험적 연구로 인과성을 규명 또는 확인하는 영역, 그리고 최근 새로운 영역으로 각광을 받고 있는 분자 및 유전자수준 역학연구까지를 포함하고 있다. 각 장에는 주로 저자들에 의하여 이루어진 해당 영역의 연구사례를 인용하여 실제적 경험과 함께 세부적 연구방법을 기술하고 있다.

제15장은 연구 성적의 오류와 비뚤림(bias)을 다루고 있다. 역학연구는 사람을 직접 대상으로 하기 때문에 실험적 연구가 제한적일 수밖에 없고 대부분이 관찰조사 연구형태로 이루어진다. 관찰조사 연구는 그 속성상 연구 성적의 오류와 비뚤림에서 자유스러울 수 없다. 역학을 전공하고자 하는 전공의 또는 대학원생에게는 역학의 기본 이념 다음으로 중요한 내용이 될 것이

다. 또한 임상의학 분야 전공자에게도 임상연구 성적을 해석하는 데 큰 도움이 되는 내용이라고 생각하며 정독을 권한다.

21세기 의료는 예방의학시대가 될 것으로 전문가들은 확신하고 있다. 질병의 원인규명을 핵심과제로 다루는 역학의 궁극적인 도달점은 건강을 증진(promote)하고 보호(protect)하며 복구(restore)하는 데 있다. 21세기 의학에서 역학은 분명 더욱 각광을 받는 학문이 될 것이다.

많은 분들의 도움과 지원이 없이 이 책이 나올 수는 없었다. 번듯한 교과서 없이 교수의 강의록에 의존하여 역학을 배운 그 동안의 의학과 학생들에게 먼저 감사를 드린다. 이 책을 저술하도록 저자에게 동기를 부여했음은 물론 그때의 강의록은 바로 이 책의 근원이 되기 때문이다. 의과대학을 졸업하고 예방의학에 입문하여 현재에 이르기까지 역학의 학문과 사도의 길을 인도하여 주신 서울의대 예방의학교실의 스승님들, 故 김인달, 권이혁, 윤덕로 선생님의 恩光은 언제나 잊지 못한다. 또한 우리나라의 역학을 이끌어 오시고 이 책보다 먼저 저술을 내셨던 서울대학교 보건대학원 김정순 명예교수님과 연세대학교 의과대학 김일순 명예교수님의 직, 간접 지도편달에 감사드린다. 끝으로 이 책의 출판을 가능하게 해주신 서울대학교출판부 임직원 모두에게도 감사드린다.

2004년 12월
연건동 28번지에서
저자 일동 씀

차례

표 차례

그림 차례

1장

역학의 정의 및 발전과정

Epidemiology

1. 역학(epidemiology)의 정의

어원상으로 epidemiology는 epidemic에 logos(=science, 학문)를 합한 말이다. 'epidemic'에는 2가지의 뜻이 있는데 하나는 epi(= upon) + demos(= people)의 합성어로서, 직역하면 '인간집단에 관한'이라는 의미가 된다. 다른 하나는 히포크라테스의 유명한 저서명인 'Epidemic'에서 유래한 것으로, '인간집단에서 급작스레 유행하는 감염병(acute outbreak of infectious disease)'을 뜻하기도 한다. 즉, 인간집단에서 일어나는 유행병의 원인을 규명하는 학문이라는 뜻이다. 우리나라와 일본에서는 epidemiology를 疫學(역학)이라고 번역하여 사용하고 있는데 여기에서의 '疫(역)'도 유행병을 의미한다. 중국에서는 流行病學(유행병학)이라고 부른다.

Epidemiology라는 용어가 고유한 영역을 가지고 의학계에서 본격적으로 사용되기 시작한 것은 London Epidemiological Society(LES, 런던역학회)가 결성되었던 1850년 이후부터이다. 당대의 저명한 의사들로 구성된 런던역학회는 당시 영국 런던에서 크게 유행하였던 콜레라의 원인을 파악하기 위하여 결성되었으나, 다른 유행병에 대해서도 권위있는 연구결과(예를 들어 1853년 천연두 예방접종의 효과)를 발표하기도 하였다.

감염병이 인류의 주된 질병이었던 시대에 이를 예방하고 관리하는 목적으로 역학이라는 학문이 발전되었기 때문에 1930년대까지 역학의 내용과 대상은 거의 전부가 감염병이었다. 그리하여 프로스트(Wade Hampton Frost)나 스탈리브라스(Stallybrass) 같은 학자는 역학을 '감염병에 관련하여 그 자연사(自然史) 또는 원인, 경과 및 예방에 관한 과학'으로 정의하였다. 그러나 인류의 질병양상이 변천함에 따라 역학의 대상도 급성 감염병에서 만성 감염병 및 비감염성 질환 등 모든 질병으로 확대되었고 나아가 질병뿐만 아니라 사회적 병리현상까지도 그 대상으로 삼는가 하면 생리적 상태 또는 건강 자체를 대상으로 삼기도 한다. 오늘날 역학은 다음과 같이 정의된다.

"역학은 인간집단에서 발생하는 질병 또는 생리적 상태의 빈도와 분포, 그리고 그러한 분포를 결정짓는 요인들에 관하여 연구하는 의과학의 한 분야이다."

이상의 내용을 요약하면 역학은 첫째 인간집단(human population)이 직접적인 연구대상이며, 둘째 집단 구성원에서 발생하는 건강에서 사망에 이르는 모든 건강-질병 현상의 빈도, 분포, 그리고 이와 인과적으로 관련된 결정요인 등을 파악하여, 셋째 궁극적으로 질병예방과 건강증진을 위한 실제적인 수단을 개발하는 학문이다. 따라서 좁은 의미의 역학은 병인학(病因學)이라고도 할 수 있는데, 최근 미국이나 일본 의학계의 일부에서는 역학을 임상의학(clinical medicine)과 구분하여 예방의학(preventive medicine)이라고 부르기도 한다.

2. 역학의 발전과정 및 진화

오늘날의 역학은 의학에 사회학, 인구학, 그리고 통계학을 접목시킨 학문분야이다. 역학이 사람을 직접 대상으로 하여 특정 질병의 발생요인을 밝히고 예방수단을 찾는 의과학의 한 분야로서 현재와 같은 학문으로 정립되기까지의 과정을 훑어보면 ① 질병발생이 인간 환경(human environment)과 밀접하게 관련된다는 사고, 즉 소위 '환경병인론'의 발전과 ② 인간집단의 자연현상, 특히 인구동태를 집단적 및 계량적으로 파악, 이해할 수 있는 지식, 즉 '의학통계'의 발전, 그리고 ③ 인간집단에서 일어난 자연적인 실험현상이나 또는 인체 실험적 현상을 귀납적 방법으로 비교 관찰함으로써 그 발생원인 혹은 예방수단을 찾게 된 사례의 축적 등, 이상 세 분야에서의 지식과 방법론들이 19세기 중엽부터 상호 융합, 절충되어 이루어진 것임을 알 수 있다.

1) 환경병인론의 발전

환경병인론은 역학의 기본적 개념에 해당한다. 질병발생이 인간의 환경과 관련이 있으리라는 생각은 원시시대에서도 존재하였으리라 짐작할 수 있는데 대부분의 질병이 감염병인 당시 상황에서 유추된 극히 당연한 추리이다. 그러나 이러한 관련성을 최초로 분명하게 언급한 사람은 의성(醫聖) 히포크라테스(Hippocrates, B.C. 460–377)이다. 당시의 미신적 개념을 부정하고 그의 저서 'On Airs, Waters, Places'에서 의사는 환경이 질병에 다양한 영향을 미치고 있다는 것을 항상 고려하여야 한다고 하였다. 그러나 구체적으로 '나쁜 환경'이 무엇인지 상술할 수 있는 지식은 그 후 2,000년이 넘도록 알려지지 않았다. 아마도 '측량(count)'이 아니고 단지 '고려(consider)'해야 한다고 언급했기 때문이 아니냐고 지적하기도 한다. 16세기 이탈리아 의사인 프라카스토로(Girolamo Fracastoro)에 의하여 접촉설이 제창되면서 환경병인론이 부활되기 시작하였다. 프라카스토로는 어떤 질병들은 특정한 접촉에 의하여 발생한다는 접촉설(De Contagione, 1546)을 제시하여 당시의 유행병을 설명하고자 하였다. 그러나 그는 병원체인 미생물에 관한 개념은 없었다. 17세기 초 레벤후크(Antonie van Leeuwenhoek)에 의해 현미경이 발명된 후, 이를 이용하여 사람 눈에는 보이지 않는 미생물들이 발견되기 시작하였다(1683). 이로부터 감염병을 설명하는 접촉전염생물설(contagium vivum theory)을 커셔(Kircher)가 제시하였다.

한편 1700년대 초 미국을 중심으로 하여 감염병의 원인으로 장기설(瘴氣說, miasma theory)이 유행하였는데, 나쁜 공기를 들여 마심으로써 병이 생긴다는 설로 말라리아 또는 황열의 유행에는 어느 정도 설명력이 있었지만, 다른 대부분의 감염병의 잠복기를 설명할 수는 없었고, 당시 유행하기 시작한 천연두 접종의 효과를 설명하지 못하였다. 그리하여 유럽에서는 다시 접촉전염생물설이 재등장하게 되었다.

18세기 후반에서 19세기 초까지는 감염병의 원인으로 접촉전염생물설의 소위 병원세균론(germ theory)이 거의 정설로 받아들여지게 되었고 19세기 중엽 파스퇴르(Louis Pasteur, 1864)에 의하여 병원체가 확인되어 환경병인론은 미생물병인론으로 대체되었다.

질병의 양상이 감염병으로부터 비감염성 내지는 만성 질환으로 변천함에 따라 환경병인론은 다시 부활하게 되었다. 단일 원인론(병원균)에서 복합 원인론으로 그 개념이 확대되었으며, 주로 개인의 생활습관이나 직업환경 속에 발생원인들이 존재한다고 생각하였다.

2) 인구동태를 집합적 및 계량적으로 이해할 수 있는 지식의 발전

역학의 방법론에 해당한다. 17세기에 일어난 과학혁명은 물리적 세계를 수리적으로 일반화하여 기술, 표현하게 되었고 이로부터 예측이 가능한 사례가 발견되기 시작하였다. 생물학적 세계에서도 사망의 규칙(laws of mortality), 집단발병의 규칙(laws of epidemics)과 같은 법칙들을 찾을 수 있을 것이라고 생각하게 되었다. 그 첫번째 업적을 낸 사람이 영국의 그론트(John Graunt)이다. 그는 영국의 왕립런던학회의 창단회원인 페티(William Petty)의 친구이며 학회의 재정적 후원자이기도 하였는데, 1662년 'Natural and Political Observations Mentioned in a Following Index and Made Upon the Bills of Mortality'를 발표하여 인간집단의 사망과 출생양상을 비교하는 최초의 업적을 남겼다.

영국에서는 1603년부터 기독교 교구별로 사망과 출생을 파악하는 제도(bills of mortality)가 시행되었는데, 그론트는 1603년부터 1658년까지의 55년 동안 런던과 햄프셔교구의 사망 서류를 수집하여 이를 종합, 집계하였으며, 여기서 인구집단의 사망 및 출생양상에 어떤 일반성이 있음을 제시하였다. 예를 들면 남성이 여성보다 출생과 사망이 많다는 점, 영아기의 사망이 다른 연령군보다 높다는 것, 사망에 계절적 변동이 있다는 점, 도시-농촌 간에도 사망수준의 차이가 있다는 점, 그리고 페스트 유행에 의한 인명피해를 수량화한 점 등이다. 또한 그는 수집한 자료로서 최초로 생명표와 유사한 것을 만들어 소위 사망의 규칙(law of mortality)을 파악하려는 시도를 하였다. 그의 업적은 두 가지 측면에서 매우 획기적인 사건이었다. 하나는 생물체의 생명현상에도 일반성이 존재한다는 사실이었는데 그 이전까지의 통념은 무생물의 물리적 내지는 화학적 현상에만 어떤 원리나 일반성이 있고 생물체의 생명현상은 개개가 모두 고유한 사건이라고 생각하였다. 다른 하나는 개개의 생명현상을 집단적으로 관찰하고 이를 계량화하여 정리, 분석하면 일정한 규칙성이나 일반성의 파악이 가능하다는 것이었다.

역학적 방법에 관하여 보다 구체화된 개념과 방법을 발전시킨 사람으로 영국 의사 파아(William Farr)를 들 수 있다. 최초로 근대적 생정통계(vital statistics) 체계를 수립하였고, 이를 공중보건에 적용하는 방법을 고안하여 그 기틀을 마련하였다. 관찰기간의 인-년(person-year) 개념, 상호비교를 위한 지표의 표준화, 용량-반응관계에 대한 개념, 후향적 및 전향적 연구의 구분 등을 제안하여 현대 역학적 연구방법을 체계화시켰다.

3) 역학적 조사연구 업적들에 의한 의학지식의 발전

과학의 혁명이라고 불리는 '귀납논리'의 출현은 의학에서도 커다란 변혁과 진전을 가져왔다. 귀납적 논리를 바탕으로, 자연적 및 실험적인 역학연구를 통하여 특정 질병의 발생요인이나 유행요인을 찾아 예방수단을 제시하거나 또는 치료방법을 찾을 수 있었던 사례들은 의학지식의 발전에 크게 공헌하였다. 여기에서 역학적 연구라 함은 문제가 되는 질병 또는 요인의 양상에 대하여 인간집단을 계량적 및 논리적으로 상호 비교하는 것을 일컫는다.

베이컨(Francis Bacon) 등에 의하여 제창된 귀납적 논리의 방법론은 역학에서도 매우 중요한 의미를 갖는다. 모든 지식의 원천은 이성이 아니라 관찰과 실험 등과 같은 경험에 있다는 경험과학이 중시되면서 질병의 원인을 추구하는 의학(역학) 연구에서도 관찰, 실험, 비교와 같은 귀납적 방법론의 적용이 보편화되었다. 영국 의사 린드(James Lind)는 역학적인 관찰을 통하여 당시 선원들에게 공포의 병으로 알려진 괴혈병이 과일 섭취의 부족에서 온다는 결과를 얻고 일부 선원들에게 시험적으로 라임 주스를 공급하도록 일종의 임상시험을 시행하여 괴혈병을 예방할 수 있음을 보고(1747)하였다. 영국 해군에서는 그의 연구결과를 인정하여 1795년부터 선상식사에는 라임이나 라임 주스를 필히 포함하도록 조치하였고, 이후 영국 뱃사람에 'limeys'라는 별명이 붙게 되었다.

베르누이(Daniel Bernoulli, 1760)와 제너(Edward Jenner, 1796) 등은 천연두 균의 주입이 천연두의 발병을 막는데 유효하다는 사실을 역학적 분석을 통하여 얻었다. 프랑스 천민 출신의 의사 루이(Pierre Charles Alexandre Louis, 1787-1872)는 현대 역학의 발전에 지대한 공헌을 한 사람이다. 많은 관찰(역학) 연구를 수행하여 당시에 잘못 알려져 있는 의학지식을 반박하였는데, 예를 들면 방혈(放血, bloodletting)이 아무런 치료효과가 없다는 것을 밝혀 이의 시술을 막은 바 있다. 그는 특히 의학연구에서 귀납적 방법론과 관찰 내용을 계량화하며, 확률론적 방법 등을 적극 적용할 것을 주창하였으며 또한 많은 제자를 양성하였다. 파아(W. Farr), 사이몬(John Simon, 영국 최초의 후생성 장관), 가이(William Augustus Guy, 영국 공중위생운동의 창시자) 등이 그 대표적인 인물들이다.

1850년에 창립된 런던역학회는 당시(1849-1854) 런던에서 대유행을 일으켰던 콜레라를 해결하기 위한 것이었으나, 스노우(John Snow)가 콜레라 유행을 종식시킨 후에도 많은 활동을 하였다. 대표적인 예로 1853년 런던역학회의 천연두에 관한 보고서에 의하여 같은 해 천연두예방접종법이 제정되기도 하였다.

스노우의 콜레라에 관한 관찰연구는 전염병에 대한 역학적 조사연구의 고전적 모델이 되고 있다. 런던역학회 창립회원의 한 사람이었던 스노우는 1849년에서 1854년 사이에 런던에서 유행한 콜레라에 대한 역학적 조사연구를 시행하였는데, 관찰의 계획부터 매우 체계적이었으며 또한 관찰결과를 논리적으로 종합, 분석하여 그 발생상황을 계량적으로 파악하면서 콜레라 유행의 원인을 밝히고 그에 대한 방역조치로 유행을 종식시킨 큰 업적을 남기었다. 그 당시 런던에는 식수를 상업적으로 공급하는 회사가 두 개(Vauxhall과 Lambeth) 있었는데 스노우의 역학적 조사결과, 이 중 브로드가에 위치한 Vauxhall사의 펌프가 콜레라 유행의 진원지라는 것을 지적하였고, 이 펌프를 즉각 폐쇄하고, 이 회사의 취수원을 템즈 강 상류로 이전함으로써 콜레라의 유행이 종식되었다. 스노우의 연구결과는 2년 후인 1857년에 모든 판매식수는 여과하여야 한다는 법률(식수여과법)의 제정으로 이어졌는데, 이는 콜레라균이 코흐(Robert Koch)에 의해 발견되기 26년 전의 일이었다.

오스트리아 빈 의과대학병원 의사인 젬멜바이스(Ignatz Philipp Semmelweiss)의 산후 모성 사망에 관한 역학적 연구결과는 역학적 연구가 특정 질병의 원인을 규명하는데 결정적인 역할을 한다는 사실을 다시 한번 보여주었다. 1840년 당시 빈 의과대학병원에는 2개의 산모병동이 있었고 조산원과 의과대학생들이 2개 병동에 균등하게 배치되어 분만개조에 대한 수련을 받고 있었는데, 1841년부터는 수련계획이 바뀌어 한 개 병동에는 조산원만이, 다른 병동에는 의과대학생과 의사들만 배치되어 분만개조를 수련받게 되었다. 이들 2개 병동에서의 모성사망률이 1833년에서 1840년 사이에는 차이가 없었다. 그러나 1841년부터 1846년 사이에는 모성사망률이 조산원 훈련병동에서는 3.9%이었으나, 의대생의 훈련병동에서는 9.9%로 나타나 큰 차이가 있음을 관찰하였다. 젬멜바이스는 이러한 차이의 원인을 역학적으로 관찰하여 의대생은 해부실습과 병행하여 분만개조 실습을 하고 있음이 원인이라고 추론하고, 1847년부터 모든 분만실습자(조산원과 의대생)에게 실습 시작 전에 반드시 염소소독수로 손을 씻도록 함으로써 1848년의 모성사망률은 2개 병동 모두에서 1.3%로 감소하였음을 보고한 바 있다.

젬멜바이스의 비교실험적 역학연구방법은 20세기에 와서 펠라그라(pellagra)에 대한 골드버거(Joseph Goldberger)의 연구에서 그 위력을 발휘하였다. 당시 거의 모든 의학자들이 일종의 전염병으로 간주하였던 펠라그라가 골드버거의 비교실험적 역학연구에 의하여 특정 식품의 결핍으로 발생하는 영양결핍성 질병임을 증명하였고, 식이요법에 의하여 완전한 예방과 치료가 가능함 보여주었다(1917년). 펠라그라를 유발하는 원인 영양소가 니

코틴산(nicotinic acid)으로 밝혀진 것은 훨씬 후의 일이다.

질병발생의 원인이 주변환경에 있다는 환경병인론의 정립과, 생명현상을 집단적 및 계량적으로 다루는 통계학적 방법론의 발전, 그리고 건강-질병현상에 인과적으로 관여하는 요인을 귀납적 및 논리적 사고에 의하여 밝힐 수 있다는 믿음의 확산 등이 서로 융화되어 오늘날의 역학으로 발전되었다.

4) 질병 양상과 역학의 진화

역학이라는 학문이 태동하던 시대는 감염병이 인류 질병의 주종을 이루고 있었던 시기이다. 따라서 거의 모든 의학 영역의 궁극적인 목적은 감염병에 대항하는 수단을 찾는 것이었다. 세균학이 확립되어 감염병의 본질이 알려지기 훨씬 이전에도 역학적 연구결과들은 감염병 유행의 원인이나 특정 질병의 발생요인을 놀라울 정도로 정확하게 밝혀내는 업적을 쌓아 왔다. 이후 세균학의 발전과 함께 역학은 감염병을 방어하는데 가장 핵심적인 의학 영역이 되었다. 그리하여 한 때는 역학을 '고급세균학(advanced microbiology)'이라고 하기도 하였다. 그러나 감염병의 병인론(단일 원인론)을 포함하여 그 발생과 경과, 및 유행 등의 자연사를 보면 감염병에 있어서는 필요원인인 세균에 대한 항균치료가 곧 예방이요, 예방이 곧 치료가 되기 때문에 예방과 치료에 관한 의학적 지식이 크게 구분되지 않음을 알 수 있다. 따라서 역학의 고유한 학문영역은 연구방법론에 국한되고 예방의료에 관하여는 환경위생이나 보건행정 등과 같은 공중보건에 관련하는 내용(이것도 대부분은 세균학에 의존한 것이지만) 이외에는 별로 두드러지지 못한 것이 사실이었다. 지금도 일부 식자들이 공중보건학(또는 공중위생학)과 역학을 동일한 내용으로 잘못 인식하고 있음은 여기에서 연유한 바 크다.

현대를 소위 만성퇴행성 또는 복합성 질환(complex disease) 시대라고 한다. 역학의 기본개념인 환경병인론은 복합성 질환에서도 그 우월성이 인정되는 지식체계이다. 단지 과거의 단일원인(병원균)론에서 복합원인론으로 바뀌고 있다. 더구나 인과론에 대한 현대의 과학철학이 과거의 결정론적 입장에서 실행적 및 확률적 개념(activity theory of causation)으로 모아지고 있는바, 질병발생의 인과관계에 있어서도 그것이 꼭 '세포수준' 또는 '분자수준' 이 아니더라도 '예방효과가 있는 것' 이라면 질병발생의 원인으로 인정하고 있는데, 이러한 사조는 현대의 질병 양상에서 역학의 학문적 입지를 더욱 굳건히 해주는 사상적 지지기반을 제공해 주고 있다.

복합원인에 의한 병인론 또는 환경병인론으로 설명되는 현대의 복합성 질병에 대해서는 그 원인을 주로 개인의 생활습관이나 직업환경에서 찾고 있다. 과거 감염병 시대에서는 발생원인(예; 병원균)을 차단 또는 제거하므로써 예방은 물론 치료도 되었기 때문에 예방의료의 고유 영역이 되지 못했다는 것은 앞서 언급한 바와 같다. 그러나 현대의 대다수 질병에서는 발생원인을 제거하는 것이 결코 치료가 되지 못하고 있다. 예컨대, 폐암 환자에게 그 원인이 되었던 흡연을 중지(금연)시키더라도 치료 효과를 얻지는 못한다. 따라서 질병 관리에 있어 과거와는 달리 예방의료와 치료의료의 역할이 보다 확연하게 구분될 것이다. 질병관리에 있어 역학은 과거보다도 더욱 중추적(특히 예방의료 영역을 도맡게 된다)인 역할을 맡게 될 것이다.

3. 역학의 목적과 역학연구의 영역

인간집단을 대상으로 하여 건강-질병 현상에 대한 양상을 파악하고 그 양상에 영향을 주는 결정요인에 관한 지식의 개발은 다음과 같은 사항들을 달성할 수 있다.

1) 질병 또는 질병군의 원인이나 전파기전을 밝힌다

역학의 가장 으뜸이 되는 목적으로서 이 목적은 이루기 위한 역학연구의 단계를 요약하면 다음과 같다. 먼저 질병 양상을 시간적 변수, 지리적 변수, 그리고 인적 특성 변수에 따라 변동이 있는지 등을 파악하고 그러한 차이성에서 집단의 특수한 속성이나 경험 여부에 의하여 질병 양상을 설명할 수 있는지 검토하고 가설을 설정한다. 그 가설의 타당성을 특별하게 고안된 분석적 연구를 통하여 검정한다. 그리고 가설증명이 되었다 하더라도 이들의 예방적 효과를 시험적으로 확인하여 그 실효성이 인정될 때 원인 구명의 목적이 이루어졌다고 할 수 있다.

2) 일정 인구집단의 건강수준이나 질병양상을 파악한다

질병의 원인을 밝히는 주요한 목적과 함께 특정 지역 또는 인간집단에서의 질병 양상, 즉 다발하는 또는 드물게 발생하는 질병이 무엇인지 그리고 주요한 건강 문제는 무엇인지 등에 관한 현상을 기술하는 것도 역학의 주요한 목적의 하나이다.

3) 질병의 자연사를 파악한다

질병발생 원인뿐 아니라 발생하여 끝날 때까지의 모든 경과, 즉 자연사에 관한 내용을 관찰 기술한다. 특히 환자에 대한 자연사 기술자료는 질병 분류에 도움을 주기도 한다. 또한 질병의 임상적 특성, 검사결과, 그리고 임상경과 등의 자연사에 관한 자료는 진단기준의 개발에는 물론 예후 추정에도 도움이 되며 질병경과에 영향을 주는 요인을 밝히는 데 크게 기여할 수 있다.

4) 질병관리를 위한 보건정책 또는 행정수행에 유용한 기본자료를 제공한다

질병의 빈도, 경중도, 혹은 질병의 특성 등에 관한 정보는 의료시설이나 자원의 분배 등을 계획하는데 타당한 근거자료를 제공한다. 또한 질병 원인과 양상에 관한 지식들은 한정된 여건 속에서 효율적인 보건사업 수행을 계획하는데 필수적인 정보를 제공한다.

상기의 목적을 달성하기 위하여 수행하는 역학연구의 영역과 범주는 다음과 같이 요약할 수 있다. 첫째 역학에서는 인간집단을 직접 대상으로 한다. 따라서 실험동물이나 세포 등을 이용하여 수행되는 실험실 연구와는 달리

연구대상에게 인위적인 환경이나 조작을 가할 수 없고, 있는 그대로의 상태에서 연구자료가 수집되어야 한다. 둘째, 역학연구에서 수집되는 자료는 건강-질병에 관한 의학적인 내용뿐 아니라 이와 관련되리라고 예상되는 연구대상의 속성이나 특수요인도 포함된다. 그러므로 역학연구를 성공적으로 수행하기 위하여는 의학적 지식은 물론 사회학, 행동과학, 경제학, 인구학 등에 관한 지식도 요구되며 질병과 요인과의 관련성을 추론하기 위한 논리학 및 통계학적 지식도 필요하게 된다.

실험적 방법을 주축으로 발전하여 온 대부분의 자연과학 분야와는 달리, 역학에서는 그러한 실험적 조작이 윤리적으로나 도덕적으로 용납되지 않는다는 특수성은 새로운 영역의 학문연구 방법을 개척, 발전시키는 계기를 제공하였다. 실험적 조작을 인간에게 적용하고자 하는 경우 그 허용 한계와 기준은 무엇이어야 하는가 하는 윤리적인 문제를 다루게 되었으며, 또한 실험동물이 아닌 사람을 직접 대상으로 하기 때문에 연구의 시행착오가 일어나지 않도록 주도면밀한 연구계획을 사전에 철저하게 수립하는 것이 요구된다. 대조군의 설정, 비교치료군의 설정, 결과 측정의 눈가림법 적용 등은 모두 역학에서 개발된 방법으로 임상연구에서 빈번하게 이용되고 있다.

참고문헌

1. 안윤옥 · 유근영 · 박병주 역. 보건역학입문. 군자출판사;1996.
2. 김정순. 역학원론, 증보5판. 신광출판사;2000.
3. MacMahon B, Pugh TF. Epidemiology: principles and methods, Little, Brown and Company;1970.
4. Lilienfeld DE, Stolley PD. Foundations of epidemiology, 3rd ed. Oxford University Press;1994.
5. Lilienfeld AM, Lilienfeld DE. "The 1979 Health Clark Lectures. 'The epidemiologic fabric' I. Weaving the threads." Int J Epidemiol 1980;9:199–206.
6. Lilienfeld DE. The greening of epidemiology: sanitary physicians and London Epidemiological Society(1830–1870). Bull Hist Med 1978;52:503–528.

7. Hill AB. The Environment and disease: association or causation? Proc Royal Soc Med 1958;58:295–300.
8. Yerusalmy J, Palmer CE. On the methodology of investigation of etiologic factors in chronic diseases. J Chron Dis 1959;10:27–40.
9. Graunt J. Natural and political observation made upon the Bills of Mortality. London, 1662. Republished by The Johns Hopkins Press;1939.
10. Lilienfeld DE. Definitions of epidemiology. Am J Epidemiol 1978;107:87–90.

2장

역학연구의 대상

Epidemiology

과학의 모든 분야에서 연구 대상으로 탐구하고 있는 과제들을 한마디로 표현한다면 '움직임(motion)의 문제'라고 할 수 있다. 의학도 건강-질병에 관련되는 '움직임의 문제'를 다루고 있다. 질병의 발생도 움직임의 하나이고 임상증상도 움직임의 하나이며, 인체의 생리학적 또는 생화학적 기전도 움직임의 하나이다. 역학의 연구대상도 예외는 아니다. 역학의 정의에서도 나타나고 있듯이 역학연구의 진정한 대상은 '건강-질병 현상의 상호관련성(occurrence relations)'이다.

통상 '연구대상'으로 표기되는 '인구집단'은 진정한 연구대상인 특정 건강-질병 현상이 실제로 일어나고 있는 집단으로 진정한 연구대상을 관측하여 자료를 수집할 수 있는 '연구토대(土臺)(study base)'에 해당되어, 정확하게 표현하자면 '연구대상'이 아니고 '연구대상의 출처' 또는 '연구토대'이다. 이는 마치 천체물리학에서 '행성의 움직임'을 연구하기 위해서 '특정 행성'을 관측하는 경우와 같다. 역학의 진정한 연구대상이 특정한 인구집단이 아니고 건강-질병 현상(특히 발생 현상)의 상호관련성이라고 이해하는 것은 과학의 한 분야로서의 역학을 이해하는데 매우 중요한 사항이다.

1. 건강-질병 현상의 상호관련성

역학의 진정한 대상이 '건강-질병 현상' 그 자체가 아니고 '상호관련성'이 되는 이유는 특정한 건강-질병 현상의 특성치(特性値, parameter)가 원천적으로 언제나 일정한 값을 가지고 있지 않기 때문이다. 그 크기는 다른 현상(예를 들어 연령)과 연관되어 달라지고, 이러한 변동 또는 상호관련성이 의학 및 역학 연구의 주된 관심 영역이다.

예를 들어 ABO식 혈액형의 분포는 근본적으로 성별, 혹은 연령별로 비슷한 분포를 보이기는 하지만 인종과 같은 특성에 따라서는 변화할 수 있다. 따라서 혈액형의 분포는 인종의 함수로써 그 유병률이 표현되어야 한다. 혈압의 경우에 있어서도 연령에 따라 변화하기 때문에 혈압치 자체보다는 연령에 의한 함수관계로 파악되어야 한다.

1) 인과적 관련성과 단순한 관련성

'건강-질병 현상의 상호관련성'은 단순한 관련성일 수도 있고 인과적 관련성일 수도 있다. 단순한 관련성에 관한 문제라면 결정인자에 따른 특정치의 변동이 반드시 인과적일 필요가 없다. 위험도 평가, 예후인자 평가, 진단, 환자 발견, 의료 서비스의 평가 등 피동적인 목적을 위해서는 단순한 관련성을 따진다. 반면 인과적 관련성은 이성적인 개입(rational intervention)을 전제로 하며 인과관계를 인정할 수 있는 정보가 있는 경우에만 인정할 수 있다.

예를 들어 관상동맥질환의 발생률이 연령, 성별, 혈청 지질치, 비만도, 성격 등의 특성과 관련성을 갖는지를 보는 것은 위험도 평가에 해당되며 이는 반드시 인과적 관련성을 요구하지는 않는다. 관상동맥질환의 진단에 관심이 있다면 발생률이 아닌 유병률과 증상과의 상호관련성을 연구하게 된다. 결핵환자 발견을 좀더 효율적으로 하기 위해 연령, 거주지, 사회경제적 수준에 따라 결핵의 유병률을 따져보는 것도 단순한 관련성을 살펴보는 한 예이다. 의료 서비스 평가는 실제 제공된 내용과 정상적으로 제공되어야 할 내용을 비교하여 의료 질의 단계를 정하여 수행할 수 있다. 의료의 질과 질병의 중증도, 치료기관의 종류, 입원기간, 합병증 여부 등과의 관련성은 인과관계가 아닌 단순한 관계를 살펴보는 것이다.

반면 당뇨병 환자에서 경구 약의 종류와 합병증과의 관련성은 인과적 관련성을 보는 것이다. 관련성의 유무에 따라 치료제가 바뀔 수 있기 때문에 인과적 관련성이 없다면 별 의미가 없기 때문이다. 마찬가지 이유로 고혈압 환자에서 치료제의 종류와 뇌졸중 혹은 심장마비와의 관련성 또한 인과적 관련성을 보고자 한다. 그러나 마약중독과 사망과의 관련성을 보는 것은 단순한 관련성과 인과적 관련성 모두에게 의미가 없다.

2) 조건적 관련성

인과적 관련성이 무조건적이라 함은 현재 관찰하고 있는 인과관계를 제외하고는 결과치와 결정인자 간에 다른 관계가 없다는 전제를 필요로 한다. 고혈압 치료군과 비치료군 사이의 혈압 차이가 치료제 때문인 것으로 결론을 내리려면 두 군 간에는 치료제 복용 여부 이 외에는 다른 점이 없어야 한다. 즉 치료를 받기 이전에는 두 군 간에 혈압 차이가 없어야만 치료 후 혈압과 치료제와의 무조건적 인과관계가 성립한다. 만일 외적 요인(extraneous determinants)이 비교군 간에 불균형을 이루고 있으면 보고자 하는 인과관계가 교란(confounding) 받게 된다. 이때 불균형을 이루고 있는 외적 요인을 교란변수(confounding factor)라 하며 교란변수 값의 조건에 따라 조분석(crude analysis, 다른 조건을 고려하지 않는 일차적 분석)의 인과적 관련성은 다르게 나타난다. 이에 관한 내용은 4장 및 15장을 참조한다.

2. 역학연구에 사용되는 건강-질병 현상 자료

1) 현상자료 변수의 종류

가) 중심표적 변수(outcome)

역학연구의 결과변수에 해당되며 주로 건강-질병 현상으로 측정되는 변수이다. 고혈압 환자인지 아닌지의 여부, 폐암 환자인지 아닌지의 여부, 교통사고 상해자 여부, 치아 우식증이 있는지의 여부 등 이분적으로 측정될 수도 있고 혈압치, 혈당치, 비만지수와 같이 연속적인 변수로 실측되기도 한다.

나) 특성 또는 속성 변수(determinants)

역학연구의 원인적 인자에 해당되는 변수이다. '노출인자(exposure factor)'라고 표현되기도 하며 이 인자에의 노출 여부에 따라 질병발생 여부가 달라진다는 가설을 세운다. 크게 숙주요인과 환경요인으로 분류하며, 숙주요인으로는 연령, 성별, 인종, 유전적 요인, 면역학적 특성, 성격 등 생물학적 요인과 사회경제적 상태, 결혼상태, 식이습관, 운동습관, 비만도 등 생활양식과 관련된 요인들이 있을 수 있다. 환경요인은 다시 생물학적 환경, 사회적 환경, 물리화학적 환경으로 나눈다. 생물학적 환경은 파리, 모기 등 병균을 옮기는 매개체나 바이러스, 박테리아와 같은 병원체 등을 말한다. 사회적 환경으로는 사회조직, 사회의 경제적 수준, 관습 등을 들 수 있겠다. 물리화학적 환경은 공기, 물, 온도, 대기압, 농약과 같은 화학물질, 소음 등에 의한 환경을 말한다. 이 중 현대 복합성 질환을 다루는 역학연구에서는 숙주요인, 특히 생활양식과 관련된 요인들이 주된 관심영역이다.

다) 관련정도 조정변수(modifiers)

노출인자와 질병발생 간의 관련성이 조정변수 값에 따라 다르게 나타난다. 조정변수가 존재하면 조분석이나 보정분석은 더 이상 의미가 없고 조정변수 값에 따라 노출인자와 질병발생 간의 관련성을 따로 판단해야 한다.

라) 관련 정도 교란변수(confounders)

교란변수는 비교군 간에 불균형적으로 분포하여 노출인자와 질병발생 간의 관련성이 조분석에서 다르게 나타나게 만든다.

2) 현상자료 수집방법

가) 연구자 직접 수집

역학연구에서는 현상자료(연구자료)를 연구자가 직접 수집하는 경우가 거의 대부분이다. 연구자가 직접 수집하기 위해서는 연구목적에 부합하는 연구설계가 필요한데, 설계가 이루어져야 할 내용은 크게 4부분으로 구분할 수 있다. 즉, 건강-질병 현상의 상호관련성에 관한 설계, 연구토대(study base) 또는 관측대상 인구집단에 관한 설계, 인구집단 표본선정(sampling)에 관한 설계, 그리고 실제적인 정보수집 방법에 관한 설계 등이다.

역학연구 설계에 관한 내용은 다른 장에서 보다 자세히 다루게 될 것이지만, 관측대상 인구집단 및 인구집단 표본선정에 관한 내용은 연구대상을 이해하는데 필수적인 사항이므로 본 장 제3절에 별도로 분류하여 자세히 설명하기로 한다. 한편 현상의 상호관련성과 실제적 정보수집 방법에 관한 설계에 관하여 여기에서는 그 개요만을 간략하게 설명한다.

(1) 건강-질병 현상의 상호관련성 설계에서의 고려사항

건강-질병 현상의 상호관련성 설계에 있어서 가장 중요한 것은 최대한 '실험실적 상황'을 연출하여 비교군 간에 '비교성(comparability)'을 확보하는 일이다. 비교성은 결정인자의 효과에 대한 측면과 연구대상자의 성격에 대한 측면으로 고려해야 한다. 예를 들어 치료약의 효과를 비교하는 임상시험 연구에 있어서 치료군과 비교하는 비교군은 단순히 치료제를 먹지 않은 군으로 하기 보다는 약효가 전무한 위약을 섭취하는 군으로 설정하는 것이 더 타당하다. '약을 처방받아 먹는' 행위 자체가 치료효과 영향을 줄 수 있기 때문이다. 연구대상자들의 성격을 비교군끼리 비슷하도록 맞추어 준다는 것은 현재 연구하는 결정인자의 효과가 없다고 가정했을 때 두 비교군에서 관찰되는 표적변수의 분포는 근본적으로 비슷하다는 뜻이다. 이는 주로 두 비교군을 무작위로 할당

함으로써 성취할 수 있는데 이것이 불가능한 경우에는 비교성을 갖는 동질한 집단을 두 군으로 나눈 것 같이 한 후 상호관련성을 따져보는 방법을 동원해야 한다.

(2) 정보수집방법 설계에서의 실제적 고려사항

역학연구에서 연구대상 개개인으로부터 각종 정보를 수집하는 방법에는 병록요약지(medical dictation sheet, medical abstract form)를 이용해 의무기록을 발췌하는 방법, 질문 조사방법, 물리적 계측, 생화학적 검사, 유전학적 검사 등이 있다. 이 중 질문 조사방법의 하나인 설문조사방법으로는 직접 대상자에게 설문지를 배부하여 스스로 기입하게 하는 자기기입식 설문법(self-administered questionnaire survey), 훈련된 면접조사자가 직접 피면접 대상자를 만나 표준화된 설문서를 이용해 면접조사를 하는 방법(direct interview survey), 또는 표준화된 설문서를 이용, 전화로 면접조사하는 방법(telephone interview survey) 등이 있다.

나) 기존 자료 이용

역학연구에 이용되는 자료는 특정 인구집단의 건강-질병 현상을 잘 반영할 수 있는 것이라야 하며 다음의 몇 가지 조건이 요구된다. 즉 ① 대상 인구집단(예를 들어 국가, 지역, 직장 등) 전체를 대표하는 정보를 수록하고 있어야 하며(대표성), ② 건강 관련 정보는 신고방법의 차이, 정의 및 분류의 차이에 의해 크게 변동하지 않는 비교적 높은 신뢰성을 가지고 있어야 하고, 동시에 ③ 진단의 기준 혹은 진단명 등의 사항이 진실을 그대로 반영하도록 높은 정확성을 가져야 한다.

그러나 이상의 모든 조건을 만족할 만한 역학연구자료는 그리 흔하지 않다. 예를 들어, 정부에서 발행하는 '법정전염병 환자 월보'는 시계열적인 변동이 적어 신뢰성이 비교적 높고 진단의 정확도도 우수한 편이나 저조한 신고율 때문에 대표성이 낮은 단점을 가지고 있다. '국민건강보험공단자료'는 비교적 대규모의 인구집단을 다루고 있으므로 대표성도 좋은 편이며 질병 및 의료에 관한 대규모의 전산화된 자료이므로 그 한계점을 잘 보완하여 사용한다면 역학연구의 유용한 자료원이 되지만, 청구질병명이 아직은 부정확하다는 문제를 가지고 있다. 연구수행상 필요한 정보를 그때그때 조사하는 '특수목적 조사'로 자료를 직접 수집하는 것이 가장 정확한 정보를 수집하는 방법이겠으나 대표성이 항상 문제가 된다.

(1) 인구통계자료

가. 인구센서스(population census)

우리나라에서 근대적인 의미의 인구센서스는 1962년 제정된 통계법에 근거하여 시작되었는데, 매 10년마다 실시하는 정기조사와 그 중간 매 5년마다 실시하는 간이조사의 두 가지가 있다. 인구센서스는 주민등록상의 거주지를 중심으로 조사하는 '상주인구조사'와 조사당시 살고 있는 거주지를 중심으로 하는 '현재인구조사'의 두 가지가 있는데, 우리나라 인구센서스는 상주인구조사로 전국민을 대상으로 하는 전수 조사이다. 인구센서스 자료는 역학연구에서 매우 유용하게 이용되고 있는데 각종 측정지표를 산출하는데 분모에 해당하는 정보를 제공해 준다. 인구센서스 자료에는 15% 표본조사로 얻은 경제활동인구, 출산력, 인구이동 등에 관한 정보도 포함되어 있다.

나. 인구동태통계(vital statistics)

'인구생정통계'라고도 하는데 1911년 제정된 호적법에 근거하여 출생, 사망, 혼인 및 이혼에 관한 정보를 종합한 것으로 표 2.1에서 보는 바와 같이 신고의무자와 신고기간이 규정되어 있다. 인구동태자료는 법적인 신고의무에 의해 수집되는 자료로서 그 중에서도 출생과 사망에 관한 정보가 역학적으로

표 2.1 호적법상 신고사항의 종류와 신고자 및 의무신고기간

신고 종류	신고의무자 및 신고순위	의무신고기간
출생신고	① 부모 ② 호주 ③ 동거자 ④ 분만의, 조산의, 기타	1개월 이내
사망신고	① 호주 ② 동거친족 ③ 기타 동거인 ④ 건물/토지소유자	1개월 이내
혼인/이혼 신고	부 또는 처	성립 즉시

특히 중요하다.

다. 사망원인 통계

통계청에서 매년 발간하는 '사망원인통계연보'는 각 구/시, 읍/면/동에 신고 접수된 사망신고서를 기초로 한 해 동안의 사망수준과 사망원인을 체계적으로 집계-분석한 것으로 정부 차원의 사망신고제도에 의해 집계되는 것인 만큼 전 국민을 가장 근접적으로 대표한다는 장점을 가지고 있다.

하지만 이 자료를 이용하는 데는 다음과 같은 두 가지 사항이 문제가 된다. 하나는 '사망신고율'이 100%가 되지 못한다는 사실인데, 1960년대 말까지는 평균 50% 수준도 되지 못하던 것이 근래에 들어서는 90% 이상으로 향상되어 왔으나 영아 사망(생후 1년 이내의 사망)의 신고율은 아직도 비교적

표 2.2 2002년도 사망자의 지역별 사망진단서 첨부현황 (단위: 명, %)

	총신고사망자		사망진단서 및 시체검안서		기 타	
	사망자수	구성비	사망자수	구성비	사망자수	구성비
전 국	246,515	100.0	185,260	75.2	61,255	24.8
서 울	38,492	100.0	37,362	97.1	1,130	2.9
부 산	18,539	100.0	18,179	98.1	360	1.9
대 구	11,359	100.0	8,948	78.8	2,411	21.2
인 천	10,669	100.0	10,296	96.5	373	3.5
광 주	5,856	100.0	3,554	60.7	2,302	39.3
대 전	5,730	100.0	4,245	74.1	1,485	25.9
울 산	3,934	100.0	3,510	89.2	424	10.8
경 기	40,297	100.0	35,361	87.8	4,936	12.2
강 원	10,865	100.0	7,459	68.7	3,406	31.3
충 북	9,977	100.0	6,050	60.6	3,927	39.4
충 남	14,564	100.0	7,027	48.2	7,537	51.8
전 북	13,950	100.0	6,772	48.5	7,178	51.5
전 남	17,418	100.0	7,125	40.9	10,293	59.1
경 북	21,332	100.0	12,286	57.6	9,046	42.4
경 남	19,561	100.0	15,132	77.4	4,429	22.6
제 주	2,776	100.0	1,431	51.5	1,345	48.5
국 외	1,196	100.0	523	43.7	673	56.3

자료: 사망원인통계연보. 통계청;2002

낮은 것으로 추정된다. 세계보건기구(WHO)의 사망자료 데이터베이스에서 보면 2002년도 우리나라 사망자료의 신고율(completeness)은 89.0%로 평가하고 있다. 두 번째로 신고된 사망의 원인을 정확하게 분류할 수 없다는 점인데, 표 2.2에서 보듯 2002년도 자료에 의하면 총 신고된 246,515예의 사망 중 의사에 의해 진단된 사망이 신고건수의 75.2%인 185,260예 밖에 되지 않는다. 이렇게 의사에 의한 진단율이 저조한 이유는, 사망신고시 의사의 사망진단서나 사체검안서가 반드시 첨부되어야만 접수가 가능하지만 부득이한 경우 소위 '인우(隣友, 이웃이나 친구)증명서'로 대체가 가능하도록 현행 호적법에 규정되어 있기 때문이다.

표 2.3은 1960년대 이후 우리나라 국민의 사망원인을 제시한 것으로, 우리나라 국민의 사인 변화양상을 보여주는 자료이다. 1960년대까지도 폐렴, 결핵, 위장관염 등 소화기계 및 호흡기계 감염성 질환이 주요 사인을 구성하고 있었던데 비해, 1980년대 들어서면서부터는 복합성 질환인 순환기계 질환 및 악성신생물과 손상 및 중독 등이 주요 사인을 구성하고 있다. 뇌혈관 질환을 포함하는 순환기계 질환은 1960년대에는 6~7위에 머물던 것이 1970년대에 들어서면서부터는 사망원인 1위를 차지하고 있다.

2000년도 우리나라 국민의 사망원인 순위를 보면(표 2.4) 남, 여 모두 악

표 2.3 사인 순위의 연차적 추이(1961~2002년)

사망원인(ICD10)	1961	1970	1980	1990	2002
감염성 및 기생충성 질환(A00-B99)	3	3	6	6	9
악성신생물(C00-D48)	5	4	2	2	1
내분비, 영양 및 대사(E00-E88)	6	7	8	7	7
신경계 및 감각기 질환(G00-H93)	4	8	7	8	11
순환기계 질환(I00-I99)	7	1	1	1	2
호흡기계 질환(J00-J98)	1	2	5	5	5
소화기계 질환(K00-K92)	2	6	4	4	6
비뇨생식기계 질환(N00-N98)	9	9	9	9	10
손상 및 중독(V01-Y89)	8	5	3	3	4

자료: 한국의 사망력과 사망원인. 한국인구보건연구원;1983
사망원인통계연보. 통계청;1992, 1997, 2002

표 2.4 성별 5대 사망원인(2000년)

순위	전체		남성		여성	
	원인	사망률*	원인	사망률*	원인	사망률*
1위	암	122.1	암	155.8	암	88.2
2위	뇌혈관질환	73.2	뇌혈관질환	69.4	뇌혈관질환	77.1
3위	심장질환	38.5	심장질환	40.2	심장질환	36.8
4위	운수사고	25.4	간질환	36.9	당뇨병	22.7
5위	간질환	22.9	운수사고	36.8	만성하기도질환	14.6

*인구 10만 명당

표 2.5 연령별 사망원인 순위(2000년)

〈남자〉

연령군	1위	2위	3위	4위	5위
0세	주산기질환	선천성 기형	영아급사증후군	심장질환	수막염
1~9	운수사고	익수사고	악성신생물	추락사고	선천성 기형
10~19	운수사고	익수사고	악성신생물	자살	추락사고
20~29	운수사고	자살	악성신생물	익수사고	심장질환
30~39	운수사고	악성신생물	자살	간질환	심장질환
40~49	악성신생물	간질환	운수사고	심장질환	뇌혈관 질환
50~59	악성신생물	간질환	뇌혈관 질환	심장질환	운수사고
60~69	악성신생물	뇌혈관 질환	심장질환	간질환	당뇨병
≥70	악성신생물	뇌혈관 질환	심장질환	만성하기도질환	당뇨병

〈여자〉

연령군	1위	2위	3위	4위	5위
0세	주산기질환	선천성 기형	영아급사증후군	심장질환	악성신생물
1~9	운수사고	악성신생물	선천성 기형	익수사고	추락사고
10~19	운수사고	자살	악성신생물	익수사고	추락사고
20~29	운수사고	자살	악성신생물	심장질환	뇌혈관 질환
30~39	악성신생물	자살	운수사고	뇌혈관 질환	심장질환
40~49	악성신생물	뇌혈관 질환	운수사고	자살	심장질환
50~59	악성신생물	뇌혈관 질환	심장질환	운수사고	당뇨병
60~69	악성신생물	뇌혈관 질환	심장질환	당뇨병	운수사고
≥70	뇌혈관 질환	악성신생물	심장질환	당뇨병	만성하기도질환

표 2.6 보건복지통계연보에 수록된 통계자료 목록

· 주요 보건사회지표	· 의료기관 및 인력추이
· 결핵 관련 통계	· 의료인 면허 등록 상황
· 법정전염병 발생수 및 사망수	· 의료기관 분포상황
· 주요 전염병 예방접종실적	· 헌혈실적
· 공항 및 해항 검역 상황	· 의약품생산, 약사감시 및 마약관계 상황
· 성병정기검진 대상자 현황	· 사회복지 시설현황
· 나병 관련 통계	· 생활보호 대상자, 부랑민, 심신장애자 현황
· 기생충검사 사업 실적	
· 가족계획 및 모자보건 사업실적	· 노인 보건 관련 통계
· 영양 권장량 및 섭취량	· 의료보험 적용인구
· 정신질환 요양시설 수용현황	· 의료보험자 수진 및 급여현황
· 성인병 검진 실적	· 기타 국내 통계
· 환경위생 및 식품위생	· 국제 통계

성신생물이 사망원인 1위를 차지하며, 뇌혈관질환과 심장질환이 그 뒤를 잇고 있어 남녀 모두 복합성 질환이 주요 사망원인임을 알 수 있다. 이는 급속한 경제발전에 따른 평균수명의 연장, 인구의 노령화, 환경요인의 변화, 개인의 생활 및 기호습관의 변화, 그리고 의료 수진기회의 급증 및 진단능력의 향상 등에 기인된 현상이라 해석된다.

연령별 사망원인을 표 2.5에서 보면 0세의 경우에는 남녀 모두 주산기 질환, 선천성 기형, 영아급사증후군이 주요 사인인데 비하여, 유년기 및 청년기에는 운수사고, 자살 등을 포함한 각종 불의의 사고가, 그리고 40대 이후부터는 암, 간질환, 뇌혈관질환이 주요 사인을 구성하고 있어 질병관리대책을 수립하는 데는 연령에 따른 선별적 방안이 강구되어야 함을 알 수 있다.

(2) 정부간행물

표 2.6과 표 2.7은 정부 및 관련기관에서 간행되는 보건관련 통계자료이다. 자료를 이용하는데 무엇보다 중요한 사항은 해당 통계자료의 수집과정을 이해하여 그 장단점 및 이용상의 한계점을 인식하고 자료를 인용하는 것이다.

표 2.7 보건관계 정부간행물

간행물 명칭	작성기관	작성 주기	이용 항목
인구 및 주택센서스보고	재정경제부	5년	전국 및 각 시도별 인구 수, 성비
인구동태통계	재정경제부	매년	출생, 사망, 혼인, 이혼
사망원인통계연보	통계청	매년	사망원인별 사망자수, 사망률
한국의 사회지표	재정경제부	매년	인구, 소득, 고용, 교육, 보건, 주택, 사회 등
보건복지통계연보	보건복지부	매년	표 2.6 내용 참조
국민영양조사보고서	보건복지부	매년	식품섭취, 식생활, 건강상태
국민건강조사보고서	한국인구보건 연구원	3년	의료보장상태, 급-만성 상병상태 및 의료비 지불상태
전국결핵실태조사보고서	보건복지부	5년	BCG 접종률, 결핵 유병률
가족보건실태조사보고서	한국인구보건 연구원	3년	모자보건, 출산력, 자녀수에 대한 태도, 피임에 관한 사항
국민생활실태조사보고서	보건복지부	3년	가구원, 보험가입여부, 직업 및 건강상태
질병상해통계조사보고서	보건복지부	3년	입원 및 퇴원환자 수, 입원 환자의 질병명
법정전염병환자월보	보건복지부	매월	법정전염병 종류별 발생 및 사망수
결핵관리사업실적	보건복지부	매월	결핵 예방접종, 검진 및 환자발견 실적
만성병관리사업실적	보건복지부	매분기	기생충관리 및 구충실적, 성병관리 및 치료 실적
가족보건사업실적보고	보건복지부	매월	가족보건요원 및 시술기관 현황, 피임보급 현황
전국기생충감염실태 조사보고서	보건복지부	5년	지역별 및 연령별 기생충 감염현황
의료보험통계연보	국민건강 보험공단	매년	병 종류별, 수진 상황, 건강진단 상황

(3) 질병신고 자료(disease notification)

가. 법정전염병

2000년 1월 개정된 전염병예방법에는 다음과 같이 법정전염병을 규정하고 있다. 의사나 한의사가 법정전염병 환자나 의사(疑似) 환자 또는 병원체 보유자를 진단하거나 시체를 검안하였을 때에는 제1군, 제2군 및 제4군 전염병의 경우 즉시, 제3군 및 지정전염병의 경우에는 7일 이내에 관할 보건소장에게 환자의 인적사항을 신고하여야 한다.

ㄱ. 제1군 전염병(6종)

전염 속도가 빠르고 국민건강에 미치는 위해 정도가 너무 커서 발생 또는 유행 즉시 방역대책을 수립하여야 하는 전염병으로서 콜레라, 페스트, 장티푸스, 파라티푸스, 세균성이질, 장출혈성대장균감염증이 포함된다.

ㄴ. 제2군 전염병(9종)

예방접종을 통하여 예방 또는 관리가 가능하여 국가예방접종사업의 대상이 되는 전염병으로서, 디프테리아, 백일해, 파상풍, 홍역, 유행성 이하선염, 풍진, 폴리오, B형간염, 일본뇌염이 포함된다.

ㄷ. 제3군 전염병(18종)

간헐적으로 유행할 가능성이 있어 지속적으로 그 발생을 감시하고 방역대책의 수립이 필요한 전염병으로서, 말라리아, 결핵, 한센병, 성병, 성홍열, 수막구균성 수막염, 레지오넬라증, 비브리오패혈증, 발진티푸스, 발진열, 쯔쯔가무시증, 렙토스피라증, 브루셀라증, 탄저병, 공수병, 인플루엔자, 신증후군출혈열(유행성출혈열), 후천성 면역결핍증(AIDS)이 포함된다.

ㄹ. 제4군 전염병(16종)

국내에서 새로 발생한 신종 전염병증후군, 재출현 전염병 또는 국내유입이 우려되는 해외 유행 전염병으로서 이 법에 의한 방역대책의 긴급한 수립이 필요하다고 인정되어 보건복지부령이 정하는 전염병으로서, 황열, 뎅기열, 마버그열, 에볼라열, 라사열, 리슈마니아증, 바베시아증, 아프리카수면병, 크립토스포로디움증, 주혈흡충증, 요우스, 핀타, 급성출혈열증상, 급성호흡기증상, 급성설사증상, 급성황달증상 또는 급성신경증상을 나타내는 신종 전염병증후군이 포함된다.

ㅁ. 지정전염병

제1군 내지 제4군 전염병 외에 유행 여부의 조사를 위하여 감시활동이 필요하다고 인정되어 보건복지부장관이 지정하는 전염병이다.

나. 검역전염병(3종)

검역법에 의거, 규정한 질병으로 콜레라, 페스트, 황열의 세 가지가 이에 속하는데, 이러한 환자가 발생한 국가에서는 국제보건규칙에 의거 첫 환자 발견 후 24시간 이내에 세계보건기구에 신고하여야 하며 그 후 24시간 이내에 해당 지역을 오염지역으로 선포하여야 한다.

격리기간은 황열 144시간(6일), 페스트 144시간(6일), 그리고 콜레라는 120시간(5일)으로 정해져 있다.

다. 정기예방접종질병

전염병예방법에 의거하여 정기적으로 예방접종을 실시하도록 규정한 질병으로 디프테리아, 백일해, 파상풍, 결핵, 폴리오, 홍역, B형간염, 유행성이하선염, 풍진이 있다.

(4) 질병등록 자료

가. 암등록사업자료

암등록사업에 대해서는 제6장(질병의 감시와 등록)을 참조한다.

나. 그 밖의 특수 질병환자 등록

당뇨병 등록사업, 정신질환 등록사업 및 원폭 피해자 등록사업 등이 계획 중이거나 수행되고 있다.

(5) 건강조사 자료

보건복지부나 보건사회연구원과 같은 복지부 산하단체가 주도하여 전국조사(national survey)나 표본조사를 통하여 국민 건강을 나타내는 여러 통계지표들을 보고하고 있다. 이러한 조사의 예로서 국민영양조사, 결핵 감염 실태조사, 기생충 감염 실태조사, 국민건강조사 등이 있다. 한편 각종 의학단체를 중심으로 한 질병 이환 상태조사 등이 수행되거나 계획되고 있는데, 이비인후과,

정신과, 비뇨기과 등의 조사가 대표적이다.

(6) 의무기록

가장 흔한 자료원의 하나이다. 진단이 정확하며 쉽게 정보를 구할 수 있다는 장점이 있는 반면, 연구대상이 특정 병원의 환자로 국한된다는 단점이 있다. 즉, 병원에 따라 사회 경제적 수준이 특별한 환자가 모인다든지, 중환자만 모여 있다든지 하여 대표성이 결여될 수 있고, 또한 의무기록지가 연구자가 원하는 모든 정보를 다 구비하고 있지 못할 가능성도 있다.

3. 역학연구에 사용하는 인구집단

역학연구에서 관측대상은 특정 건강-질병 현상의 출처가 되는 일정 인구집단이다. '관측대상'을 연구설계 단계에서 면밀하게 규정하는 일과 함께 실제로 관측이 이루어질 표본집단을 선정하는 방법을 정하는 것은 매우 중요하다. 어떤 사람들이 '관측대상'이 될 수 있는가 하는 문제는 연구목적, 즉 상호관련성의 구체적 내용에 의하여 정해진다.

한편 연구목적은 그 최종 도달점의 내용에 따라 두 가지로 구분할 수 있다. 예를 들어, '2000년 서울시민에서의 위암 발생 수준'과 같이 그 도달점이 시간 또는 공간에 제약되는 연구목적(particularistic research, 특정연구)이 그 하나이고, 반면 '헬리코박터 필로리 감염과 위암 발생과의 인과적 관련성'과 같이 시간과 공간에 구애받지 않는 내용을 최종 도달점으로 하는 연구목적(scientific research, 학술연구)이 다른 하나이다. 따라서 관측 대상인 인구집단의 규정이나 선정방법이 상기한 연구목적의 내용에 따라 판이하게 달라진다.

1) 특정연구에서 관측대상 인구집단

연구목적의 내용이 시간적 또는 공간적으로 한정되기 때문에, 이 경우 비교적 쉽게 관측대상 인구집단을 규정할 수 있다. 예를 들어, '2000년 서울시민에서의 위암 발생수준'이라는 연구목적에서 관측대상 인구의 첫번째 기준은 '2000년 당시의 서울 시민'이 될 것이고, 다음 기준은 '위암이 발생할 가능성이 있는 사람'이다. 만약 위절제술을 받아 위가 없는 사람은 관측대상이 되지 못한다. 이러한 입적기준(admissibility)은 다분히 개념적 수준으로 이를 실제 적용하기 위해서는 보다 구체적인 내용과 적용방법이 있어야 한다. 그럼에도 개념적 수준에서 이 기준을 충족한 관측대상 인구집단 전체를 '궁극적 모집단(target population)'이라고 한다.

궁극적 모집단 전부를 실제로 관측하는 경우는 드물다. 현실적으로 연구의 편의에 따라 어느 정도 범위를 갖고 관측 시행의 기반이 되는 인구집단, 즉 '관측시행 기반집단(source population)'을 규정하게 되는데, 그 숫자는 정확히 셀 수 있는 경우도 있고 또는 그렇지 못한 경우도 있다. 앞서의 예에서 보면 서울시민 전부를 관측하는 대신 몇 개 구(區)에 거주하는 시민을 관측시행 기반집단으로 규정할 수 있다.

관측시행 기반집단 모두가 관측되는 경우는 거의 없다. 입적기준에 맞지 않는 사람들도 있고 현실적으로 관측할 수 없는 경우(예를 들어 외지에 장기 출타중인 경우)도 있다. 그리하여 관측시행 기반집단 중에 연구목적에 부합하는 연구자료를 제공할 수 있는 조건을 구비한 것으로 확인된 '관측가능 집단(eligible population)'을 구별하게 된다. 관측가능 집단에 대하여 연구자는 실제 관측(연구자료 수집)을 시도하게 되는데, 이 때에도 모두에서 연구자료 수집이 이루어지지 못한다. 그동안에 사망하였거나 출타한 경우, 의사소통이 안 되는 경우, 자료제공을 거절하는 경우, 또는 올바른 자료획득이 불가능한 경우 등등 다양한 이유로 관측가능 집단의 일부에서만 관측이 이루어진다. 이 인구집단을 '관측시행 집단(study population)' 또는 '연구참여 집단'이라고 한다.

실제적인 연구자료는 '관측시행 집단'에서 얻게 되고 이를 분석, 처리하여 연구성적을 산출하는데, 이 결과를 궁극적 모집단의 특성치로 해석할 수 있는가 하는 문제에 부딪힌다. 이 문제에 대하여는 관측시행 집단에서 중심표적 변수(outcome) 이외에 특성 또는 속성변수(determinants), 관련정도

조정변수(modifiers), 그리고 관련정도 교란변수(confounders) 등의 분포가 어떠했는가와 관측시행 집단의 규모(size)에 의하여 판단한다.

2) 학술연구에서 관측대상 인구집단

학술연구에서 최종적으로 도달하고자 하는 연구결론은 시간과 공간을 초월하여 하나의 참 지식으로 일반화할 수 있는 내용이기 때문에 관측대상 인구집단을 규정함에 있어서도 특정한 시간 또는 공간의 제약을 받을 필요가 없다. 연구목적 달성이 타당하게 이루어지도록 관측대상 인구집단을 구성하면 된다. 예를 들어 '헬리코박터 필로리 감염과 위암 발생과의 인과적 관련성'을 연구하는 경우에서 '참된 관련성'이 연구결과로 나타날 수 있도록 관측대상 인구집단을 연구자가 구성하면 된다. 따라서 학술연구에서는 '궁극적 모집단(target population)'은 존재하지 않는다. 반면, 연구목적에 부합하는 조건과 기준을 갖춘 '자격집단(eligible population)'을 규정한다. 상기 예의 경우 '참된 관련성'을 탐구하기 위해서 크게 세 가지 형태의 관측이 가능하다.

하나는 일정 시점에서 중심표적 변수(outcome)를 동시에 관측하는 방법이다. 이를 단면적(cross-sectional) 형태 연구라고 한다. 이 형태의 연구에서 관측대상의 필수적 '자격기준(criteria for eligibility)'은 대상자 개개인 모두가 중심표적 변수에 대한 '잠재성(potential for outcome occurrence)'이 있어야 한다는 점이다. 상기 예에서 보면 모든 관측 대상자는 '헬리코박터 필로리 감염이 일어날 수 있는 잠재성(potential for Helicobacter pylori infection)'과 '위암 발생의 잠재성(potential for stomach cancer incidence)'을 가지고 있어야 한다. 그러므로 헬리코박터 필로리 감염이 일어날 수 없는 사람(예를 들어 면역이 생긴 사람), 또는 위암이 발생할 수 없는 사람(예를 들어 위절제술을 받은 사람)은 관측대상이 될 수 없다. 그리하여 잠재성이 확인된 사람만이 관측대상의 일차적 자격집단이 된다. 그러나 실제 관측이 시행되는 일정 시점에서 관측대상은 '헬리코박터 필로리 감염'과 '위암 발생' 두 가지 모두가 일어난 집단, '헬리코박터 필로리 감염'만 일어난 집단, '위암'만 발생한 집단, 그리고 두 가지 모두 아직 발생하지 않은 집단으로 구성되어 있게 된다. 이것은 중심표적 변수에 관한 분포상황인데 연구성적은 이들 분포로부터 얻어진다. 그러나 연구성적으로부터 연구결론, 즉 시간과 공간을 초월한 내용으로 일반화하기 위해서는 논증 재료로 특성 및 속성변수(determinants), 관련정도 조정변수(modifiers), 그리고 관련정도 교란변수(confounders) 등의 분포를 관측하여야 하며 이들 자료가 연구성적 분석에 필히 반영되어야 한다.

'참된 관련성'을 탐구하기 위한 다른 두 가지 형태는 '관련성' 중에서 특히 '인과적 관련성'을 탐구할 때 사용하는 방법으로, 하나는 소위 '코호트(cohort)' 형태 연구라고 부르고 다른 하나는 '환자-대조군(case-control)' 연구 또는 '사례-비교군(case-referent)' 형태 연구라고 부른다. 이들은 관측대상 인구집단을 구성할 때 관련성을 맺는 두 가지 변수 중 한 변수를 먼저 고정하는 방법이다. 코호트 형태 연구에서는 '원인이라고 가상한 변수(exposure, 노출변수)'를 먼저 고정하는데, 즉 예를 들면 '헬리코박터 필로리 감염이 있는(노출)' 인구집단과 '감염이 없는(비노출)' 인구집단을 미리 선정하여 관측대상 인구집단을 구성하여 두 집단에서 '위암 발생'을 관측하는 형태이다. 환자-대조군 형태 연구에서는 코호트 형태와는 반대로 '결과라고 가상한 변수(outcome or disease, 결과변수)'를 먼저 고정한다. 예를 들면, '위암 환자군(cases)'과 위암 환자가 아닌 '대조군(controls)' 인구집단을 먼저 선정하여 이 두 집단에서 위암 발생 이전인 과거의 '헬리코박터 필로리 감염 여부'를 관측하는 연구 형태이다. 이와 같이 코호트 형태와 환자-대조군 형태에서는 관측대상 인구집단이 각각 두 종류로 규정되는데 연구목적에 적합한 자격기준 설정과 함께 두 집단 간의 비교성(comparability) 확보가 가장 중요한 사항이다. 여기에서도 관측대상 인구집단의 일차적 자격기준은 중심표적 변수에 대한 잠재성이다. 위 예에서 보면 코호트 형태 연구에서는 '위암 발병의 잠재성'이 되고, 환자-대조군 형태 연구에서는 '헬리코박터 필로리 감염에 대한 잠재성'이 된다. 한편, 두 집단 간의 비교성을 확보하는 이론적인 기준은 중심표적 변수 이외의 모든 다른 변수의 분포가 두 집단(코호트 형태에서는 노출군과 비노출군, 환자-대조군 형태에서는 환자군과 대조군)에서 동일 내지는 매우 비슷하도록 하는 것이라 할 수 있다. 그러나 실제로 이러한 이론적 기준을 충족하기란 거의 불가능하다. 실제적 상황에서 비교성을 높이기 위한 여러 가지 방안이 이용된다. 코호트연구에 관하여는 10장, 환자-대조군연구에 관하여는 9장을 참조한다.

참고문헌

1. 통계청. 사망원인통계연보. 통계청;1992, 1999, 2000.
2. 보건복지부 한국중앙암등록본부. 한국중앙암등록사업연례보고서(2000. 1-2000. 12). 보건복지부;2002(http://www.ncc.re.kr).
3. Feinstein AR. Clinical epidemiology: the architecture of clinical research. W. B. Saunders Company;1985.
4. Kelsey JL, Thompson WD, Evans AS. Methods in observational epidemiology. Oxford University Press;1986.
5. Kim DS, Lee MS, Kim DH, Bae JM, Shin MH, Lee CM, Koo HW, Kang W, Ahn YO. Evaluation of the completeness of cancer case ascertainment in the seoul male cohort study: application of the capture recapture-method. J Epidemiol 1999;9:146-154.
6. MacLennan R, Muir C, Steinitz R, et al. Cancer registration and its techniques, IARC Scientific Publication No. 21. IARC;1978.
7. Miettinen OS. Theoretical epidemiology: principles of occurrence research in medicine. John Wiley & Sons;1985.
8. Park BJ, Cho YK, Kim SA. Construction of the Korea Elderly Pharmacoepidemiologic Cohort: drug utilization review of cephalosporins in geriatric inpatients. Pharmacoepidemiol Drug Safety 2001;10:487-492.
9. Parkin DM, Whelan SL, Ferlay J, Raymond L, Young J. Cancer incidence in five continents, Vol VII, IARC Scientific publication No. 143. IARC;1997.
10. Rothman KJ. Modern epidemiology 2nd ed. Lippincott-Raven;1998.
11. Schlesselman JJ. Case-control studies: design, conduct, analysis. Oxford University Press;1982.
12. Yoo KY, Kim H, Lee MS, Park BJ, Ahn YO, Lee HS, Kim CY, Park TS. A reconstructed cohort study on the hepatitis B virus infection as a risk factor of liver cancer in Korea. J Korean Med Sci 1991;6:319-324.

3장

건강-질병 현상

Epidemiology

1. 건강상태와 질병상태의 개념

1) 건강개념의 변천

가) 신체개념의 건강(absence of disease or infirmity)

19세기 이전까지는 건강을 육체적인 질병의 반대편의 상태로 이해하였다. 이는 당시 건강상실(사망은 가장 극단적인 건강상실이다.)의 대부분이 급성 감염병에 의한 것이었던 시대적인 상황과 그때의 과학철학적 사조인 이원론(二元論)의 영향을 받은 것으로, 정신과 육체는 분리되어 있으며, 육체는 마치 기계와 같은 것으로 인간의 지식에 의하여 변조할 수 있으나 정신은 신의 몫이기 때문에 과학의 지식이 될 수 없다는 생각이었다. 이러한 사조는 당시의 시대적인 상황과도 잘 부합하였는데, 감염병의 단일 원인으로 세균이 발견되었고 대부분의 질병을 기계의 고장과 같이 조직 또는 세포 수준의 형태적, 생화학적 변화로 설명할 수 있었다.

나) 심신개념의 건강(duly function of body in changing environment)

신체개념의 건강은 19세기 중엽부터 심신개념으로 바뀌게 되는데 'a sound mind in a sound body' 즉 '건전한 정신은 건전한 신체에서'라는 격언이 이를 상징적으로 표현하고 있다. 정신과 신체를 별개로 구분해서 생각할 수 없다는 것이다. 이러한 개념의 변화는 질병양상의 변화로부터 촉발되었다고 해석하고 있는데 과거의 기계론적 해석으로는 설명이 안 되는 고혈압 또는 당뇨병과 같은 다인성(多因性) 질병이 많아지고 당시의 의학적 지식(형태학적 및 생화학적 변화)으로는 이상이 발견되지 않으나 환자 자신은 불편한 상황(illness)이 명백한 경우가 흔하며, 행태적 요인이 질병 발생이나 후유증 발생 등과 같은 건강 상실의 중요한 요인으로 부각함에 따라 환경 변화에 대한 육체적 및 정신적 적응성을 건강의 척도로 생각하게 된다.

다) 생활개념의 건강(constitution of World Health Organization, 1948)

1948년 세계보건기구 헌장에서는 건강을 인간의 '생활개념'에서 파악하고 있다. '단순히 질병이 없거나 허약하지 않다는 것에 그치지 않고 완전한 신체적, 정신적 및 사회적 안녕 상태(Health is a state of complete physical, mental, and social well-being and not merely the absence of disease and infirmity)'로 정의하고 있다. 이는 인간을 '문화를 가진 유기체'로 규정하고, 따라서 문화적 요소와 기존 개념의 건강을 연결시켜 통합적인 상황을 그리고 있는 것이다. 질병(disease), 질환(illness)뿐 아니라 sickness(social dysfunction that affects the individual's relation with others)도 함께 건강의 반대편에 위치하고 있다.

세계보건기구의 건강 정의는 건강개념에 보편적인 인간의 가치를 포함하고 있다는 면에서는 획기적인 일이나 이상적으로 이러이러한 상태이어야 한다는 당위적인 선언에 그치고 있으며, 또한 'well-being'이라는 상황이 정적이며 절대적 개념으로 주관적 요소를 포함하고 있다. 그리하여 객관적으로 측정 가능한 내용이 제시되어 있지 않음은 물론 건강개념에서 중요한 동적 또는 예후적 내용이 포함되지 않았다는, 그리고 다분히 모호한 설명이라는 비판을 받고 있다.

라) 생활수단 개념의 건강(a resource for everyday life)

세계보건기구의 정적 개념에서 동적 개념으로 건강을 파악하자는 주장으로

'well-being' 대신에 'well-balanced life로 표현되는 동적인 상태'를 건강이라고 보는 견해다. 일명 '평형적' 건강으로 표현되는데, 일상생활에 있어 개개인마다 가지고 있는 건강 잠재력(health potential)과 건강 위해 요소(health challenge)들 간에 평형이 이루어진 상태를 말한다. 건강 잠재력에는 신체적·정신적·사회적 활력소가 있으며 건강 위해요소의 도전에 건강 잠재력이 잘 버티어 나아간다면 이 상태가 곧 (평형적) 건강인 것이다. 이러한 견해는 건강증진에 관한 오타와 헌장(Ottawa chapter for health promotion, 1986)에 명시된 내용, 즉 "건강은 생활의 목표로서가 아니라 일상생활을 영위하는 활력소로 이해되어야 한다."와 일치하는 내용이다. 건강은 일상생활을 위한 신체적인 능력은 물론 개인적 및 사회적 활력소의 긍정적인 면을 가리키는 개념이라고 할 수 있다.

2) 삶의 질 개념과 측정방법

삶의 질(quality of life, QOL)은 '건강상태', '기능적으로 불편이 없음', '안녕', '생활 만족', '행복감' 등 여러 가지 의미로 쓰여지고 있지만, 한 마디로 정의하기는 어려운 개념이다. 또한 보건의료 분야에서 다루는 삶의 질과 사회학 분야 또는 심리학 분야에서 논의하는 삶의 질은 그 주요 관심영역이 다르다. 그리하여 보건의료 분야에서는 '건강과 관련되는 삶의 질(health-related quality of life, HRQOL)'을 주로 논하게 되는데, 따라서 의학적으로 정의되는 건강 개념이 '삶의 질'의 주축을 이룬다. 즉, 생활수단 개념의 건강은 곧 HRQOL 개념의 핵심이라고 할 수 있다.

삶의 질에 대해 합의된 정의가 아직 없고 또한 그 내용 대부분도 아직 관념적 수준에 머물고 있기 때문에 삶의 질을 측정하는 방법도 불완전할 수밖에 없다. 지금까지 제안된 측정방법을 보면 주로 5가지 측면에서 삶의 질(HRQOL)을 측정하고 있으며, 모두 설문지를 이용하여 측정하고 있다. 다섯 가지 측면은, ① 신체적 활동 기능도, ② 주관적 또는 자각적 건강상태, ③ 정신적 건강상태, ④ 대인관계 상호작용 및 사회적 지지도, ⑤ 생활 만족감 및 의욕도 등이다.

가) 신체적 활동 기능도(activities of daily living)

Karz(1963)의 일상생활 활동지수(the Index of Activities of Daily Living, ADL)가 그 대표적인 방법이다. 주로 노인(65세 이상)의 기능상태를 평가하는 도구로서 주요한 일상생활(예: 목욕, 화장실 이용, 이동, 식사 등) 활동을 혼자 할 수 있는지 묻는 설문으로 되어 있다. The Quality of Well-Being Scale(Kaplan, 1976)은 ADL의 스스로 돌보기 활동 외에 이동성, 신체적 활동, 사회적 활동수행 여부를 포함하고 있는 측정도구이다. 그 외, Functional Assessment Inventory(FAI), Multi-Dimensional Functional Assessment Questionnaire 등이 있다.

나) 주관적 또는 자각적 건강상태

스스로 느끼고 판단하는 불편함과 건강상태를 포괄적으로 측정하고자 하는 것으로 Cornell Medical Index(CMI, Brodman 등, 1949)가 여기에 속하는 측정도구이다. 이 외에도 Sickness Impact Profile(SIP, Bergner 등, 1976), McMaster Health Index Questionnaire(MHIQ, Cambers 등, 1976), Nottingham Health Profile(NHP, Hunt 등, 1986) 등이 있다.

다) 정신적 건강상태

정신건강을 측정하는 도구에는 특히 불안과 우울, 치매와 의식 혼탁 등을 찾아낼 목적을 가지고 있는 것이 많다. 정신과에서 사용하고 있는 PSE(Present State Examination) 또는 DSM-III(Diagnostic and Statistical Manual III)는 현증 환자에 대한 진단 분류나 중증 정도를 평가하는데 사용되며 HRQOL 측정과는 무관하다. The General Health Questionnaire(GHQ, Goldberg, 1978)가 가장 널리 사용하고 있는 정신건강 평가도구이다.

라) 대인관계 상호작용 및 사회적 지지도

삶의 질의 한 측면으로서 가족을 포함한 개인들 사이의 상호작용(social network)과 사회적 지지(social support) 정도를 평가한다. Social Support Questionnaire(Sarason, 1983), UCLA loneliness Scale(Russel, 1980) 등이 측

정 도구로 사용되고 있다.

마) 생활 만족감과 의욕도

일반인을 대상으로 감정적 안녕 상태를 보고자 하는 것으로 '행복감,' '만족감,' '의욕,' '자존심' 등에 대한 전반적인 평가가 주 내용이다. Life Satisfaction Index(LSI, Neugaton, 1961) A, B, Z 등이 대표적인 측정도구이며 Philadelphia Geriatric Center Morale Scale(Lawton, 1972), Self-Esteem Scale(Rosenberg, 1965), Self-Esteem Inventory(SEI, Coopersmith, 1967) 등이 있다.

3) 질병상태의 개념

건강의 반대편에 있는 것의 하나가 질병상태라고 쉽게 생각할 수 있으나, 질병상태에 대한 개념은 정의에 따라 매우 다양하다. 환자들이 말하는 '병'이란 그 원인을 확실히 모르거나 아직 알려지지 않았으면서 신체적, 정신적으로 지나친 괴로움이 일정 기간 경과한 '병고(病苦)'를 의미하며 사람의 주관적인, 그리고 특수한 고통의 체험을 표현한 것이다. 그러나 의사가 말하는 '병'은 주관적 체험인 병고가 아니라 객관적인 방법으로 객관적 기준과 질병 분류에 따라 판단한 의학적 진단 결과의 산물이다. 다시 말하여 환자나 그 가족, 혹은 일반사람들이 생각하는 병과 의사가 생각하는 병은 다른 개념이라고 할 수 있다. 엄격한 의미의 질병(diseases)이란 생물학적, 심리학적 과정의 기능장애로 규정할 수 있다. 그러나 '기능장애'라는 판정도 오늘날에 와서는 검사방법의 발달과 함께 그 경계가 점차 불분명해지고 있다. 과거에는 '장애 없음'으로 판정했던 상태가 검사방법의 진보로 '장애 있음'으로 판정될 수 있기 때문이다. 질병에 대한 정의가 측정수준에 따라 달라진다고 말할 수 있다.

일반적으로 '불편함' 또는 '질환(illness)'은 질병(disease)과 구분하여 이해하고 있다. 질환은 질병이 행태화, 체험화한 것이며 그것은 질병에 대하여 개인적 · 사회적 · 문화적 반응에 의하여 만들어진 것이다. 그러한 질환이 의사에 의하여 기능장애로 진단되면 '질병'이 된다. 한편 질병이나 질환은 그 실체(identity)가 분명치 않은 설명 개념의 하나라는 주장도 있다. 생화학적

과정, 해부학적 구조, 생리적 반응, 행태 양식과 의사소통의 장애 등등이 실제로 있는 것이지만 오직 병고를 설명하기 위하여 소집된 모든 상의 일부로서 이해하여야 한다는 것이다. 그러나 질병에 대한 의학적 개념은 단순한 설명 모델의 하나에 불과한 것이라고 할 수는 없다. 다만 질병에 대한 의학적 탐구의 과정도 시대 문화적 사조와 연구자의 관점, 그리고 과학문명의 발전수준 여하에 따라 서로 다른 결과를 낳기 때문에 의학적으로 확인한 질병이 고정 불변의 유일 절대의 상태라고 하기 어려운 면이 있을 뿐이다. 질병상태에 대한 개념은 질병관과 측정수준에 의하여 달라질 수밖에 없다.

현대의 질병관은 분자병리학적 개념을 바탕으로 하고 있다. 세포 수준 또는 분자 수준과 같은 미세 기능의 장애로서 질병을 이해하는 질병관이다. 그러나 이러한 생물학적 기능장애와 같이 미세 수준에까지는 이르지 못하고 아직 그 상위 수준의 장애로 밖에 인식할 수 없는 상황이지만 심리적 기능장애 또는 행동적 기능장애 등도 질병으로 이해하고 있다.

2. 질병상태의 분류와 질병 이름

질병을 가진 환자에게 붙이는 질병 이름은 하나의 약속된 기호라고 볼 수 있다. 질병명은 자반증(purpura)처럼 객관적으로 관찰이 가능한 증세를 가지고 분류한 경우도 있고, 편두통처럼 주관적인 증세를 중심으로 한 경우, 골절처럼 이학적 진찰결과에 의해 명명이 가능한 경우, 간세포성 간암이나 수막구균성 수막염처럼 병리학적 소견으로만 명명이 되는 경우 등 매우 다양하다. 질병상태를 분류하여 질병 이름을 붙이는 기준은 아래와 같다.

1) 현증기준(manifestational criteria)

당뇨병(diabetes mellitus, 꿀처럼 단 성분이 소변에 있다), 정신지연(mental retardation), 감기, 정신분열병 등의 경우처럼 증상이나 증세, 검사결과, 행태, 예후 등의 임상적 특징을 기준으로 질병상태를 분류하는 기준을 말한다.

2) 원인기준(causal criteria)

대다수의 질병은 그 질병의 원인이라 생각되는 것을 기준으로 하여 분류되고 있는데, 장티푸스, 출생외상, 규소허파증(silicosis), 매독, 납 중독처럼 질병 이름에 원인 병원체나 물질 이름이 포함되어 있다.

3) 역학적 관점에서 질병상태 분류의 중요성

현증 기준과 원인 기준을 사용한 분류 결과가 서로 일치하지 않음은 당연하다. 예를 들어 흡연이 원인이 되는 질병(예를 들어 폐기종, 폐암, 급성심근경색 등) 모두를 묶어서 '흡연병'이라고 분류할 수 있는데, 이는 현증을 기준으로 하여 각각을 따로 폐기종, 폐암, 심근경색 등으로 분류한 결과와는 다르다. 일반적으로 질병상태를 분류함에 있어 원인이 아직 밝혀져 있지 않은 경우라면 현증 기준을 사용할 수밖에 없다. 그러나 원인을 알고 있다고 하여 언제나 원인기준이 우선되는 것은 아니다. 분류의 결과가 어떻게 활용될 것인가에 따라, 예를 들면 '연구자의 관심이 예방 측면을 강조하려 하는가?' 혹은 '치료에 관심을 두고 있는가?'에 따라 선택하는 분류 기준이 달라진다. 예를 들어 응급실에 온 부상 환자를 원인기준에 의하여 '자동차 사고', '자전거 사고', '추락 사고' 등으로 분류하는 것이 환자 치료에는 아무런 도움이 되지 않는다. 따라서 원인이 무엇이었던 간에 현증을 기준으로 '골절', '타박상' 등으로 분류하는 것이 더 적절하다.

한편, 역학적 관점에서는 분류에 사용하는 기준이 꼭 원인기준이나 현증 기준일 필요는 없다. 질병의 원인이나 발생 위험요인을 성공적으로 찾아내는데 유용한 기준이면 된다. 더구나 역학적 조사연구의 첫 번째 단계는 질병상태를 분류하는 것이다. 비록 원인이나 진단명을 모르는 질병이라 하더라도 관찰을 통하여 자연사를 기준으로 호발 증상, 임상 경과, 치명률, 예후 등 임상적 특징에 따른 분류를 하기도 한다. 또는 병리학적 소견을 중심으로 환자를 분류하기도 하고 일자별, 성별, 연령별 등 역학적 소견을 중심으로 분류하기도 한다.

역학적 관찰을 통하여 질병상태를 분류하는 최종 목적은 원인을 찾기 위한 것이다. 그러므로 역학 연구자들은 가능하면 그 분류 체계 내에 원인적 요인이 포함되어 있기를 바라면서 현증을 기준으로 질병을 분류하게 된다. 그리하여 실제 역학연구에서 질병상태 분류는 필수 요건임과 동시에 최종 도달 목표이기도 하다. 예를 들어 대퇴골 경부 골절(고관절 골절)을 연령군별 및 원인별로 분류하면 고령자에서의 골절이 잦은 낙상과 관련이 있음을 알게 된다. 낙상에 의한 골절을 다시 부상의 정도에 따라 분류하면 부상의 정도가 뼈의 내성과 유관함을 관찰하게 되는데 이는 결국 골병증 또는 골다공증과 연관된다. 그리하여 폐경 여성에게 여성 호르몬(에스트로겐)을 사용하는 것이 폐경 후 골 성분 손실을 막아주고 나아가 고관절 골절을 예방하는 부분적 효과가 있다는 사실에 도달하게 된다.

3. 진단기준의 설정

질병이 있고 없음을 표시하는 기준(diagnostic criteria)에는 여러 가지가 있을 수 있으나, 증상, 증세 혹은 검사결과에 근거하는 것이 일반적이다. 간염은 혈액 내에 항체(또는 항원)가 존재하고 있음을 증명할 수 있을 때 진단되며, 진폐증은 폐 기능에 특이한 변화가 있는 증상 혹은 증세와 더불어 흉부 엑스선 검사상 폐 조직의 섬유화 및 늑막의 비후, 그리고 석면 섬유에 노출된 과거력에 근거하여 진단한다. 미국 심장학회가 제안한 급성 류마티스열(acute rheumatic fever)의 진단기준을 보면 매우 복잡하다. 증상 또는 검사결과를 주소견(major manifestation)과 부소견(minor manifestation)으로 구분하고 미생물학적 검사 결과와 주소견 또는 부소견의 조합에 의하여 진단기준을 제시하고 있다. 그러나 경우에 따라서는 매우 간단한 진단기준을 이용하기도 한다. 대표적인 예가 개발도상국가 어린이의 세균성 폐렴의 진단기준이다. 청진이나 엑스선 검사 등도 사용하지 않고 임상적 증세(예를 들어 호흡 수)만을 근거로 진단하여 항생제를 투여한다.

진단기준은 의학적 지식이 증가하고 기술이 향상됨에 따라 빠르게 변화한다. 역학분야에서의 진단기준과 임상분야에서의 기준이 다를 수 있다. 임상에서 사용하고 있는 질병의 정의는 다소 변경의 여지가 있게 명시되어 있는데, 임상에서는 의사의 임상적 판단이 더욱 중요하기 때문이고 동시에 최종적인 진단이 내려질 때까지 계속해서 단계적으로 일련의 검사를 할 수 있기 때문이기도 하다.

역학분야에서의 진단기준은 정의가 명확하고 사용이 쉬어야 하며, 어떠한 상황에서도 모든 인구집단에 표준적 방법으로 적용될 수 있도록 간단하여야 한다. 다른 말로 표현하면 역학분야에서의 진단기준은 질병의 정확한 상태를 알기 위한 기준이 아니고 앞서 설명한 분류를 위한 기준이라고 할 수 있다.

4. 표준 질병분류법

질병 상태를 분류하여 질병 이름을 부여한 후 그 질병 이름을 다시 분류하는 일이 필요하다. 이러한 질병 분류는 사망원인을 분류하고자 하는 시도에서부터 시작되었는데, 지금에 와서는 질병과 사망원인 모두에 사용하고 있으며 국제적으로 표준화되어 있다.

1) 국제질병분류(International Classification of Diseases, ICD)

1900년 사망원인에 대한 국제적인 분류체계가 만들어진 후 '매 10년 주기 개정' 원칙에 따라 국제질병분류(ICD)가 개정되어 왔다. 1948년부터는 세계보건기구에 의해 개정 작업이 진행되었으며 세계보건기구 회원국은 세계보건기구 헌장 및 세계보건총회 협약에 의해 질병 및 사인에 관련한 통계 작성과 공표에서 ICD 체계를 따르도록 의무화되어 있다. 1993년 제 43차 세계보건총회에서 제10차 ICD를 개정하여 모든 회원국이 1995년 1월 1일부터 사용하도록 하여 현재에 이르고 있다. 한편 1976년에는 International Classification of Diseases for Oncology(ICD-O)가 만들어져 암 질환 분류에 사용되고 있다.

2) 한국 표준질병사인분류(Korean Standard Classification of Diseases, KCD)

1973년 경제기획원이 ICD-8을 번역한 KCD 제1차 개정을 만들어 처음으로 한국 표준질병사인분류를 사용하게 되었으며, 그 후 1979년 제9차 개정 ICD에 의거한 KCD 제2차 개정, 그리고 1995년 ICD 10을 기준으로 KCD 제3차 개정을 완료하여 1995년부터 개정된 분류를 사용하고 있다.

가) 분류의 구분

ICD-10 또는 KCD-3의 분류는 A00에서 Z99에 이르는 본 분류와 신생물의 형태 분류를 위한 기타 분류(M800-M998)가 있다. 본 분류는 21개 장 → 261개 항목군 → 2,036개 3단위 분류 → 12,121개의 4단위 분류로 되어 있다.

나) 본 분류의 구조: 21 대분류

(1) 전신을 침해한 질환군

I.	특정 감염성 및 기생충성 질환	(A00-B99)
II.	신생물	(C00-D49)

(2) 전신병적 질환군

III.	혈액 및 조혈기관의 질환과 면역기전을 침범한 특정장애	(D50-D99)
IV.	내분비, 영양 및 대사 질환	(E00-E99)

(3) 인체 해부학적 계통별 질환군

V.	정신 및 행동장애	(F00-F99)
VI.	신경계의 질환	(G00-G99)
VII.	눈 및 눈부속기의 질환	(H00-H59)
VIII.	귀 및 유양돌기의 질환	(H60-H99)
IX.	순환기계의 질환	(I00-I99)

X.	호흡기계의 질환	(J00-J99)
XI.	소화기계의 질환	(K00-K99)
XII.	피부 및 피하조직의 질환	(L00-L99)
XIII.	근골격계 및 결합조직의 질환	(M00-M99)
XIV.	비뇨생식기계의 질환	(N00-N99)

(4) 분만, 기형, 신생아 질환

XV.	임신, 출산 및 산욕	(O00-O99)
XVI.	주산기에 기원한 특정병태	(P00-P99)
XVII.	선천성 기형, 변형 및 염색체 이상	(Q00-Q99)

(5) 기타 병태

XVIII.	달리 분류되지 않은 증상, 징후와 임상 및 검사의 이상소견	(R00-R99)
XIX.	손상, 중독 및 외인에 의한 특정 기타 결과	(S00-T99)

(6) 기타 분류

XX.	질병이환 및 사망의 외인	(V01-Y99)
XXI.	건강상태 및 보건서비스 접촉에 영향을 주는 요인	(Z00-Z99)

다) 개정 내용의 일반적 특성

(1) 1단위 분류에 알파벳 부호를 도입하였다.

(2) 알파벳의 26개 문자 중 25개를 사용하였고 U자는 장래의 추가 변동이나 개정분류 시에 국가적, 국제적 차원에서 일어나는 어려움을 임시적으로 해결할 수 있도록 남겨 놓았다.

(3) 일부 3단위 항목들은 장래 확장과 수정에 대비하여 여분 항을 남겨 놓았다.

(4) 제9차 개정에서 보조분류로 사용하였던 2개의 분류(E 분류)와 건강 상태 및 보건서비스에 영향을 주는 요인에 관한 보조 분류(V 분류)를 본 분류로 포함하였다.

(5) 한 영문자와 2자리 숫자의 3단위 분류로는 필요한 세부사항을 모두 다 반영

할 수 없어서 신경계 및 감각기 질환의 장은 3개의 장(G 문자의 신경계 질환, H 문자를 공유하는 눈 및 눈 부속기 질환과 귀 및 유양돌기 질환)으로 분리하였다.

5. 건강-질병 현상의 측정

1) 개체 측정(measure of individual)

대상자 개개인에 대하여 특정 건강-질병 현상에 관한 자료를 수집하는 일은 역학연구에서 가장 중요한 과정의 하나이다. 예를 들어 '특정한 질병이 있는지 없는지,' 혹은 '특정한 생리 상태는 어느 정도인지', 또는 '과거에 특정한 질병을 앓았었는지' 등을 알아내는 일이다.

이러한 특정 건강-질병 현상을 측정하는 방법에는 여러 가지가 있다. 신장, 체중, 혈압 등과 같이 물리적 계측이나 관찰을 이용하는 방법이 있고, 각종 임상병리 검사나 생화학적 검사, 또는 유전자 검사 등도 있으며, 문진이나 면접조사와 같은 질문법이나 과거기록탐색 등을 이용하여 특정 건강-질병 현상을 측정해 낼 수도 있다. 이러한 방법 중 어떤 방법이 더 좋다고 일률적으로 말하기는 어렵다. 왜냐하면 측정방법의 타당도(validity)와 신뢰도(reliability)가 높다고 하더라도 연구목적에 부합하는 자료가 얻어지지 않는다면 좋은 방법일 수 없기 때문이다. 예를 들어 혈청 콜레스테롤과 고혈압과의 인과적 관련성을 보는 연구에서, 혈청 콜레스테롤을 혈압 측정과 동시에 생화학적 방법으로 직접 검사하는 것보다 질문법 또는 과거 기록 탐색을 통해 현재의 혈압측정결과 이전의 과거 수년 전의 혈청 콜레스테롤에 관한 자료를 얻는 것이 연구목적에 더 부합한다. 또한 역학에서는 집단을 대상으로 하기 때문에 대상집단에 적용할 수 있는 수용도(acceptability)도 중요한 기준이 된다. 자기공명영상(MRI)이나 나선 전산화단층촬영술(spiral CT) 등은 매우 정확하고 신뢰성 있는 진단방법이긴 하나 집단을 대상으로 적용할 수는 없다.

개체측정에 사용하는 방법의 타당도(또는 정확도), 신뢰도(또는 정밀도), 그리고 수용도에 대한 평가가 사전에 이루어져야 한다.

가) 측정방법의 타당도(정확도, validity, accuracy)

측정방법의 타당도는 '그 측정 결과가 진정한 참값을 반영하는 정도'를 의미한다. 예를 들어 검사결과가 질병을 가진 사람에서는 언제나 '양성'으로 나오며, 그 질병을 가지지 않은 사람에서는 언제나 '음성'이라면 완벽한 방법이라 할 수 있다. 이런 방법을 'gold standard'라 하는데, 실제 의학분야에서는 현실적으로 거의 존재하지 않는다. 타당도가 가장 높은 방법을 임시적으로 'gold standard'로 사용한다.

측정방법의 타당도는 민감도(sensitivity)와 특이도(specificity)로 평가한다. 앞서 설명한 내용 중 '양성' 결과를 평가하는 것이 민감도이고, '음성' 결과를 평가하는 것이 특이도이다.

(1) 민감도(sensitivity)

민감도란 '실제 질병이 있는 사람을 질병이 있다고 측정해 내는' 능력을 표시하는 척도이다. 아래 예제에서 RPHA 방법의 민감도는 68/75 = 0.901(90.1%)이 된다. 만약 이 검사법의 HBsAg 검출 능력이 RIA처럼 완벽하였다면 민감도는 100%이었을 것이다. 그러나 RPHA법에서 '음성'으로 나온 사람 중에는 진정한 항원 양성자가 있을 수 있게 된다. 다시 말하면, 민감도가 100%가 되지 못한다는 것은 '위음성자(false-negative)'가 있다는 것을 의미한다.

제 3-1 RPHA에 의한 B형간염 표면항원(HBsAg) 검출의 정확도를 평가하기 위해 방사선면역측정법(RIA)을 gold standard로 하여 표 3.1의 결과를 얻었다. RPHA의 타당도는?

표 3.1 RPHA와 RIA 결과의 비교

RPHA	RIA		계
	양성	음성	
양성	68	12	80
음성	7	144	151
계	75	156	231

(2) 특이도(specificity)

특이도는 '실제 질병이 없는 사람을 질병이 없다고 측정해 내는' 능력을 표시하는 척도이다. 위 예에서는 144/156 = 0.923(92.3%)이 된다. 특이도가 100%가 되지 못한다는 것은 '위양성자(false-positive)'가 있다는 것을 의미한다.

측정방법의 타당도는 민감도 또는 특이도 중 하나만 가지고는 평가할 수 없다. 민감도와 특이도 모두가 같이 제시되어야 한다. 민감도 혹은 특이도 중 하나가 100%라 하더라도 정확한 방법이 아닐 수도 있다. 예를 들어 심장병 여부를 진단하는데 귀의 숫자(2개)로서 측정한다고 하자. 심장병 환자 모두 귀가 두 개이니까 민감도는 100%이지만 이 방법이 심장병을 알아내는 방법이 되지 못함은 분명하다. 정확한 측정방법이란 민감도가 높아야 하지만 동시에 특이도도 높아야 한다.

(3) 측정결과 판정기준 설정

측정결과를 '양성'과 '음성' 또는 '정상'과 '비정상', 혹은 '있다'와 '없다' 등과 같이 2개의 가능한 내용(이를 이분(二分)성이라 한다)으로 판정하는 경우에는 그 판정기준을 어디에 두는가에 따라서 측정방법의 타당도가 달라진다. 대부분의 임상검사에서는 임상적인 예후를 근거로 하여 그 기준(clinical criteria)을 설정하나, 생리적 상태(예를 들어 신장, 체중) 등은 통계적 분포를 기준(statistical criteria)으로 하는 경우가 많으며, 어떤 경우(예를 들어 과량 음주자)는 사회적 가치 기준(normative criteria)에 의하기도 한다.

예제 3-2와 같이 판정기준을 gold standard에 비교하여 정하는 경우도 허다하다. 이때는 특히 양-음성 판정기준(cutoff point)을 어떻게 설정하여야 하는가 하는 문제가 생긴다.

예제 3-2에서 보는 바와 같이 RPHA의 양성 판정 기준을 2^1 이상으로 하면 민감도는 0.97 (= 73/75)로 매우 좋으나 특이도는 0.10(= 15/156)으로 극히 저조하다. 반면에 양성 판정기준을 2^2 이상으로 하면 민감도는 0.91(= 68/75)로 다소 낮아지지만, 특이도는 0.92(= 144/156)로 높아짐을 알 수 있다. 이와 같이 판정기준에 따라 민감도와 특이도가 달라지는데, 한 쪽이 낮아지면 다른 쪽은 높아지는 소위 교역현상(trading-off)을 보이면서 달라진다.

3-2 RPHA를 통한 HBsAg 검출법의 타당도를 측정하기 위해 RIA를 gold standard로 하여 표 3.2와 같은 결과를 얻었다. 본인이 연구책임자라면 어떤 판정기준으로 RPHA의 타당도를 평가하겠는가?

표 3.2 경계값에 따른 RPHA 검사결과

RPHA 측정 결과 (정량, titer)	RIA 측정 결과		계
	양성	음성	
2^0	2	15	17
2^1	5	129	134
2^2	4	7	11
2^3	8	3	11
2^4	56	2	58
계	75	156	231

판정기준을 설정하는 방법에는 두 가지가 있다. 하나는 측정결과에 대한 민감도와 특이도의 상대적 중요성을 잘 저울질하면서 연구자가 자의적으로 정하는 방법이고, 다른 하나는 receiver operator characteristics(ROC, 교역현상) 곡선을 만들어 최적의 기준을 찾는 방법이다. 자의적 방법은 '위음성자(false negatives)'와 '위양성자(false positives)'가 연구 목적(결론)에 어떤 영

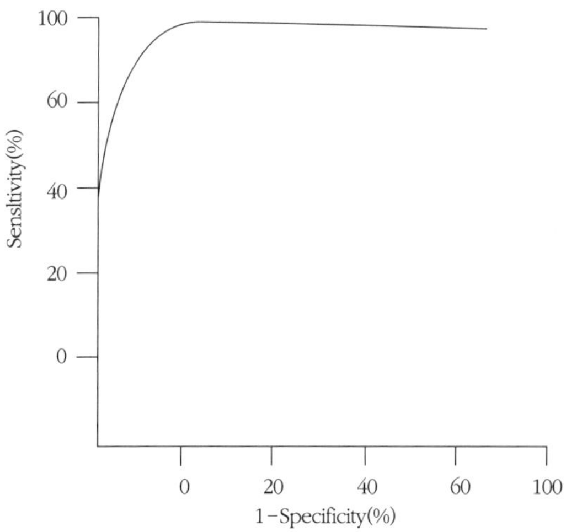

그림 3.1 ROC 곡선

향을 미칠 것인가를 고려하는 방법이다. 예를 들어 실제는 환자인데 환자가 아니라고 진단되어 대조집단에 위음성 환자가 많이 포함되는 상황이 연구결론에 중대한 잘못을 일으킨다면 위음성을 최대한으로 줄이도록 기준을 정한다. 즉 민감도가 높은 경계값을 선택한다. 반대로 환자가 아닌 사람이 환자인 것으로 분류되는 상황이 연구결론에 악영향을 미친다면 특이도가 높은 기준으로 정하는 것이다.

한편 ROC 곡선은 수직축은 민감도, 수평축은 (1-특이도)로 하여 임의의 판정기준에 따른 값들을 연결하여 곡선으로 표시한 후 가장 적절한 기준을 찾아내는 방법이다. 그림 3.1에서 보면 최적의 지점은 왼쪽 위의 구부러지는 어느 곳이 될 것이다. 이곳은 민감도의 변화에 대하여 특이도의 변동이 가장 작은 곳이다. 일반적으로 ROC 곡선이 좌상부위에서 '코너'를 도는 점을 최적의 기준으로 정하고 있다.

나) 측정방법의 신뢰도(정밀도, reliability, precision, stability)

'같은 내용에 대하여 반복측정 했을 때 같은 결과가 나오는 정도'가 측정방법의 신뢰도이다. 따라서 신뢰도를 평가하기 위해서는 동일 대상에 대하여 반복측정된 결과자료가 있어야 하지만, 동일 대상을 놓고 다른 측정방법의 신뢰도와 비교하는 경우는 반복측정을 하지 않고 한 번 측정한 결과로 비교평가가 가능하다.

측정방법의 신뢰도를 떨어뜨리는 요인에는 여러 가지가 있다. 첫째로 측정 대상자의 요인을 들 수 있다. 대상자의 감정 상태, 동기 부여, 피로도 등으로 인하여 먼저 측정시의 결과와 나중에 측정한 결과가 다르게 나타날 수 있다. 두 번째는 측정자의 요인이다. 측정자의 측정 수기나 숙련도 또는 해석이 달라짐으로 하여 신뢰도가 낮아질 수도 있다. 세 번째는 측정환경 또는 상황요인이다. 측정-재측정의 환경이 각기 다름으로 하여 측정결과에 차이가 나타나는 경우이다. 다음은 측정도구 자체요인을 들 수 있는데, 측정도구의 정밀도 자체가 낮아서 나타나는 차이이다.

(1) 확률 오차와 계통적 측정 오류

반복 측정결과에 차이가 있을 때 그 출처는 두 가지로 구분할 수 있다. 하나는 '확률 오차(random variation, random error)'에 의한 차이이고, 다른 하나는 '계통적 측정 오류(systematic error)'에 의한 차이이다. 확률 오차는 확률론의 바탕을 이루는 '무작위성(randomness)' 개념이다. 동일한 내용을 반복측정한 결과가 모두 같은 값으로 나타나지 않고 일정한 변이를 가지는 확률적 분포로 나타난다는 원리이다. 예를 들어 실제의 참값이 10cm인 막대의 길이를 반복측정하였을 때 측정결과가 언제나 10cm로 나타나는 것은 아니고, 9cm나 11cm로도 나타날 수 있는데, 그 측정결과들은 서로 다른 확률(또는 빈도)로 출현하며(10cm의 출현확률이 가장 높다), 일정한 확률적 분포로 나타난다는 것이다. 즉, 측정결과의 본래적 속성상 특별한 이유 없이도 측정결과들이 다르게 나올 수 있다는 개념이다. 뒤집어 말하면, 반복측정 결과에 차이가 있을 명백한 이유가 없는 데도 다르게 나타났다면 그 차이를 확률 오차에 의한 것이라고 해석한다. 측정방법의 신뢰도를 평가하는 것은 바로 이 확률 오차의 정도를 분석하는 것이다. 통계학에서 나오는 분산이나 변이계수 등이 여기에 해당한다.

계통적 (측정) 오류는 반복측정 결과 간의 차이가 확률오차 때문이 아니고 어떤 이유가 있어서 나타난 경우를 말한다. 예를 들어 아침 6시에 측정한 체온과 9시에 측정한 체온이 달랐는데, 이를 체온의 일중 변동(circadian variation)에 의한 차이라고 해석하였다면 이는 계통적 오류로서 측정도구의 신뢰도와는 무관한 자료이다.

(2) 신뢰도의 평가

통계적인 방법으로 신뢰도를 계량적으로 평가할 수 있다. 즉, 반복측정 결과들이 확률오차 범주 이내인지, 계통적 오류가 개입되어 있는지를 분석한다. 명목형 척도나 순서형 척도로 측정결과가 표시되는 경우에는 카파 통계량(kappa statistic), 스피어만의 순위상관계수(Spearman's rank correlation coefficient), 켄달 계수(Kendall's tau), 스튜어트 계수(Stuart's tau-c) 등으로 신뢰도를 정량화하여 분석할 수 있다. 측정결과가 연속형 척도로서 표시되는 경우는 피어슨의 상관계수(Pearson's correlation coefficient)를 이용하여 분석한다.

다) 측정결과의 예측도

타당도와 신뢰도 모두가 100%인 측정방법은 존재하지 않기 때문에 측정결과를 가지고 진정한 상태를 예측하는 일이 필요하다. 예를 들어 개개인에 대하여 특정 질병이 있는지 없는지를 진단하는 검사결과가 양성(혹은 음성)으로 나왔을 때 실제 병이 있을(혹은 없을) 가능성(확률)을 예측하여야 할 것이다. 측정결과의 예측도는 민감도나 특이도와는 또 다른 하나의 타당도 지표이다.

(1) 양성 예측도와 음성 예측도

민감도는 '실제 양성인 사람을 양성으로 판별해 내는 측정방법의 능력'을 나타내는 지표이다. 반면, 측정결과의 '양성 예측도(positive predictability, PV(+))'는 '측정결과가 양성으로 나온 사람 중에 진정 양성인 사람의 점유율'을 뜻한다. 또한 '실제 음성인 사람을 음성으로 판별해 내는 측정방법의 능력'이 특이도인데 비하여 '음성 예측도(negative predictability, PV(–))'는 '측정결과가 음성으로 나온 사람 중에서 진정한 음성자의 점유율'을 뜻한다. 그러므로 (1-양성예측도)는 실제로는 양성이 아닌데 측정결과에서 양성으로 잘못 나온 '위(僞)양성자'에 해당하는데, 이를 '위양성률(false positive rate)'이라고 한다. 같은 이치로 (1-음성예측도)는 '위음성률'이 된다.

예제 3-3 머리 외상을 임상적으로 진단하기 위하여 두개골 엑스선 대신 의식 손실기간, 외상의 정도, 그리고 신경학적 증상을 이용한 종합적인 임상 기준을 만들었다. 진단결과는 표 3.3과 같았다.

표 3.3 머리 외상을 진단하는 두 가지 방법의 비교

종합 임상 기준	두개골 엑스선		계	
	양성	음성		
양 성	98	952	1,050	민감도 = 0.980 특이도 = 0.298 양성예측도 = 0.093 음성예측도 = 0.995
음 성	2	405	407	
계	100	1,357	1,457	

예제 3-3에서 종합 임상기준에 의해 양성으로 판정 받은 사람이 정말로 머리 외상을 가지고 있을 양성예측도는 98/1,050으로 0.093(9.3%)에 지나지 않으며, 음성으로 판정받은 사람이 정말로 머리 외상이 없을 음성예측도는 405/407로 0.995(99.5%)임을 알 수 있다. 그리고 위양성률은 (1-0.093)인 90.7%이고 위음성률은 (1-0.995)인 0.5%이다. 한편 임상 종합기준의 민감도는 98%이고 특이도는 29.8%가 된다.

(2) 예측도에 영향을 주는 요소

예제 3-3에서 대상 수를 1,457명으로 하지 않고 두개골 엑스선 양성자 100명, 음성자 100명으로 하였다면 임상종합기준의 민감도와 특이도는 변동이 없지만, 두개골 엑스선 양성자에서의 임상종합기준에 의한 진단결과는 위 예제에서와 같이 양성 98명, 음성 2명이 될 것이고, 두개골 엑스선 음성자의 진단결과는 표 3.3의 952명 대신 70명, 405명 대신에 30명이 될 것이다. 그리하여 결과적으로 임상종합기준에 의한 양성 결과는 168명(= 98 + 70)으로, 음성결과는 32명(= 2 + 30)이 된다. 그러므로 이때의 양성 예측도는 58.3%(98/168)가 되고 음성 예측도는 93.8%(30/32)가 되어 예제 3-3에서 산출한 예측도와 차이가 난다. 이렇게 민감도와 특이도는 변동이 없는 데도 예측도가 달라진 것은 측정대상 집단의 유병률(prevalence)이 달라졌기 때문이다. 앞서 예제에서의 유병률은 6.9%(100/1,457)이었고 뒤의 예제에서는 50%이었다. 즉, 측정방법의 정확도 지표인 민감도나 특이도는 유병률에 의해 영향을 받지 않지만, 측정결과의 예측도는 유병률에 의하여 달라지는데 유병률이 낮으면 위양성(false-positive)의 가능성이 높아지고, 유병률이 높으면 위양성의 가능성이 낮아지기 때문이다. 역학분야에서의 양성 및 음성 예측도는 측정대상의 유병률이 대상 집단의 진정한 유병률을 반영하는 경우에만 의미를 가진다.

측정방법의 민감도와 특이도가 달라지면 측정 결과의 예측도는 당연히 달라진다. 예제 3-4에서와 같이 민감도 90%, 특이도 80%인 경우와 민감도 80%, 특이도 90%인 경우에서 유병률이 각각 10%와 40%일 때 각각의 양성 및 음성 예측도가 달라짐을 볼 수 있다.

예제 3-4 민감도 특이도 및 유병률이 변화함에 따라 예제 3.3의 연구결과는 표 3.4부터 3.7까지 변화한다.

표 3.4 민감도 90%, 특이도 80%, 유병률 10%인 경우

종합 임상 기준	두개골 엑스선		계	
	양성	음성		
양 성	90	180	270	양성예측도 = 0.333
음 성	10	720	730	음성예측도 = 0.986
계	100	900	1,000	

표 3.5 민감도 80%, 특이도 90%, 유병률 10%인 경우

종합 임상 기준	두개골 엑스선		계	
	양성	음성		
양 성	80	90	170	양성예측도 = 0.471
음 성	20	810	830	음성예측도 = 0.976
계	100	900	1,000	

표 3.6 민감도 90%, 특이도 80%, 유병률 40%인 경우

종합 임상 기준	두개골 엑스선		계	
	양성	음성		
양 성	360	120	480	양성예측도 = 0.750
음 성	40	480	520	음성예측도 = 0.923
계	400	600	1,000	

표 3.7 민감도 80%, 특이도 90%, 유병률 40%인 경우

종합 임상 기준	두개골 엑스선		계	
	양성	음성		
양 성	320	60	380	양성예측도 = 0.842
음 성	80	540	620	음성예측도 = 0.871
계	400	600	1,000	

예제 3-4에서 보면 민감도는 음성 예측도에 영향을 미치고 특이도는 양성 예측도에 영향을 미친다. 전체적으로는 양성 예측도의 변동 폭이 음성 예측도의 변동 폭보다 현저하여 특이도의 영향력이 민감도의 그것보다 더 크다

고 할 수 있다. 특히 유병률이 낮을 때 특이도에 따른 양성 예측도의 변동폭이 더 현저함을 알 수 있다. 바꾸어 말하면, 측정방법을 선택할 때 특이도가 높은 방법이 선호되며, 특히 유병률이 낮을 때 더욱 그렇다.

(3) 예측도와 유병률과의 관계식

민감도, 특이도, 유병률, 그리고 예측도는 일정한 함수 관계를 가지고 있다. 이 중 민감도와 특이도는 측정방법 자체가 가지는 타당도 지표이므로 개개 측정방법을 개발할 때 필수적으로 평가, 제시하여야 하는 사항이다. 즉, 민감도와 특이도는 개개의 모든 측정방법이 필수적으로 가지고 있어야 하는, 이미 알고 있는 지표이다. 그러나 유병률 혹은 예측도는 실제 조사를 통해서만 알 수 있는데, 유병률이나 예측도 중 어느 하나만 알 수 있다면 나머지도 다음과 같은 관계식을 이용하여 쉽게 추정할 수 있다.

$$\text{양성 예측도} = \frac{(\text{민감도} \times \text{유병률})}{(\text{민감도} \times \text{유병률}) + (1 - \text{특이도})(1 - \text{유병률})} \qquad (\text{식 } 3\text{-}1)$$

$$\text{음성 예측도} = \frac{\text{특이도} \times (1 - \text{유병률})}{(\text{특이도})(1 - \text{유병률}) + (1 - \text{민감도})(\text{유병률})} \qquad (\text{식 } 3\text{-}2)$$

$$\text{유병률 추정치} = \frac{(\text{검사 양성률} + \text{민감도} -1)}{(\text{민감도} + \text{특이도} - 1)} \qquad (\text{식 } 3\text{-}3)$$

$$\text{유병률의 분산} = \frac{\text{검사 양성률 } (1 - \text{양성률})}{(\text{대상자수})(\text{민감도} + \text{특이도} - 1)^2} \qquad (\text{식 } 3\text{-}4)$$

2) 집단현상 계측(measure of mass phenomena)

특정 속성과 건강-질병 현상의 관련성을 추론하기 위해서는 대상자 개개인에서 측정한 결과들을 집단현상으로 계측하여야 한다. 관련성을 보는 가장 단순한 방법은 대상자들을 그 속성이 있는 사람과 없는 사람의 두 집단으로 구분하고 이들 집단의 건강-질병 현상을 비교하는 것이다. 예를 들어 평균 비교나 양성률 비교 등이다.

집단 구성원 개개인에 대해 측정한 결과자료로부터 집단 현상을 계측하는 것이 일반적인 방법이지만, 집단 전체의 총량을 측정한 후 집단의 구성원 수로 나누어 집단현상을 계측하는 방법도 있다. '1인당 소금 섭취량' 등이 그 예이다.

가) 집단현상 계측치의 일반적 형태

집단현상을 계측하고 기술한다는 것은 바로 개개 측정결과들의 '분포'를 기술하는 것이다. 일반적으로 '분포'란 주로 '퍼짐(spread, dispersion)'과 '(중심) 경향성((central) tendency)'을 의미한다. 예를 들어 '당뇨병 환자들의 혈압 분포는 어떻습니까?' 라는 질문은 '가장 높은 혈압과 가장 낮은 혈압은 얼마나 되며(퍼짐), 주종을 이루고 있는 혈압은 얼마인가(경향성)?'를 물어 보는 것과 같은 내용이다. 따라서 집단현상으로 계측되는 지표는 이러한 경향성과 퍼짐을 함께 포함하고 있어야 한다.

한편 개개인의 측정자료를 집단 현상 지표로 요약, 계측할 때 중요한 고려사항은 측정자료의 척도 수준이다. 다시 말하면 척도 수준에 맞는 계측지표를 사용하여야 한다는 뜻이다. 예를 들어 혈압을 양적 척도(quantitative scale)인 mmHg 단위로 측정하였을 때 집단 현상 계측치는 '평균혈압과 표준편차'가 되지만, '고혈압/정상혈압'으로 측정(질적 척도)하였다면 집단현상의 지표는 '고혈압 유병률과 95% 신뢰구간'이 된다.

여기에서는 역학분야에서 흔히 사용하고 있는 집단 현상 계측치들을 일반화하고 그 각각에 대한 개념적인 이해와 적용범위 및 한계성을 설명한다.

(1) 대표값

집단 구성원 개개인에 대한 측정결과가 체중, 혈압 등과 같이 양적 척도로 표시되는 경우 집단현상을 계측하는 방법으로 가장 널리 사용된다. 통계학적 전문용어로는 중심 경향성의 측도(measures of central tendency)라고도 하는데 평균, 중앙값, 최빈값 등이 있다. 이 중 평균(산술평균, 가중평균 또는 기하평균)은 표준편차와 같은 산포지표 등과 같이 해석하며, 가장 빈번하게 사용된다. 측정결과가 질적 척도이거나 분포의 모양이 비대칭 또는 이봉(bimodal)인 경우에는 평균 대신에 최빈값 혹은 중앙값 등을 사용하기도 하는데, 이런 경우에는 다음에 설명할 비, 분율, 비율 등으로 집단현상을 계측하는 것이 도리어 유용할 수 있기 때문에, 실제 최빈값이나 중앙값을 대표값으로 사용하는 경우는 드물다.

(2) 단순비(ratio)

단순비 형태의 계측치는 역학분야, 특히 병인(病因) 연구에서 가장 흔하게 사용하고 있으며 연구결과나 결론을 도출하는 중요한 도구이다. 따라서 이들에 대한 계량적 분석방법(통계적 방법)과 함께 개념적인 해석의 원리를 충분히 이해하여야 한다.

비(比)는 단순히 두 현상의 빈도를 비교 기술하는 방법으로서, 수학적으로 표시하면 R = a/b의 형태이다. 이때 분자(a)와 분모(b)는 서로를 포함하지 않고 있으며, 단위가 같을 필요도 없고, 둘간에 어떤 특정한 관련성을 의도하지도 않기 때문에 개념적으로 서로 무관하더라도 괜찮다. 예를 들어 성비(性比)는 여자 100명에 대한 남자의 수로 표시되는데 [(남자 수/여자 수)×100]로 계산된다. 성비는 남, 여의 단순한 수적 관계를 나타낸 것이다. 다른 예로 사산율은 출생아 1,000명에 대한 사산아 수로서 분자가 분모에 포함되어 있지 않다. 또 다른 예로서 지방 섭취량을 '1인당 지방 섭취량'이라는 계측치로 제시하는데, 이것도 인구 수와 총 지방 소비량을 단순비(총 지방 소비량/인구 수) 형태로 표시한 것이다.

한편 지수(指標, index)란 두 종류 이상의 현상을 종합적으로 표시하는 종합 측도(summary measure)인데 종종 단순비 형태로 표현된다. 예를 들어 체질량지수(body mass index, BMI)도 체중(kg)과 신장(cm)의 단순비를 사용하고 있다.

단순비에는 두 실체적 현상(實體現像)의 빈도 비(比)만 있는 것이 아니라 측도의 단순비도 많다. 예를 들어 두 비의 단순비, 두 분율의 단순비, 두 비율의 단순비 등이다. 그리하여 역학분야에서 사용하는 단순비 형태의 측도에는 두 종류가 있는데 그 하나는 앞서의 예처럼 단위(dimension)가 있는 측도와, 다른 하나는 단위가 없어지는(dimensionless) 측도(예를 들어 두 비율의 단순비)이다. 단위가 없어지는 단순비 중에 '대응비((對應比), 오즈, odds)'가 있는데 역학에서 가장 흔하게 사용되는 것이다.

(가) 대응비(odds)

특정 현상에 대한 집단 측도의 하나로서, 동일한 조건 하에 있는 집단에서 특정 현상이 있는 사람 수와 없는 사람 수의 단순비가 대응비(odds)이다. 예를 들어 고혈압 환자 15명에서 흡연자가 9명이고 비흡연자는 6명이었을 때, 이 집단의 흡연에 관한 집단측도를 생각해 보자. 우리에게 가장 익숙한 것은 '흡연자율(9/15 = 3/5)'이다. 이는 '이 집단에는 5명 중 3명이 흡연자'라는 것을 표현하는 측도이다. 그런데 '흡연자율'이 아닌 다른 측도도 가능하다. 우리나라에서는 익숙하지 않지만 서양에서는 일상생활에서도 자주 사용하는 개념이 있다. 즉, 흡연자와 대비시키는 대상을 흡연자를 포함하는 집단 전체로 하지 않고 배타적인 현상을 가진 비흡연자를 대상으로 하는 계측치이다. '흡연자의 대응비(9/6 = 1.5)'가 바로 그것이다. 이는 '이 집단에서 흡연자는 비흡연자 1명에 1.5명 꼴로 있다'라는 의미이다.

대응비에 대한 확률적 개념은 Goodman과 Kruskal(1963)에 의하여 소개되었는데, 요인과 현상과의 관련도를 계측하는 수단으로 '대응비의 비(odds ratio, OR)'를 제시하면서 대응비(odds)를 확률적으로 정의하였다. 이를 일반식으로 표시하면 다음과 같다.

$$\Omega_B = \frac{P(A \mid B)}{P(A' \mid B)} \qquad \text{(식 3-5)}$$

단, Ω_B: B 조건 하에서의 A의 대응비

$P(A \mid B)$: B 조건 하에서 A가 있을 확률

$P(A' \mid B)$: B 조건 하에서 A가 없을 확률 $= 1 - P(A \mid B)$

대응비를 보다 간단하게 설명하면 '있을 확률'과 '없을 확률'의 단순비라고 할 수 있는데, '있을 확률'을 P라고 한다면 대응비(odds)는 $P/(1-P)$이다.

(3) 분율(점유율, proportion)

우리에게 가장 익숙한 개념의 집단측도이다. 집단 전체에서 특정 현상을 지닌

소집단의 정도를 상대적으로 표시하는 측도로서 수학적으로 표현하면 $P = a/N$ (a: 특정 현상을 지닌 사람의 수, N: 집단 전체의 숫자)이 된다. 이때 분자(a)는 반드시 분모(N)에 포함되어야 하지만 a와 N 모두가 정수(整數)일 필요는 없다. 일상생활에서 %로 표현되는 백분율(百分率)이 대표적인 측도인데 100을 전체로 하여 그 분획(分劃, fraction)의 정도를 표시한 것이다. 만약 그 전체를 1,000, 또는 100,000으로 했다면 각각 1,000 분율 또는 100,000 분율이 된다.

분율로 표시되는 측도는 분자, 분모의 단위가 같은 것이기 때문에 단위가 없다. 0에서 1 사이의 값을 가지며, 해당되는 현상에 대한 확률적 예측치의 성질을 지니고 있어 다른 측도에 비하여 통계적 또는 계량적 분석과 해석이 쉽다. 예를 들어 (태아 사망 수/총 임신 수)로 표현되는 태아사망률은 임신 경과 중에 태아가 사망할 확률을 말해 줄 수 있다.

분율에 대한 통계적 분석은 이항분포를 이용하여 수행한다. 95% 신뢰구간도 이항분포의 특성을 이용하여 추정한다.

(4) 비율(rate)

단순비나 분율에 비하여 비율(比率)의 개념적 내용은 조금 복잡하다. 일반인들은 흔히 분율과 혼동하여 잘못 사용하고 있다. 비율은 집단현상의 동적(動的) 측면을 반영한다는 점에서 단순비나 분율과 크게 다르다. 단순비나 분율은 일정한 조건 하에서 이미 일어나 버린(또는 가지고 있는) 현상을 계측, 표시한다. 그러나 비율은 특정 현상의 변동속도(단위 시간당, 단위 온도당, 혹은 단위 압력당 등)를 표시하는 측도이다. 다시 말하면 비율은 현상의 순간적인 변동을 표현하는 측도인데, 자동차의 속도와 같은 것이라고 이해하면 틀림이 없다. 예를 들어 Y라는 현상 또는 실체가 X라는 현상(또는 실체)에 의존하여 변한다고 하면, 일정 단위의 X가 변동(ΔX)하였을 때 이에 의존하여 변화한 Y의 변동량(ΔY)을 계측, 표시하는 것이다. 수학적으로 표시하면 $Y = f(X)$일 때, $Y = f(X \rightarrow X + \Delta X)$를 ($\Delta Y/\Delta X$)로 표시한 계측치가 비율($R$)이다. 따라서 비율에는 X의 변동을 어떻게 정의하느냐에 따라 순간비율(instantaneous rate)과 평균 비율(average rate)로 구분할 수 있다. 순간비율은 말 그대로 X의 순간 변동 $\lim_{\Delta X \rightarrow 0}$ 에 대하여

$R = \Delta Y/\Delta X$를 뜻한다. 그리고 평균비율은 순간비율의 평균을 말하는데 $X \rightarrow (X+\Delta X)$ 동안의 $R = \Delta Y/\Delta X$이다.

한편 ΔX 동안만이 아니고 $X + \Delta X$까지 Y 총량 $\left(\int_X^{X+\Delta} Y(u)du\right)$에 대한 Y의 상대적 변동량을 계측하는 상대비율(relative rate)이 있는데, 상대순간비율과 상대평균비율이 있다. 역학분야에서는 상대비율을 주로 사용하는데 그 중에서도 특히 상대평균비율을 사용한다.

$$상대평균비율(R) = \frac{\Delta Y}{\int_X^{X+\Delta} Y(u)du} \fallingdotseq \frac{\Delta Y}{\{f(X) + (\Delta Y/2)\}} \qquad (식\ 3\text{-}6)$$

실제로 역학분야의 논문 또는 문헌에 나오는 '비율'은 거의 모두 '상대평균비율'을 의미하며, X 변수는 '시간(time)'이기 때문에 역학에서 비율의 단위는 '1/시간'이다. 그리하여 역학에서의 비율 $R = a$/person-time(단 a: 특정 현상이 일어난 사람 수, person-time: ΔX 동안 집단이 경험한 총 시간 수)으로 표현될 수 있다.

사망률(death rate)은 대표적인 비율에 해당한다. 일정 집단에서 사망이라는 현상이 일어날 때 '매 순간마다의 사망자 수'는 순간 비율이 되고 '일 년(ΔX) 동안의 총 사망자 수(ΔY)'는 평균비율이 된다. 1년 동안의 총 사망자 수를 연 중앙 인구($f(X) + (\Delta Y/2)$)로 나눈 것이 연간 상대평균비율이 되는데, 이를 일반적으로 '연간 사망률'이라고 한다. 여기서 '연 중앙인구'는 계산의 편리를 위하여 사용한 것으로, 엄밀하게는 그 집단 구성원이 1년 동안에 경험한 '총 생존년수'이다. '사람 수'를 의미하는 것이 아니다. 즉, 생존자는 모두 1년씩 생존했고 사망자 ΔY는 평균적으로 1/2년씩 생존한 것으로 계산되기 때문에 '총 생존년수'는 '연 중앙인구 수'와 같다.

비율에 대한 통계적 분석에서는 주로 포아송 분포를 활용한다. 95% 신뢰구간도 포아송 분포의 특성을 이용하여 추정한다.

(5) 분율과 비율의 차이점

분율은 단위가 없고, 범위가 0부터 1까지이며, 확률적 예측치의 개념을 포함하고 있다. 반면, 비율은 단위가 있으며(역학에서는 대부분 1/시간), 범위는 0에서 무한대까지이고 속도의 개념을 포함하고 있다. 아래의 예제를 통하여 구체적인 계측치를 산출하고 그 뜻을 살펴본다.

예제 3-5 위암 수술을 받은 환자에 대하여 수술 받은 날로부터 만 1년이 되는 시점까지 재발 여부를 추적관찰하였다. 총 100명을 관찰한 결과 수술 후 1년 사이에 40명이 재발하였음을 확인하였다. 수술 후 재발에 관한 집단 계측치를 산출한다.

예제 3-5에서 분율형태의 계측치 $P = a/N = 40/100 = 0.4$이고, 비율형태의 계측치는 $R = a/\text{person-time} = 40/(100 - 40/2) = 0.5$이다. 재발률 $P = 0.4$가 의미하는 사항은 위암 수술을 받은 시점에서 향후 1년 내에('in a year') 재발할 위험도(확률)이다. 한편 재발(비)율 $R = 0.5$는 재발이 일어나는 평균속도를 나타내는 계측치로서 수술 후 1년이 지나는 동안('per year')에 평균적으로 2명 중 1명 꼴로 재발이 일어나고 있는 것을 나타낸다.

3) 건강-질병 현상의 빈도 측도(measures of occurrence)

가) 발생률(incidence rate)

발생이란 한 개체 내에서 일어난 특정 건강-질병 상태의 변화이다. 그러나 집단현상으로서의 발생은 개체 간의 차이, 즉 그러한 변화가 일어난 개체와 그렇지 않은 개체로 한정하여 이해하여야 한다. 그러므로 발생 개념을 보다 구체화하여 규정할 필요가 있다. 즉, 발생이라는 현상을 관찰할 수 있는 대상집단을 규정하여야 하고, 또 어떻게 일어난 변화를 '발생' 이라고 규정할 것인가도 정해져야 한다. 예를 들어 여러 번 일어날 수 있는 변화 중에서 어떤 것을 발생이라고 규정하는가 하는 문제가 있을 수 있는데, 이런 경우 보통 관찰을 시작하여 첫번째로 일어난 변화를 발생이라고 규정한다. 대상집단은 특정 변화를 경험할 가능성이 이론적으로 있기만 하면 발생을 관찰할 수 있는 대상집단(population at risk)으로 규정한다. 예를 들어 유방암 발생에 있어 과거 한 번 걸렸던 집단도, 남자 집단도 그 대상이 될 수 있으나 현재 유방암을 지니고 있는 집단은 대상에 포함되어서는 안 된다.

발생이라는 현상을 관찰하기 위해서는 명확히 정의된 대상집단과 더불어

'시간 경과'라는 변수가 주어져야 한다. 즉, 발생은 일종의 '시간 함수'가 되기 때문에 발생의 빈도를 나타내는 측도는 시간의 단위를 가지는 변수이다. 그러나 실제 상황에서는 발생이라는 현상을 관찰하기 위하여 충분한 시간이 대상집단 내에서 충분히 경과되지 않는 경우가 많고, 또 대상집단 개개인이 제각기 다른 시간경과를 지니게 되는 경우가 대부분이다. 따라서 발생률의 산출이나 분석에 있어 가장 중요한 사항은 시간을 어떻게 취급하는가에 있다. '발생 여부'를 시간 함수로 취급하는 고전적인 방법(예를 들어 비율 형태로 분석하는 발생률 등) 이 외에도 '발생까지의 경과시간(failure time, waiting time 또는 precurrent time 등)' 자체를 변수로 하는 방법(예를 들어 생존율 분석 등)이 있다.

(1) 누적발생률

대상집단 개개인 모두에서 시간 변수를 표준화(또는 고정)하면 그 기간동안의 발생자 수와 전체 대상자 수를 가지고 발생률을 산출할 수 있다. 예를 들어 대상자 모두를 1년씩 관찰하였다고 하면 그 기간동안에 발생한 수를 전체 대상자 수로 나눈 분율이 곧 발생의 빈도를 나타내는 계측치가 된다. 이를 누적발생률(cumulative incidence, CI)이라 하는데, 이 경우에는 관찰 시작에서부터 1년 이내에 발생할 수 있는 위험도를 나타내는 확률을 의미한다.

예를 들어 위암 환자가 위절제술을 받은 후 5년 이내에 위암이 재발되는 빈도를 알고자 할 때, 위절제술을 받은 위암 환자를 대상으로 하여 개개인 모두를 수술 후 5년까지 관찰하고 그 중 몇 명에서 위암이 재현되는가를 파악하게 된다. 이때 위절제술을 받아 관찰 대상이 된 집단을 '코호트(cohort)'라고 부르는데 관찰과정을 도식으로 표시하면 다음의 그림 3.2와 같다.

그림 3.2에서와 같이 코호트 집단 개개인의 수술받은 시점이 달라 관찰대상으로 들어오는 일력상(日曆上)의 시점(calendar time)은 다르지만 관찰 시작 시점을 T_0로 규정하고 그로부터 계산된 특정 기간(여기서는 5년, ΔT)을 관찰함으로 하여 모든 대상은 동일한 시간경과를 가지며, 따라서 시간변수는 모두에게 동일하게 고정된다. 이러한 경우 누적발생률을 산출할 수 있다.

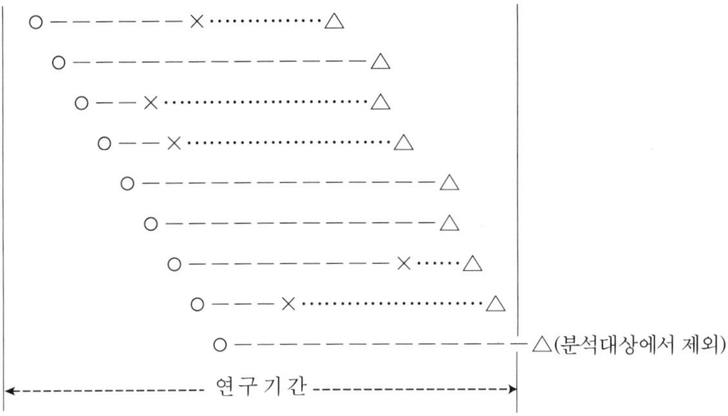

○: 수술 받은 시점　　　×: 위암 재발 인지 시점
△: 수술 후 5년이 되는 시점　　　—: 실제 관찰 수행
…: 관찰에서 제외

그림 3.2 위암의 재발양상

$$CI_{\Delta T} = \frac{I}{N_0} \qquad \text{(식 3-7)}$$

단, $CI_{\Delta T}$: 특정 기간 ΔT내 발생률(누적 발생률)
I: 특정 기간 ΔT내에서 발생자 수
N_0: 관찰 시작 시점 T_0에서 관찰 대상자 수

누적발생률은 특정 현상의 조건적(ΔT내) 발생 확률로 해석한다. 다시 말하면 관찰시작 시점에 있는 한 개체가 특정기간 ΔT를 지나는 동안 측정현상이 발생할 수 있는 확률 또는 위험도를 나타낸다. 그런데 그림 3.2에서 보이는 것 같이 특정 현상의 발생이 인지되면 그 개인에 대한 관찰은 그 시점에서 끝나고 그 이후는 관찰대상에서 제외되고 있다. 그러므로 실제 관찰기간이 미발생자에서만 ΔT가 되고 발생한 경우에는 이보다 짧아 엄밀하게 모든 대상이 균일한 관찰기간을 가지는 것은 아니다. 그러나 그러한 차이가 누적발생률을 조건적(ΔT 내) 확률로 해석하는 데는 아무런 장애가 되지 않는다. 다만 이와 같은 해석은 관찰기간 도중에 다른 이유로 중도에 탈락되지 않고

모두(최소한 미발생자) 특정 기간 ΔT를 관찰한다는 가정에서만 가능하다. 그러나 실제 그러한 가정에 부합하는 관찰상황은 거의 존재하지 않는다고 할 수 있다. 왜냐하면 다음 4가지 이유 중 최소한 한 가지 이유로서도 중도 탈락은 피할 수 없이 일어나기 때문이다. 즉 ① 거주지를 옮기거나 협조 거부, ② 다른 상병으로 사망, ③ 연구기간의 종결, ④ 다른 사유로 관찰대상 자격상실 등이다.

누적발생률(cumulative incidence)은 코호트 발생률(cohort incidence rate), 발생 위험도(risk of incidence) 또는 발병률(attack rate) 등으로도 부른다.

(가) 발병률(attack rate)

누적발생률의 한 형태로 특정 질병발생이 한정된 기간에 한해서만 가능한 경우 발병률이라고 한다. 예를 들어 신생아에서 발생하는 비대성 유문협착(hypertrophic pyloric stenosis)은 생후 3개월 이내에서만 발병하고 그 이후에는 발병하지 않는다. 식중독이나 급성 감염병은 원인 균에 노출된 후 일정 기간 내에서만 발생한다.

(나) 이차 발병률(secondary attack rate)

감염병 역학에서 사용하는 누적발생률의 하나이다. 질병에 감수성이 있는(면역이 없는) 사람들이 발단 환자(index case 또는 primary case)와 접촉하여 잠복기가 경과한 후 그 질병이 발생하는 율을 나타낸다. 감염성의 강도나 분포의 크기를 측정하거나, 예방 수단의 효과를 확인하는 데 유용한 지표이며, 감염성 여부를 평가하는 데도 유용하다.

(2) 평균발생률

발생률이 시간의 함수인 점은 앞서 설명하였다. 그러므로 대상집단 개개인의 관찰기간이 제각기 다른 경우에는 누적발생률과 같은 방법으로 발생률을 계측할 수 없다. 이러한 상황은 실험실에서 인위적인 연구환경을 만들지 않는 한 거의 대부분의 의학연구에서 불가피하다. 역학분야에서도 '들고나는(動的)' 집단을 대상으로 하는 경우 예외 없이 개개인의 관찰기간은 다르게 된다.

코호트를 대상으로 하는 경우 관찰시작 시점을 표준화하여 동일하게 해도 실제로는 거의 대부분 개개인의 관찰기간은 다르게 되는데, 이는 중도탈락이 피할 수 없이 일어난다는 것과 또는 관찰시작이나 종결시점을 통상 일력(日曆)을 기준으로 설정하기 때문이다.

'들고나는' 집단에서 관찰되는 개개인의 상황은 그림 3.3과 같이 여러 가지 경우가 있을 수 있다. '들고나는' 집단이라 함은 연구대상으로 들어와 관찰이 시작되는 시점이 제 각각이고 관찰이 종결되는 시점도 제 각각이 되는 연구대상 집단을 일컫는다.

평균발생률(incidence density, *ID*)은 비율(rate) 형태의 측도인데, 그 분모는 관찰이 이루어진 대상자 수(數)가 아니고 그들에게 주어진 '관찰기간(person-time)의 총합' 이다. 즉,

$$ID = \frac{I}{\sum_{i=1} \Delta T_i} \qquad \text{(식 3-8)}$$

단, *ID*: 일력(日曆)으로 정한 일정 기간 동안의 평균발생률

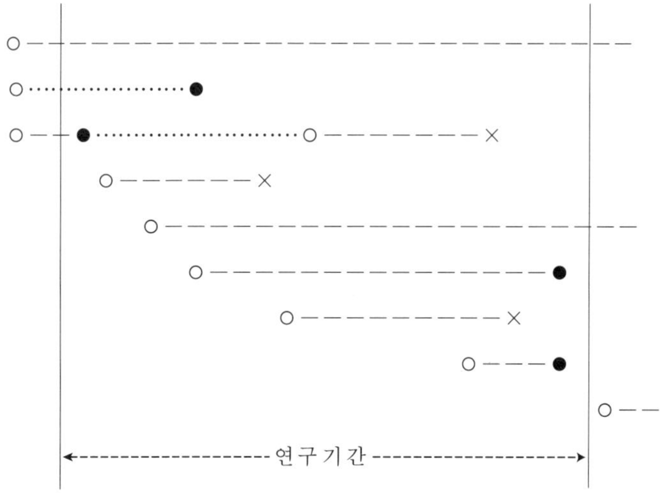

○: 대상 자격 획득 시점 ×: 특정 현상 인지 시점

●: 대상 자격 상실(중도 탈락) 시점 —: 관찰이 수행된 기간

그림 3.3 들고나는 집단에서의 발생양상

I: 일력(日曆)으로 정한 일정 기간 동안의 발생자 수
ΔT_i: i번째 관찰 대상자의 관찰 기간

식 3-8에서 보는 바와 같이 발생자 수를 시간으로 나누었으므로 시간당 발생 수가 되어 일종의 발생속도를 나타내고 있다. 마치 자동차의 주행속도와 같은 개념으로 이해하면 되는데 예를 들어 400km를 주행하는데 4시간이 소요되었다면 시간당 평균주행속도는 100km가 된다. 그러나 이것이 4시간 내내 시속 100km로 정속 주행한 것을 의미하지는 않는다. 마찬가지로 평균 발생률이 10/100,000 인-년(person-year)라 함은 관찰 기간 동안의 매 순간 순간의 발생이 '평균적'으로 100,000인-년 당 10이 된다는 뜻이다. 여기서 100,000인-년이란 100,000명을 모두 1년씩 관찰하거나, 50,000명을 2년씩, 또는 10,000명을 10년씩 관찰한 상황을 의미한다.

순간위험도(instantaneous risk; Haberman, 1978), force of morbidity (Miettinen, 1976), 위험(hazard; Cox, 1966; Gehan, 1969) 등으로도 불리며 또는 인-년 발생률(person-time incidence rate; Schlesselman, 1982)라고도 한다.

(3) 누적발생률과 평균발생률과의 관계

누적발생률과 평균발생률 간에는 다음과 같은 수식이 성립된다.

$$CI = 1 - \exp(-ID \times t) \qquad \text{(식 3-9)}$$

단, t는 누적발생률의 기간

예를 들어 위암 수술 후 재발률(ID)이 0.12/년이라고 하면, 위암 수술 후 3년 내 재발할 위험도는 위의 수식으로 추정할 수 있다. $\exp(-0.12 \times 3) = 0.698$이므로 $CI = 0.30$으로 계산되어 위암 수술 후 3년 내에 재발할 확률은 30%로 추정된다.

나) 유병률(prevalence rate)

유병률은 대상집단에서 특정 상태를 가지고 있는 개체의 수적(數的) 정도를 나

타내는 측도이다. 유병은 집단 내의 개체 간 차이를 반영하는 현상이라는 점에서 발생과 구분된다. 발생은 한 개체 내에서 일어난 특정 상태의 변화를 말한다. 발생을 동적인 현상이라고 한다면 유병은 정적인 현상이다.

유병률은 대상 집단에서 특정 상태를 가진 개체 수의 분율(proportion)이다. 따라서 유병률은 단위가 없는 순수한 숫자이다. 그리고 유병률은 시간, 연령 등의 함수가 된다. 그리하여 보통 시간을 기준으로 시점 유병률(point prevalence)과 기간 유병률(period prevalence)로 대별된다.

(1) 시점 유병률(point prevalence)

보편적으로 사용되는 유병의 계측치로서, 통상 '유병률'이라고 불리는 것이다. 수리적으로는

$$P_t = \frac{C_t}{N_t}$$

단, P_t: t 시점의 유병률,
C_t: t 시점에서의 유병자 수,
N_t: t 시점에서의 전체 대상자 수

로 표현되는데, 이는 '그 집단의 한 개체가 일정 시점 t에서 유병자일 확률'을 의미하기도 한다.

시점 유병률의 변형으로 생애 유병률(lifetime prevalence), 증세 발현 유병률(episodic prevalence) 등이 있다. 생애 유병률은 t 시점에서 전 생애(生涯)에 걸쳐 유병자이었을 확률을 뜻한다. 재발이 잦은 질병에서 전체적 유병 수준을 파악할 때 사용한다. 증세 발현 유병률은 편두통과 같이 임상적 증세의 재발이 있는 질병에서 사용하는데, 임상적 증세로 고통 받은 기간이나 횟수의 정도를 표현한다. 'sick-day proportion' 또는 'proportion of time in episode(protep)' 등으로 부르기도 한다.

(2) 기간 유병률(period prevalence)

일정 기간 동안($T_0 \rightarrow T$) 특정 상태를 가지고 있는 개체의 수, 즉 유병자에 해당한다. 그러므로 대상집단에 대하여 ($T_0 \rightarrow T$) 동안 관찰이 이루어져야 하며, 유

병자에는 T_0 시점에서의 유병자와 그 기간 동안에 새로이 발생한 '발생자'가 포함된다. 정신질환의 경우와 같이 질병의 발병 시점을 정확히 알 수 없거나, 그 기간 동안에 발견된 유병자가 새로이 발생한 발생자인지 아니면 이미 존재하였던 유병자이었는지 구분하기 힘든 경우, 발생률을 산출할 수가 없기 때문에 기간 유병률을 대신 이용한다. 수리적으로는

$$PP = \frac{C(T_0 \rightarrow T)}{N} = \frac{C_0 + I}{N} \qquad \text{(식 3-10)}$$

단, PP: $(T_0 \rightarrow T)$ 동안의 기간 유병률
$C(T_0 \rightarrow T)$: $(T_0 \rightarrow T)$ 기간 동안의 유병자 수
C_0: 관찰시작 시점에서의 유병자 수
I: $(T_0 \rightarrow T)$ 기간에 새로이 발견된 환자 수
N: 전체 대상자 수

와 같이 표현하는데, '그 집단의 한 개체가 일정 기간 어느 때이건 간에 유병자일 확률'을 의미하기도 한다. 그러나 C_0에 대하여는 $(T_0 \rightarrow T)$ 동안 관찰된 결과가 아니기 때문에 엄밀하게 말하면 분모인 N에 포함되지 않는다. 즉 분율 형태의 측도가 아니고 단순비 형태가 된다. 대상 집단이 코호트인 경우 C_0가 문제되지 않으나 '들고나는' 집단인 경우는 문제가 된다. 그러므로 기간 유병률은 대상집단이 코호트 형태일 때 확률적 해석이 가능하나 들고나는 집단인 경우에서는 아무런 실질적인 의미를 가지지 못한다.

다) 평균발생률과 시점 유병률의 관계

질병의 발생률이 높거나, 그 질병으로 인한 이환 지속기간(duration of illness)이 길면 유병률은 높아지고, 반대로 발생률이 낮거나, 이환 지속기간이 회복, 혹은 사망으로 짧아지게 되면 유병률은 낮아진다. 따라서 발생률, 유병률, 그리고 이환 지속기간 간에는 어떤 관계식이 성립한다. 대상집단, 발생률, 그리고 유병률이 비교적 일정하게 유지되는 상태(이런 상태를 안정상태, steady-state 또는 equilibrium condition이라고 한다)에서는 다음과 같은 함수관계가 성립한다.

$$D = P/[I(1-P)] \quad (식\ 3\text{-}11)$$
$$P = (I \times D)/(I \times D + 1)$$
$$I = P/[D(1-P)]$$

단 D: 평균 이환 기간, P: 시점 유병률, I: 평균 발생률

라) 사망률

사망은 건강-질병 현상의 발생 중 하나이다. 따라서 사망률을 '사망 발생률'로 생각하여 이해하면 된다. 단순비 형태의 사망측도와 분율형태의 사망측도, 그리고 비율형태의 측도가 있다. 통상 '사망률(death rate)'은 비율형태의 측도이다.

(1) 사망률(death rate)

비율형태의 사망 측도로서 일정 기간 동안 발생한 총 사망자 수를 그 집단의 관찰 총 시간으로 나눈 것이다. 대상집단의 사망 현상을 실제 계측한 '실제 사망률(혹은 조(粗) 사망률, crude death rate)'과, 다른 집단의 사망 현상과 비교하기 위하여 가공한 '표준화(standardized)' 또는 '보정(adjusted)' 사망률이 있다. 실제 사망률은 다시 집단의 세부적 특성에 따른 '특성별 사망률(또는 특수사망률, specific death rate)'로 세분된다. '성별, 연령별(age, sex-specific) 사망률', '사인별(cause-specific) 사망률' 등이 그 예이다.

1년 동안의 실제 사망률은 1년 동안의 총 사망자 수를 연 중앙인구로 나누어 산출한다. 여기서 '연 중앙인구'는 계산의 편리를 위하여 사용한 것으로, 엄밀하게는 그 집단 구성원이1년 동안에 경험한 '총 생존년수'이다. 즉, 생존자는 모두 1년씩 생존했고 사망자는 평균적으로 1/2년씩 생존한 것으로 계산하기 때문에 '총 생존년수'는 '연 중앙인구'와 비슷하다. 코호트 혹은 들고나는 집단을 대상으로 일반화한 사망률의 산출식은 아래와 같다. 즉,

$$DR = \frac{D}{\sum_{i=1} \Delta T_i} = \frac{D}{(N_0 + N_1)/2} \quad (식\ 3\text{-}12)$$

단, DR: 일력(日曆)으로 정한 일정 기간 동안의 사망률

D: 일력(日曆)으로 정한 일정 기간 동안의 사망자 수
ΔT_i: i번째 관찰자의 관찰 기간
N_0: 관찰 시작시 전체 대상자 수
N_1: 관찰 종료일의 전체 대상자 수

고정된 코호트를 대상집단으로 하였을 경우 사망자 수 D가 $(N_1 - N_0)$와 같기 때문에 위 산출식의 분모는 $(N_0 - D/2)$와 같다. 그러나 들고나는 집단에서는 D가 $(N_1 - N_0)$와 같지 않을 수 있기 때문에 연 중앙인구를 계산하여 분모로 사용하여야 한다.

(2) 치명률(case fatality rate)
해당 질병에 이환된 사람 중에서 그 질병으로 인해 사망한 사람의 상대빈도로 분율형태의 계측이다. 그 질병의 경중도(severity)를 나타낸다.

(3) 비교사망률(proportionate mortality rate)
전체 사망자 중 특정 원인으로 인한 사망자의 상대빈도로서 분율에 해당한다. 사인별 사망률과는 대상집단(분모에 해당)이 다르다. 비교 사망률의 대상집단(분모)은 전체 사망자이고 사인별 사망률에서의 분모는 전체 대상 인구집단의 숫자이다. 또한 사인별 사망률은 비율 형태이다. 사인별 사망률의 산출이 어려운 경우 사망원인 비교를 위하여 비교사망률이 사용된다.

(4) 비례사망지수(proportionate mortality index, PMI)
전체 사망자 중에서 50세 이상의 사망이 차지하는 분율을 나타낸다. 한 사회의 건강 수준을 간접적으로 나타내는 지표로 활용된다.

(5) 영아사망률(infant mortality rate)
생후 1년 이내(영아기)에 사망하는 정도를 계측하는 지표이다. 이상적으로는 출생아 코호트를 대상으로 관찰하여야 하는데 실제로는 일력(日曆)을 기준으로 그 해의 출생 수를 분모로 하고 분자는 그 해에 생후 1년 이내에 사망한 영아 수로 하여 산출한다. 따라서 단순비 형태의 측도이다.

$$영아사망률 = \frac{\text{그 해에 생후 1년 이내에 사망한 영아 수}}{\text{그 해의 출생수}} \times 1000 \quad (식\ 3\text{-}13)$$

(6) 주산기사망률(perinatal mortality rate)

임신 태아 또는 출산아 중 주산기에 사망하는 정도를 계측하는 지표이다. 주산기에 대한 정의가 나라마다 약간 다르고, 또한 대상집단도 임신 태아를 포함시키는 경우와 아닌 경우가 있어 산출방법이 다양하다. 세계보건기구에서 사용하는 방법은 아래와 같다. 영아사망률에서와 마찬가지로 단순비 형태의 계측치이다.

$$주산기사망률 = \frac{\text{임신 29주에서 생후 1주내 사망한 태아나 신생아의 수}}{\text{그 해의 출생 수}} \times 1,000 \quad (식\ 3\text{-}14)$$

(7) 모성사망률(maternal mortality rate)

임신, 산욕, 분만이 원인이 된 사망을 계측하는 지표이다. 사인별 사망률과 달리 분모는 출생 수(live birth)이다. 따라서 단순비 형태의 측도이다.

$$모성사망률 = \frac{\text{임신, 산욕, 분만에 의해 사망한 임산부의 수}}{\text{그 해의 출생 수}} \times 10,000 \quad (식\ 3\text{-}15)$$

마) 생명표(life table)

한 인구집단의 사망과 생존 양상을 계측하여 하나의 표로 종합적으로 표현한 것이 생명표이다. 대상 인구집단에서 실제로 일어난 연령별 사망 빈도를 근거로 작성하는데, 10만 명이 동시에 태어난 것으로 가상하고 이들이 나이를 먹어가면서 겪게 되는 사망과 생존을 확률적으로 종합적으로 표현한 표이다. 생명표는 언제나 남자와 여자를 따로 작성한다.

생명표에 표시되는 변수는 연령을 제외하고 다음과 같은 6가지가 있다.

(1) 생존자 수(l_x): x세가 되는 순간까지 생존한 숫자

(2) 사망자 수(d_x): x세에서 x + 1세 사이에 사망한 숫자로서 ($l_x - l_{x+1}$)로 계산한다.

(3) 사망률(m_x): 비율 형태로 산출되는 연령별 사망률로서 $d_x/[l_x - (d_x/2)]$로 계산한다.

(4) 사망확률(q_x): 분율 형태로 산출되는 연령별 사망확률로서 x세가 되는 순간부터 x + 1세가 될 때까지의 사망확률이며, $(2 \times m_x)/(2 + m_x)$로 계산한다.

(5) 생존확률(p_x): x세가 되는 순간 x + 1세까지의 생존확률로서, $1 - q_x$이다.

(6) 평균 여명(e_x): x세가 되는 순간 앞으로 더 생존할 수 있는 평균연수

일반적으로 1세에서의 평균 여명이 0세에서의 평균 여명보다 길다. 영아기(0～1세)의 사망률이 높기 때문이다. 즉, 영아기의 사망위험을 넘기고 1세까지 생존하면 그 만큼 생존확률이 높아지는 것을 의미한다. 보통 '평균수명'이라고 부르는 것은 0세에서의 평균 여명을 말한다.

4) 빈도 측도의 비교

집단 간 발생률, 유병률, 혹은 사망률을 비교할 때 각 집단에서 실제로 산출한 측도를 그대로 비교하여서는 안 된다. 왜냐하면 비교하고자 하는 집단의 구성 내용이 해당 건강-질병 현상을 비교하기에 적합하지 않은 경우가 거의 대부분이기 때문이다. 극단적인 예를 들어 유방암 발생률을 비교하는데 한 쪽 집단은 남자로 구성되었고 다른 쪽은 여자 집단인 경우이다. 또 다른 예를 든다면 일반 사망률을 비교하는데 한 쪽은 40세 이하의 젊은 집단이고 다른 쪽은 40세 이상으로 구성된 경우이다. 이렇듯 비교하고자 하는 집단의 성, 연령 등의 구조가 다르면 각 집단에서 실제로 산출한 전체 율을 그대로 비교할 수가 없다. 비교하기 위한 다른 측도를 산출하여야 한다. 이러한 비교 목적으로 가공한 계측치를 '표준화율(standardized 또는 adjusted rate)'이라고 한다.

표준화율을 만드는 방법은 간단하다. 비교하고자 하는 집단의 성, 연령 등의 구조를 동일하다고 가상하였을 때 예상되는 측도를 산출하면 된다. 또한

성별 구조를 같게 하는 방법 대신에 남녀를 각기 따로 구분하여 비교할 수도 있다. 따라서 발생률, 유병률 또는 사망률 등을 비교할 때는 언제나 남녀를 구분하는 것이 좋다. 일반적으로 연령구조를 같게 하는 방법이 표준화 방법의 핵심내용이 된다. 연령표준화 방법으로는 직접법(direct method)과 간접법(indirect method)이 있다. 자세한 내용은 6장 질병의 감시와 등록을 참조한다.

참고문헌

1. 김진복 · 안윤옥 · 신명희 · 안돈희. 서울시 암발생 통계. 서울시 지역암등록 사업단;1998.
2. 신영수 · 안윤옥. 의학연구방법론. 서울대학교출판부;1997.
3. 안윤옥 · 유근영 · 박병주. 실용의학통계론(전정판). 서울대학교출판부;1996.
4. 안윤옥. 보건통계학이해. 정문각;1998.
5. 이부영. 의학개론. 서울대학교출판부;1995.
6. 통계청. 사망원인통계연보. 통계청;1996.
7. Ahn YO, Park BJ, Yoo KY, Lee HS, et al. Incidence estimation of primary liver cancer among Koreans. J Korean Cancer Assoc 1989;21:241–248.
8. Elandt-Johnson, RC. Definition of rates: some remarks on their use and misuse. Am J Epidemiol 1975;102:267–271.
9. Feinstein AR. Clinical epidemiology. The architecture of clinical research. W.B. Saunders Company;1985.
10. Fleiss JL. Statistical methods for rates and proportions. John Wiley & Sons;1981.
11. Kerlinger FN. Foundation of Behavoiral Research, 2nd ed., Holt, Rinehart and Winston, Inc;1973.
12. Goodman LA, Kruskal, WH. Measures of association for cross classifications III: approximate sampling theory, J Am Stat Assoc 1963;58:310–364.
13. Hulley SB, Cummings SR. Designing clinical research. An epidemiologic approach. Williams & Wilkins;1988.
14. Kelsey JL, Thompson WD, Evans AS. Methods in observational epidemiology. Oxford University Press;1986.
15. Kleinbaum DG, Kupper LL, Morgenstern H. Epidemiologic research: principles and quantitative methods. Van Nostrand Reinhold Co.;1982.

16. Mendola WF, Pelligrini RV. Quality of life and coronary artery bypass surgery patients. Social Sci Med, 1979;13A:457–461.
17. Noak H, McQueen D. Towards health promotion indicators. Health Promot 1988;3:73–78.
18. Rothman KJ. Greenland S. Modern Epidemiology, 2nd ed. Lippincott-Raven;1998.
19. Schlesselman JJ. Case-control studies: design, conduct, analysis. Oxford University Press;1982.
20. Shin DC, Johnson DM. Avowed happiness as an overall assessment of the quality of life. Social Indicators Res 1978;5:475–492.
21. Weiss NS. Clinical epidemiology. The study of the outcome of illness. Oxford University Press;1986.

4장

요인-질병 간의 관련성 평가

Epidemiology

1. 관련성(association)과 인과성(causation)

특정요인(E)이 원인이 되어 질병(D)이 발생하였다는 인과관계를 실증적으로 확인할 수 있는 방법은 아직 존재하지 않는다. 왜냐하면 인과관계 그 자체를 직접 나타내는 증거물은 존재하지 않기 때문이다. 본질주의(essentialism)적 입장에서 요인의 진정한 효과를 알기 위해서는 동일인에서 요인이 작용했을 경우($E+$)의 질병상태($D|E+$)와 작용하지 않았을 때의($E-$) 질병상태($D|E-$)를 비교하여야 할 것이다. 그러나 동일한 사람이 두 가지 서로 반대되는 상황을 동시에 경험할 수는 없다. 그리하여 특정요인이 작용한 집단과($E+$) 작용하지 않은 집단에서($E-$) 질병발생률을 비교하게 된다. 이때 그 차이가 매우 현저하였다고 하더라도 여기에서 나타난 증거는 '두 집단 간 현저한 발생률의 차이'이지 이것이 요인과 질병 간의 인과성을 나타내 주는 증거는 아니다. 인과성은 그러한 증거들을 바탕으로 하여 연구자가 전개한 논리적 추론의 결과이다. 인과성을 추론하는 논리적 기반에 대하여는 본 장의 4절에서 설명한다.

요인과 질병이 인과관계를 형성하기 위해서는 먼저 두 사상(events) 간에 '관련성'이 필요조건으로 전제되어야 한다. 따라서 인과성을 추론하는데 동원되는 증거들 중 가장 필수적인 증거는 요인과 질병 간의 관련성에 관한 증거이다. 현상적으로 요인이 변동할 때 질병도 같이 변동(또는 반대로 질병이 변동할 때 요인도 같이 변동되는)할 때, 요인과 질병 간에는 관련성 또는 공변성(共變性)이 있다고 한다. 그러나 관련성(또는 공변성)이 곧 인과관계를 의미하지 않음은 당연하다. 예를 들어, '낮과 밤'이라는 현상 간에는 분명히 관련성이 있으나 이 둘의 관계가 인과적(밤의 원인이 낮이라든가, 또는 낮의 원인이 밤이라고)이라고는 생각하지 않는다.

관련성은 확률론적 관점에서 평가하는 경우와 결정론적 관점으로 판단하는 경우가 있다. 결정론적 관점이라 함은 관찰되는 공변현상이 언제나 일정하여 예외가 없어야 한다는 입장이며, 확률론적 관점이란 예외를 어느 정도까지 인정한다는 입장이다. 역학에서는 확률론적 입장에서 관련성 여부를 판단한다.

일반적으로 역학적 연구에서 자료분석의 결과로 제시하는 각종 성적들은 주로 관련성 여부를 나타내는 지표들이다. 연구자는 연구성적인 관련성 지표들을 근거로 논리적 추론을 전개하여 연구결론으로 인과성 여부를 제시 또는 주장하게 된다.

1) 통계적 관련성

관련성 여부를 확률론적 입장에서 판단한다는 것은 관찰한 공변현상이 소위 '통계적으로 有意(유의)' 할 때 '요인과 질병 간에 관련성이 있다'고 해석함을 일컫는다. 여기에서 '통계적으로 유의'하다는 의미는, 요인과 질병 간에 실제로 관련성이 없는 상황에서 그러한 공변현상이 출현할 수 있는 가능성(확률)이 매우 낮게(예를 들어 5% 미만) 추정된다는 것을 뜻한다.

요인과 질병 간의 통계적인 관련성을 파악하는 방법은 사용하는 자료의 형태에 따라 두 가지로 구분할 수 있다. 하나는 집단의 대표치 자료를 이용하는 방법이고, 다른 하나는 개개인 자료를 직접 이용하는 방법이다.

가) 집단 대표치 자료를 이용한 관련성 파악

일정 집단에서 요인의 상대빈도(%)를 x라고, 질병의 상대빈도는 y, 그리고 요인과 질병을 동시에 지니고 있는 경우의 상대빈도를 z라 할 때, 만약 요인과 질병 간에 아무런 관련성이 없다면 상대빈도 z는 상대빈도 x와 y를 곱한 xy와 같을 것이다. 그러나 숫자상으로 xy가 언제나 z와 동일한 값을 나타내지는 않는다. 그러므로 xy와 z를 확률적으로 비교하여야 한다. z와 xy간에 통계적으로 유의한 차이가 있다면, 즉 '$xy \langle z$, 혹은 $xy \rangle z$'가 통계적으로 유의하다고 추정된 경우라면 요인과 질병 간에는 관련성이 있다고 판단한다. 예를 들어 요인은 고지혈증, 질병은 고혈압이라고 하자. 표본 크기가 100명인 한 집단에서 고지혈증의 빈도는 20명으로 상대빈도 x = 20%(= 0.2)이었고, 고혈압은 10명으로 y = 10%(= 0.1)이었으며, 그리고 고지혈증이면서 고혈압인 경우는 4명이었다고 하면, z = 4%(= 0.04)를 통계적으로 분석한다. 즉, 요인과 질병이 서로 관련성이 없다면 100명 집단을 관찰할 때, 고지혈증과 고혈압을 같이 가지고 있을 것으로 기대되는 대상자 수는 2명(xy = 2% = 0.02)이다. 그렇지만 100명을 조사할 때 고지혈증과 고혈압을 같이 가지고 있는 사람 수가 언제나 2명이지는 않다. 0명으로 나올 수도 있고 100명 모두일 수도 있는데, 각각의 출현확률은 다르다(물론 2명으로 나오는 출현확률이 가장 높다). 여기서 z = 0.04를 통계적으로 분석한다는 것은, 고지혈증과 고혈압 간에 관련성이 없는 상황에서 100명의 집단을 관찰하였을 때 고지혈증과 고혈압을 같이 가지고 있는 사람(기대값은 2명이지만)이 4명 또는 그 이상으로 나올 수 있는 확률을 산출한다는 뜻이다. 실제 그 확률을 계산하면 약 23%가 되는데, 이는 100명씩을 관찰하는 시도를 100번하면 그 중 23번에서는 두 가지를 동시에 가지고 있는 사람이 4명 이상으로 나타난다는 것을 뜻한다. 즉 기대값은 2명이지만 관찰값 4명도 흔하게 나타나는 현상이며, 따라서 관련성이 없는 상황에서 나온 현상임을 부정할 수 없기 때문에 기대값 2명과 다른 값이라고 판단(확률론적으로)하지는 않는다.

나) 개개인 자료를 직접 이용한 관련성 파악

집단 구성원 개개인의 관찰자료를 먼저 요인을 가지고 있는 집단(E+)과 없는 집단(E–)으로 구분하고 각 집단에서 관찰되는 질병의 상대빈도를 y(+)와 y(–)라고 한 후, y(+)와 y(–)를 통계적으로 비교한다. 또는 반대방향의 방법도 가능하다. 즉, D(+)인 집단에서 요인의 상대빈도를 x(+), D(–)인 집단에서 요인의 빈도를 x(–)라고 하여 상대빈도 x(+)와 x(–)를 통계적으로 비교한다. 고지혈증과 고혈압의 예로서 설명하면 고지혈증($E+$)에서의 고혈압 상대빈도, $y(+)$와 정상 지혈증에서의 고혈압 빈도, $y(-)$를 비교하는 방법과, 고혈압자 중에서 고지혈증 빈도, $x(+)$와 정상혈압자 중에서의 고지혈증 빈도, $x(-)$를 비교하는 방법이다.

한편, $E+$ 및 $E-$의 두 집단으로 구분하지 않고 집단 구성원 전체(N)에서 관찰한 $D+$에서 $E+$인 경우와 $E-$인 경우로 구분하여 그 상대빈도 y_1(= ($D+$ 중 $E+$)/N)와 y_0(= (D + 중 $E-$)/N)를 비교하는 방법도 있다.

2) 통계적 관련성 판정에서의 오류

요인과 질병 간의 통계적 관련성을 판정함에 있어 두 가지의 잘못이 발생할 수 있다. 하나는 실제로는 관련성이 없는데 '있다' 고 판단하는 경우이고(위양성, false positive), 다른 하나는 실제로 관련성이 있는데 '관련성이 없다' 고 판단하는 경우이다(위음성, false negative). 전자는 허위 사실을 주장하는 결과가 되고, 후자의 경우 중요한 발견을 놓치게 된다.

통계적 관련성에 대한 판정 오류는 다음과 같은 상황에서 생긴다. (1) 연구조사 대상 집단의 규모가 부적절하게 작은 경우인데, 이 때는 소위 통계적 검정력(statistical power)이 떨어져 위음성으로 판정할 오류가 증가한다. (2) 비교하는 통계기법을 잘못 적용하는 경우로, 일반적으로 위음성의 가능성이 높다. (3) 다중비교(multiple comparisons)를 시도하는 경우로서, 예를 들면 흡연이란 단일요인과 여러 종류의 질병과의 관계를 동시에 검토하는 경우거나 또는 하나의 질병에 대하여 여러 가지의 요인을 동시에 검토하는 경우이다. 실제로는 관련성이 없는데 관련성이 있다고 하는 위양성의 가능성이 커진다. (4) 요인 혹은 질병에 대한 관찰측정 방법이 부적절하여 신뢰도가 낮은 경우로서, 이와 같이 측정자료의 정밀도(precision)가 낮으면 자료의 분산이 커져 위음성의 가능성이 높아진다.

2. 관련성 측도(measures of association)

독립적인 두 집단에서 관찰한 자료를 이용하여, 특정 요인과 질병발생과의 관련정도를 계량화하여 하나의 측도로 표시하게 되는데 이를 '관련성 측도(measures of association)'라 한다. 독립적인 두 집단은 주로 요인노출(또는 노출) 상태에 의하여 구분하게 되며, 두 집단의 질병빈도를 계산하고, 그 차이로서 관련성 측도를 삼는다. 일반적으로 기준이 되는 요인노출상태(reference exposure condition)에서 관찰된 질병빈도에 대하여 특정 노출상태(index exposure)의 질병빈도를 비교하게 된다.

한편 질병발생빈도 측도는 누적발생률(cumulative incidence(*CI*), *R*로 표기)과 평균발생률(incidence density(*ID*), *I*로 표기) 두 가지가 있다(3장 참조). 대부분의 관련도 계측지표는 기준 노출상태에서의 질병발생빈도(R_0 또는 I_0로 표기)와 특정 노출상태의 질병발생빈도(R_1 또는 I_1로 표기)의 차이 혹은 단순비(ratio)로서 제시한다. 발생빈도의 차 혹은 단순비 형태의 측도로는 아래의 측도가 사용되는데, '– 위험도'라는 이름으로 통칭한다. 그 외의 통계적 측도로 관련성을 나타내는 방법도 있는데 상관계수, 회귀계수 등이 그 예이다.

1) 추가위험도(excess risk or excess rate, *ER*)

(R_1–R_0) 또는 (I_1–I_0)으로 계산되며 노출집단의 추가위험도(excess risk(rate) among exposed)라고 부른다. 과거 절대위험도(absolute risk) 및 다양한 용어(absolute measures, difference measures, risk difference, rate difference)로 불렸었다. 한편 연구대상 인구집단 전체의 질병발생률 *R*(또는 *I*)에서 R_0(또는 I_0)을 뺀 차이를 추가위험도라고 부르는 사례가 있는데, 엄밀하게 말하면 이는 인구집단의 추가위험도(excess risk among population)를 뜻하며 관련성을 나타내는 측도는 아니다.

요인노출과 질병발생 간에 인과관계가 있다고 가정하고, 요인에 전혀 노출되지 않은 '비노출' 상태를 기준 노출상태로, 노출된 모든 상황을 특정 노출상태로 단순화하였을 때 추가위험도는 원인이 결과에 미친 '효과(effect)'의 정도를 나타낸다고 간주할 수 있어 효과측도(measures of effect)의 하나가 된다. 그러나 엄밀한 의미에서 추가위험도 모두가 요인 노출이 작용하여 추가로 생긴 부분이라고 단정할 수는 없다. 왜냐하면 요인에 노출되었다는 것이 해당 요인이 원인으로 작용하였다는 것을 곧바로 의미하지는 않기 때문이다. 다시 말하면 해당 요인이 아닌 다른 원인으로 발생한 부분이 여전히 존재할 수 있다는 뜻이다.

2) 상대위험도(relative risk or relative rate, *RR*)

(R_1/R_0) 또는 (I_1/I_0)로 계산되며, 단순비(ratio)로서 표시하는 지표이다. 위험요인 규명을 위한 역학적 연구에서 가장 널리 사용되는 지표로서 다음과 같이 의미를 가진다. '기준 노출상태에 비하여 특정 노출상태에 있는 집단의 질병발생 확률(혹은 발생속도)이 –배 높다'로 해석할 수 있다. 추가위험도가 절대값 측도로서 관련 정도의 '폭(width)'을 나타낸다면, 상대위험도는 관련정도의 '강도(strength)'를 나타낸다. 따라서 인과성이 인정되는 경우에, 상대위험도가 큰 값이 나오는 요인일수록 원인으로서의 작용 강도도 높다고 할 수 있다. 예를 들어 간암 발생요인으로 '과량음주'의 상대위험도는 2.0, 'B형간염 항원 만성 보유'의 상대위험도가 20.0이라고 한다면, 간암 발생에 대하여 B형간염 요인이 과량음주 요인보다 10배 더 강력한 원인으로 작용한다는 것을 나타낸다.

관련성이 없는 귀무상태(null state)는 상대위험도가 1일 때이다(추가위험도의 경우는 0). 상대위험도가 1.0 보다 크면 해당 요인이 질병발생의 확률을 증가시키는 방향으로 작용한다는 뜻이 되어 이 요인은 위험요인(risk factor)으로 간주된다. 반대로 상대위험도가 1.0 보다 작은 경우는 요인에의 노출로 인해 질병발생 위험이 감소되는 경우이므로 이때의 요인은 질병발생 방어요인(protective factor)으로 간주된다.

단순비(상대비) 형태로 표현되는 상대위험도는 인간의 생물학적 현상을 기술하는 방법으로 어느 정도 합당하다고 인정되고 있다. 즉, 질병현상들 간의 반응양상이 가법적 모델(加法的, additive model)보다는 승법적 모형(乘法的, multiplicative model)에 더 가깝다고 여겨지기 때문에 비(比, ratio)의 개념으로 표현하는 방법이 차(差, difference)로 표현하는 것보다 더 적절하다고 보는 것이다. 또한 역학적 연구에서 볼 때도 요인과 질환과의 관련성을 평가하는데 있어, 특이성을 반영하는 능력이 우수하며, 특히 전향적 코호트 연구결과에서 쉽게 추정산출할 수 있는 측도이다. 또한 상대위험도는 환자-대조군연구 결과에서도 추정해 낼 수 있는 이론적 근거가 이미 확립되어 있어 그 유용성이 높다.

3) 대응위험도(odds ratio, *OR*)

대응비(對應比, odds)는 상호 배타적인 두 사상(event) 간의 관계를 표시하는 측도의 하나이다. 예를 들어 권투시합을 하는 A, B 두 선수의 예측 승률을 하나의 비로 표시한다면, 3:7, 4:6, 또는 5:5 등 두 수의 합이 10 또는 100이 되도록 하거나, A, B 각각의 승리를 예상한 사람 숫자의 비로 표시할 수 있다. 이러한 지표는 상호 배타적인 두 사상의 (발생) 가능성의 비로 계산된다. 즉 A의 승리를 예상한 사람 수가 15명, B의 승리를 예상한 사람 수가 25명이라면, A와 B의 대응비는 15:25(= 15/25)가 되며, A의 승리 가능성이 높을수록, B의 승리 가능성이 낮을수록 대응비는 높은 값으로 추정될 것이다. 이러한 지표를 대응비라 한다. 요인-질병 관계에 있어서의 대응비(Ω)를 확률적 측도로 일반화하면 다음과 같다.

$$\Omega_{D+|E+} = \frac{P_r(D+|E+)}{P_r(D-|E+)} \qquad \text{(식 4-1)}$$

단, $\Omega_{D+|E+}$: 요인에 노출되었다는 조건 하에서 질병이 있을 대응비

$Pr(D+|E+)$: 요인에 노출되었다는 조건 하에서 질병이 있을 확률

$Pr(D-|E+)$: 요인에 노출되었다는 조건 하에서 질병이 없을 확률

$= 1 - Pr(D+|E+)$

일반적으로 대응비는 다음과 같이 표기한다.

$$\Omega_A = \frac{Pr(A)}{1 - Pr(A)} \qquad \text{(식 4-2)}$$

단 Ω_A: A 사건에 대한 대응비, $Pr(A)$: A가 관찰될 확률

대응위험도는 두 대응비의 단순비이다. 1963년 Goodman과 Kruskal에 의하여 대응위험도가 요인과 질병 간의 관련성 측도의 하나로 도입되었다. 요인노출집단의 질병 대응비($\Omega_{D+|E+}$)와 비노출 집단의 질병 대응비($\Omega_{D+|E-}$)에 대한 단순비를, 요인과 질병 간의 관련성을 나타내는 측도의 하나로 제시한 것이다. 대응위험도는 단순비의 비(ratio of ratios)이기 때문에 수학적으로 다루기가 매우 용이하다는 장점이 있다. 예를 들어 요인노출집단의 질병 대응비($\Omega_{D+|E+}$)는 표 4.1에서 A/C로 추정되고, 비노출집단의 대응비($\Omega_{D+|E-}$)는 B/D로 추정되어 대응위험도는 AD/BC로 추정한다. 그런데 이 대응위험도는 질병집단의 요인 노출대응비(A/B)와 비발병 집단의 요인노출로 대응

표 4.1 요인노출과 질병에 관한 모집단에서의 상황

질병	요인노출		계
	노출	비노출	
질병 발생	A	B	$A+B$
비발병	C	D	$C+D$
계	$A+C$	$B+D$	N

표 4.2 코호트연구에서의 가상적인 성적

질병	요인노출	
	노출	비노출
질병 발생	$a = f_1^* A$	$b = f_2^* B$
비발병	$c = f_1 C$	$d = f_2 D$
계	$a + c = f_1(A + C)$	$b + d = f_2(B + D)$

단, 모집단에서 확률추출된 표본을 대상으로 연구하였다고 가정

*f_1, f_2는 각각 노출집단과 비노출집단의 표본추출 분율(sampling fraction)

표 4.3 환자-대조군연구에서의 가상적인 성적

질병	요인노출		계
	노출	비노출	
질병 발생(환자군)	$a = f_1^* A$	$b = f_1 B$	$a + b = f_1(A + B)$
비발병(대조군)	$c = f_2^* A$	$d = f_2 D$	$c + d = f_2(C + D)$

단, 모집단에서 확률추출된 표본을 대상으로 연구하였다고 가정

*f_1, f_2는 환자군 및 대조군의 표본추출 분율

비(C/D)를 이용하여 산출하는 대응위험도와도 같게 된다.

요인노출로 질병에 관한 모집단의 상황이 표 4.1과 같다고 하면, 요인 노출와 질병발생과의 대응위험도는 AD/BC이다. 이러한 모집단에서 연구대상을 선정(확률표본추출)하여 수행한 코호트연구의 성적은 표 4.2와 같고, 환자-대조군연구의 성적은 표 4.3과 같다고 하자. 코호트연구는 노출집단과 비노출집단으로 구성되는데 추정되는 대응위험도는 노출집단에서의 질병 대응비($\Omega_{D+|E+}$, odds of disease among those exposed)와 비노출집단에서의 질병 대응비($\Omega_{D+|E-}$, odds of disease among those unexposed)의 비로 표현된다. 표 4.2에 의하면

$$OR = \frac{a/c}{b/d} = \frac{ad}{bc} = \frac{AD}{BC} \qquad \text{(식 4-3)}$$

한편, 환자-대조군연구에서 추정되는 대응위험도는 환자군에서의 요인노출 대응비(odds of exposure among those diseased)인 a/b와 대조군에서의 요인노출 대응비(odds of exposure among those non-diseased)인 c/d의 비인 ad/bc로 코호트 연구에서 얻은 값과 같다(표 4.3). 이와 같이 코호트연구에서와 환자-대조군연구 모두에서 모집단의 대응위험도 값을 비뚤리지 않게 추정할 수 있다(상대위험도 RR의 추정은 코호트연구에서는 용이하나 환자-대조군연구에서는 어렵다). 이를 대응위험도가 가지는 안정성(stability)이라 하며, 근래 역학연구에서 상대위험도보다도 대응위험도를 선호하는 이유가 바로 여기에 있다.

4) 상대적 추가위험도(relative excess risk or relative excess rate, *RER*)

추가위험도(excess risk or excess rate, *ER*)를 기준 노출상태의 위험도로 나눈 상대적인 양, 즉$(R_1 - R_0)/R_0$ 또는$(I_1 - I_0)/I_0$로 표시되는 측도이다. 예를 들어 "요인노출군에서 발생 위험도가 30% 더 많다."와 같은 표현은 바로 이 측도를 사용한 경우이다. 한편 $RR = R_1/R_0$ 또는 I_1/I_0이므로 $RER = RR - 1$이 되는데, 이는 마치 상대위험도(RR)에서 기준값인 1을 뺀 결과가 되어 '추가상대위험도(excess *RR*)'라고도 부른다. 실효도 측도의 하나인 기여위험도(attributable risk, *AR*)와 혼동하지 않도록 한다.

3. 실효도 측도(measures of potential impacts)

예를 들어 "요인노출을 제거하면 현재 발생률을 60% 낮출 수 있다." 등과 같은 의미를 지니는 지표들이다. 관련성 측도와 혼동하여 사용되고 있으나, 이는 관련 정도를 표현하는 것이 아니고, 요인을 제거 또는 부가함으로써 추가되는 효과의 양을 나타내는 척도이다.

실효도 측도는 적용대상이 먼저 정해져야 한다. 요인 노출군만을 대상으로 하는 측도와 일반인구 전체를 대상으로 하는 측도가 있다. 그리고 질병원인에 대한 개념적 이해에 따라서 그 용도와 해석이 달라지는데, 예를 들어 단일 원인론과 다원인론, 필요원인(necessary cause)과 충분원인(sufficient cause), 그리고 발병 작동기간(induction period) 등에 관한 이해가 전제되어 측도를 해석하게 된다. 그리하여 실효도 측도에 관하여 아직까지 그 개념이나 용어가 통일되어 있지 않다.

실효도 측도로서 처음 소개된 것은 Levin(1953)의 '기여위험도(attributable risk)'이다. MacMahon과 Pugh(1970)는 일반인구를 대상으로 한 '일반인구 기여위험도(population attributable risk)'를 제안하였으며, 이후 실효도 측도 이용이 보편화되었다.

1) 일반인구 기여위험도(population attributable risk, *PAR*)

일반인구 전체에게 요인노출 여부에 관계없이 적용되는 지표이다. 전체 인구집단에서 발생한 특정 질병 중, 특정 요인이 작용하여 발생했다고 간주되는 부분에 해당한다. 따라서 해당 인구집단의 요인노출율(예 흡연율)이 높고 낮음에 따라 PAR이 달라진다. 일반인구 원인점유율(etiologic fraction, *EF*)이라고도 부르는데 아래와 같이 표시된다.

$$PAR = \frac{C^*}{C} = \frac{I - I_0}{I} \qquad \text{(식 4–4)}$$

단 C: 전체 인구에서 발생한 환자 총수

C^*: 질병발생에 특정 요인이 기여했다고 간주되는 환자 수

I: 전체 인구집단의 질병발생률

I_0: 특정 요인이 없는 집단의 발생률

예를 들어 서울 시민에서 발생하는 폐암에서 흡연요인의 기여위험도가 80% 또는 0.8이라고 한다면, 이는 서울시민에서 발생한 폐암에서 흡연요인 때문에 발생한 폐암이 전체 폐암의 80%가 된다는 것을 말한다. 따라서 이는 서울시에서 흡연요인을 제거한다면 폐암발생의 80%를 줄일 수 있다는 설명도 성립한다. 그러나 이러한 기여위험도는 다분히 개념적이고 추상적인 측도이다. 질병발생과정 또는 원인에 대한 이해나 개념에 따라서 실제 명확하게 구체화하기 어려울 수도 있다. 왜냐하면 위 식의$(I - I_0)$에 해당하는 부분이 모두 해당 요인 때문에 발생한 것이라고 단정하기 어렵기 때문이다.

한편 해당 인구집단에서 특정 요인 *E*의 노출률(p)을 알면 다음과 같은 관계가 성립한다. 즉 *RR*을 알고 p를 알면 인구집단 전체의 발생률(I)을 모르더라도 *PAR*을 추정할 수 있다.

$I = p \times I_1 + (1 - p) \times I_0$이고, 또한 $RR = I_1/I_0$이므로

$$PAR = \frac{I - I_0}{I} = \frac{P(RR - 1)}{P(PR - 1) + 1} \qquad \text{(식 4–5)}$$

2) 기여위험도(attributable risk, *AR*)

일반인구 기여위험도(*PAR*)와 자주 혼동되는 측도이다. *PAR*과 구별되는 점은 적용대상이 일반인구 전체가 아니라 특정 요인에 노출된 집단이라는 점이다. *AR*은 특정 요인 노출집단에서 발생하는 질병 중, 그 요인이 작용하여 발생했다고 간주되는 부분이다. 이 측도가 담고 있는 병인 개념에는 특정 요인에 노출되었다 하더라도 질병발생의 원인은 다른 요인일 수 있다는 가능성을 포함하고 있다. 예를 들어 흡연자에서의 폐암발생 원인에는 흡연요인 이 외의 다른 요인도 있는데, 그 정도는 비흡연자의 발생수준 만큼이라고 간주한다. '노출집단 원인점유율(etiologic fraction among the exposed),' 또는 '발생률 점유율(rate fraction)' 로도 부르는데 아래와 같이 표시된다.

$$AR = \frac{I_1 - I_0}{I_1} = 1 - \frac{1}{RR} = \frac{RR - 1}{RR} \qquad \text{(식 4–6)}$$

식 4–6에서와 같이 *AR*은 전적으로 *RR*에 의하여 결정되기 때문에 일부에서는 *AR*을 실효도 측도가 아닌 상호관련성 측도의 하나로 간주해야 한다는 지적이 있다. 한편 *AR*과 *RER*을 혼동하는 경우가 많은데 그 차이점은 분명하다. 식에서 보듯이 *AR*은 추가상대위험도(excess *RR*)를 상대위험도로 나눈 '상대적 추가상대위험도(relative excess *RR*)'라고 할 수 있다. 예를 들어 특정요인 노출의 상대위험도가 2.0이라고 하였을 때 *RER*은 1 또는 100%이며, *AR*은 0.5 또는 50%이다. *AR*이 1 또는 100%가 되기 위해서는 상대위험도가 무한대가 되어야 하는데, 이는 곧 그 요인이 질병발생의 유일한 필요원인(necessary cause)임을 뜻한다.

4. 인과성 추론, 질병발생의 위험요인, 방어요인

두 사상 간의 인과관계를 규명하는 일은 자연과학의 모든 분야 및 영역에서 가장 중요한 과제의 하나이다. 의학에서 다루는 지식이 대부분 인과성과 관련된 내용이라고 해도 과언은 아니다. 특정 징후나 증세, 또는 임상검사의 소견을 통하여 질병을 진단하는 일도 결국은 인과성에 의존하는 판단이고, 환자의 치료나 예후에 관한 의사의 판단도 바로 인과관계에 그 바탕을 두고 있다. 더구나 역학의 가장 으뜸가는 목적이 질병발생의 원인이나 전파기전을 밝히는 것이고 따라서 좁은 의미에서 역학을 병인학이라고 할 수 있다. 인과성에 대한 개념적인 이해와 실행적 지식은 역학에서 필수적인 내용이다.

'어떠한 증거들이 있으면 특정 요인(혹은 요인들)이 특정 질병의 발생원인이라고 말할 수 있는가?' 에 대한 개념적인 이해와 함께 그러한 개념적 이해가 구체적으로 역학에서 어떻게 정의, 적용되고 있는가를 살펴본다.

1) 인과성의 과학철학적 이해

인과성에 관한 과학철학적 과제는 두 가지이다. 하나는 존재론적 문제(ontologic problem)로서 '인과성은 과연 자연계에 실재 존재하는 것인가? 인간이 관념적으로 만들어 낸 가공의 내용은 아닌가?' 하는 명제이고, 다른 하나는 인식론적 문제(epistemological problem)인데 '인과성이 자연계에 실제로 존재한다면, 인간은 어떻게 그 존재를 알 수 있는가? 또는 어떻게 그 존재를 증명할 수 있는가? 그리고 그 증거들이 어떤 방법에 의하여 만들어졌을 때 그 인과성이 참일 것이라고 동의할 수 있는가?' 하는 내용이다. 인과성이 과연 자연계에 있는가 하는 근원적인 문제에 관하여는 필자도 아는 바가 전혀 없다. 단지 인간이 왜 인과성을 따지게 되었는가에 대하여는 두 가지 학설이 있는데 하나는 고대 그리스의 현자들이 움직임(motion)의 문제를 풀이하는 과정에서 인과성의 개념이 생겨났다는 설이고, 다른 하나는 인간 본성의 하나인 도덕심에서 인과성의 개념이 나왔다는 설이다. 예를 들어 복수심이 바로 죄에 대하여 벌을 줘야 한다는 인과성 개념의 출발이라는 해석이다. 즉 인과성은 죄와 벌을 질서 있게 연결하는 고리라는 것이고 이것은 원시 인류사회를 다스리는 가장 공통적이며 엄하게 적용된 법칙으로 자연발생적인 개념이라는 주장이다.

한편, 인식론의 문제는 바로 과학적 방법론의 근원을 이루고 있는 것인데,

과학이 태동하여 지금에 이르기까지 과학이 이루어 놓은 많은 업적과 발견이 바로 인과성을 포함하여 모든 과학영역에서 자체의 방법론(인식론)에 대한 끊임없는 논의와 진전을 바탕으로 하고 있다는 사실을 잊어서는 안 된다. 본체론적 입장(essentialist)에서의 인과성은 엄밀하게 다음의 두 가지 기준에 맞아야 한다. 예를 들어 가상적인 원인 X와 가상적인 결과 Y와의 관계에서 ① X는 Y의 유일한 원인이어야 하며(specificity of cause), ② Y는 X의 유일한 결과이어야 한다(specificity of effect). 즉 X가 존재할 때는 언제나 Y가 나타나야 하며 X가 없을 때는 Y는 절대로 나타나지 않아야 한다. 그리고 동시에 Y가 나타났을 때 X는 언제나 존재했었어야 하며 반대로 Y가 나타나지 않으면 X도 절대로 없었어야 한다는 조건이다. 그러나 이러한 관계를 보이는 경우를 실제로 찾기란 전적으로 불가능하다. 더구나 그러한 사례가 있다고 주장하더라도 인식과정이 정당하였는가라는 의문, 즉 인식의 문제에 부닥치게 된다.

Henle-Koch 가설은 과거 세균성 질환 발생원인과 관련하여 그 인과성을 규정하는 대표적인 기준이었다. 이를 요약하면 다음과 같다. 어떤 미생물이 특정한 질병의 원인이라고 하기 위해서는 ① 특정 질병을 가진 모든 환자에서 그 미생물이 발견되어야 하고, ② 그 미생물은 환자에서 분리되어져야 하며 또한 순수배양되어야 한다. ③ 순수배양된 미생물을 감수성 있는 동물이나 사람에게 접종하면 동일한 질병이 발생하여야 하고 또한 그 미생물이 체내에서 다시 발견되어야 한다. 그러나 이러한 기준은 바이러스성 질환에서는 물론 세균성 질병에 있어서도 적용되지 않는 경우가 허다하다. 예를 들어 결핵환자에서 100% 모두 결핵균이 발견되지는 않는다. 또 디프테리아균이 체내에 침입하였다 하더라도 질병발생이 없는 경우도 있다. 따라서 위의 기준은 미생물이 특정 질병을 일으키는데 필요조건만을 충족하고 있는 필요원인(necessary cause)에 대한 기준이지 충분조건은 충족하지 못하고 있어 엄밀하게 말한다면 질병발생의 인과성을 확정하는 기준은 되지 못한다.

더구나 질병양상이 변해 가고 의학지식이 더욱 환원적(미세수준)으로 진보함에 따라 과거 원인으로 믿어지던 요인이 보다 직접적 요인을 운반하는 단순한 운반체로 밝혀지기도 한다. 디프테리아를 일으키는 원인은 디프테리아균 자체가 아니고 균이 만들어 내는 독소임이 알려지고 따라서 이때의 균은 독소를 운반하는 운반체일 뿐이다. 이는 마치 더러운 물이 설사의 원인이라고 했을 때, 물은 운반체일 뿐이고 보다 직접적인 원인은 그 물 속에 있는 설사균이라고 반박하는 경우와 다름이 없는 상황이다. 현재의 의학지식도 언젠가는 더러운 물이나 디프테리아균과 같은 위치로 물러나리라는 것을 쉽게 예상할 수 있을 것이다. 예를 들어 디프테리아 독소의 분자구조 중 어느 특정 부위가 더 직접적인 원인이라고 밝혀진다면 독소도 결국은 운반체의 하나가 될 것이다.

2) 인과성 개념의 진화와 변천

'인과성을 어떻게 이해하여야 할 것인가? 인과관계를 논증하는 타당한 방법은 무엇인가?' 하는 과학철학적 노력과 논쟁은 수천 년 동안이나 지속되어 오고 있다. 고대 그리스 시대에 움직임의 문제를 풀이하기 위하여 등장한 인과개념은 아리스토텔레스에 의하여 소위 4원인설(doctrine of four causes)로 확립되었다. 자연계의 모든 사물에는 4가지 원인이 있는데 크게 내재적 원인(internal causes)과 외부적 원인(external causes)으로 구분하고 다시 내재적 원인에는 질료 인(material cause)과 형상 인(formal cause)이, 외부적 원인에는 작용 인(efficient cause)과 목적 인(final cause)이 있다는 기계론적인 설명이었다. 아리스토텔레스 이전에 움직임의 문제를 다루었던 데모크리투스(Democritus) 등은 움직임(natural motion)은 원래 물질에 내재된 것으로 영원하며 '움직이게 하는 것(prime mover)'은 없다는 이론을 제시하였는데, 원래 생물학자이었던 아리스토텔레스는 이 학설은 받아들일 수 없었다. 예를 들어 출생과 사망에서와 같이 'prime mover'가 없는 영원한 움직임(eternal motion)은 생각할 수 없고, 생물의 진화를 설명하는데 목적 인(final cause)의 존재는 필수적이었기 때문이다. 4원인설은 거의 2000년 가까이 금과옥조처럼 진리로 여겨져 왔었으나 이것이 완전한 허구였음은 17세기 과학혁명과 함께 밝혀졌다.

이후 정설로 등장한 뉴턴의 인과론, 즉 정상적인 움직임(natural motion) 자체에는 원인이 없고 그 'natural motion'에 변화가 있을 때는 반드시 원인

(cause, 이를 force라 했다)이 있는데 이를 idea of necessity라고 한다. 시간과 공간이 원인과 결과(effect)를 연결하는 연결고리가 된다는 설명이다. 뉴턴의 인과론은 존 스튜어트 밀(J.S. Mill)에 의하여 인과관계를 귀납적으로 추론하는 실제적인 방법이 제시됨으로 하여 큰 진전을 이루었다. 즉, 인과성을 추론해 낼 수 있는 요소로 세 가지를 제시하였다. ① 원인은 시간적으로 앞서야 하고(precedence of cause), ② 가상적 원인과 결과의 현상적인 변동이 서로 연관이 있어야 하며(co-variation), ③ 다른 가능한 설명이 배제되어야 하는데 이는 일치성 여부, 차이성의 여부, 동시변화의 여부를 검토함으로써 가능하다고 하였다.

그러나 이러한 구체적인 방법 제시에도 불구하고 그 방법에 의한 결과로서 도출된 인과성(causal relation)이 논리적으로는 성립되지 않는다는 매우 치명적인 논박이 데이비드 흄(David Hume)에 의하여 제기되어, 결국 귀납적인 방법으로는 인과성을 논증할 수가 없다는 합의에 이르게 된다. 더구나 아인슈타인의 상대성 이론에 의하여 시간과 공간의 절대성이 부정됨으로 하여 뉴턴 인과론에서 원인-결과의 연결고리인 'force'는 그 설 자리를 잃게 된다. 또한 소립자로 내려 갈수록 그들의 운동법칙을 측량하기가 어려워지고 따라서 'natural motion'은 물론 움직임에 변화가 있는지 없는지 조차도 알 수 없는 상황이 있기도 하여 뉴턴의 인과론은 한정적인 상황에서만 성립하는 불완전한 이론으로 전락하였다.

현대의 과학철학은 인과성을 확률론 및 실행적 관점에서 이해하는데 동의하고 있다. 과학의 대상 또는 지식이 미세 수준으로 내려가면서 모든 운동의 법칙은 무원칙 또는 무작위성(無作爲性, behave at random), 즉 확률법칙(statistical law)에 따른다는 주장이 제기되었으며 인과성도 확률적 관련성(statistical correlation)으로 인식하게 된다. 이전 뉴턴의 인과론은 움직임을 정상과 비정상으로 구분하고, 정상에는 원인이 없으니까 인과관계를 논할 필요가 없고 비정상에서만 원인을 찾는다는 입장이었다(이를 결정론적 입장이라고 한다). 확률론적 입장에서는 결과로 가상하는 움직임을 정상과 비정상으로 구분하지 않고(불가능하기 때문이다), 원인으로 가상하는 움직임과 확률적으로 관련성이 있는가를 먼저 파악하는 것이다. 그러나 통계적 연관성으로 인과성을 이해하는데 있어서 문제점은 단순한 상관관계(mere correlation)와 진정한 인과관계(causal relation)를 어떻게 구분하느냐 하는 점이다.

원론적 또는 본체론적 관점에서의 인과성은 영원히 풀리지 않는 문제(elusive problem)일 수밖에 없다는 결론에 도달한 현대의 과학철학자들은 일상생활의 언어로서 인과성을 이해하자는 소위 실행적 인과성 개념(activity theory of causation)을 제창하고 있다. '우리가 무엇을 일어나게 할 수 있는 것' 이라면 이를 원인이라고 규정하자는 주장이다. '스위치를 올리면 불이 들어온다'와 같은 관계에 있어서, 이것이 과연 인과관계인가를 논하는 것은 지식수준에 따라 다르게 규정될 것인 바, 그 종착역이 어디인가는 영원히 알 수 없다는 설명이다. 그리하여 그 하한선을 인간이 조작가능(manipulation)한 수준까지로 정하고 여기까지를 원인이라고 규정하자는 것이다. 이러한 '인위적 조작가능성' 개념 도입은 앞서 확률적 인과성에서 문제가 되었던 단순한 상관관계와 인과관계를 구분해 내는 해답을 주고 있다. 인위적인 조작을 통하여 두 움직임의 확률적 관련성이 인과적인지 아닌지를 현상적으로 판별할 수 있게 된 것이다. 예를 들어 연령이 많아질수록 질병발생률도 증가하는 현상, 즉 연령증가와 질병발생 간에는 통계적인 관련성이 있으나, 그러나 연령증가는 인위적으로 조작가능한 일이 아니기 때문에 인과관계라고 해석하지 않는다. 다시 말하면 나이 먹는 것을 질병발생의 원인이라고 규정하지 않는다.

사망의 원인을 출생이라고 하지 않으며, 이혼의 원인을 결혼이라고 하지는 않는다. 일상생활의 언어로서 인위적인 조작과 예측(manipulation and prediction)이 가능하고 통계적인 연관성이 있을 때를 인과관계라고 규정하는 것이 현대 과학철학의 사조이다.

3) 질병발생 원인의 역학적 정의

역학에서의 질병발생 원인은 '특정 질병의 발생 확률을 증가시키는 상황(complex of circumstances)을 만들 수 있는 요인(factors)으로서 이들 중 하나 또는 그 이상을 제거, 차단하였을 때 질병의 발생확률이 감소되는 경우의 모든 요인'으로 정의된다.

위의 정의는 예방효과의 가능성을 제공해 주는 요인을 질병과의 인과관계로 규정하는 것으로서 앞서 설명한 확률적 및 실행적 개념을 수용하고 있다. 역학에서는 이 요인을 '원인(cause)'이라고 부르지 않고 통상 '위험요인(risk factor)' 또는 '방어요인(protective factor)'으로 부르는데 이는 본체론적 관점의 인과성 개념과 구분하기 위함이다.

인과관계에 관한 지식이 때로는 예방효과를 기대할 수 없는 경우가 있다. 원천적으로 인위적 조작이 불가능한 경우와 인위적 조작 자체의 위해성(危害性)이 수용할 수 없는 경우이다. 이러한 관련성에 대하여 역학적으로는 원인 또는 위험요인이라고 정의하지는 않는다. 그러나 학술적으로는 매우 중요한 추구대상이 된다. 왜냐하면 그러한 관련성을 바탕으로 하여 보다 진전된 예방효과가 있는 인과관계를 밝혀낼 수 있기 때문이다. 예를 들어 연령에 따라 질병발생 확률을 파악하는 것은 역학 연구에서 가장 기본이 되며 많은 경우에서 질병발생과의 명확한 관련성이 인정된다. 그러나 역학에서 연령요인을 질병발생 원인 또는 위험요인이라고 규정하지는 않는다. 연령요인은 인위적인 조작이 불가능하기 때문이다.

5. 인과성에 대한 역학적 추론방법

1) 비인과적 관련성

통계적 관련성이 분명히 인정되는 경우에도 인과관계가 없는 경우가 있다. 예를 들면 낮과 밤은 분명히 통계적 관련성이 인정되지만 인과관계는 아니며 닭이 우는 것과 날이 밝는 것 사이에도 분명히 통계적 연관이 있지만 닭이 울어서 날이 밝아지는 것은 아니다. 이러한 경우를 비인과적 관련성, 2차적 관련성 또는 생태학적 관련성(ecological fallacy or secondary association)이라고 하는데 이는 제3의 요인이 두 변수 사이에 개재되어 있어 일어나는 현상이다. 즉,

지구자전이라는 제3의 요인이 낮과 밤(또는 닭의 울음과 날이 밝는 것)에 각기 인과적으로 연관되어 있는데 이때 제3의 요인을 고려하지 않고 낮과 밤(또는 닭의 울음과 날이 밝는 것) 사이의 관계만 보면 통계적인 연관성은 분명히 나타난다. 다음의 예로서 비인과적 관련성에 의한 오류(예를 들어 생태학적 오류)를 분명히 이해하도록 한다.

음주습관과 폐암과의 관련성을 관찰한 결과 통계적인 연관성이 인정되었다고 하자. 이것이 혹시 비인과적 관련성이 아닌지를 알아보기 위하여 흡연이라는 제3의 요인을 고려해 본다. 흡연과 폐암과의 사이에는 분명히 인과관계가 있음이 알려져 있고 실제 자료에서도 그러한 관계를 보였다. 흡연과 음주습관에도 상관관계가 있음이 나타났다고 했을 때, 음주습관과 폐암과의 관련성을 각기 흡연집단과 비흡연집단으로 구분하여 다시 분석해 본다면 비인과적 관련성 여부를 추론할 수 있게 된다.

표 4.4에서와 같이 흡연이라는 제3의 요인을 고려하지 않고 음주와 폐암과의 관계를 보면 대응위험도가 1.85로서 음주습관과 폐암과의 관련성이 인정된다. 그러나 대상을 각기 흡연집단과 비흡연집단으로 층화하여 음주습관과 폐암과의 관련성을 다시 분석해 보면 표 4.5에서와 같이 대응위험도가 각

표 4.4 음주습관과 폐암과의 관련성

	음주	비음주	계
폐암 환자	138	112	250
폐암이 아님	100	150	250
	대응위험도 = 1.85		

표 4.5 흡연 여부에 따른 음주습관과 폐암과의 관련성

	흡연자		비흡연자		계
	음주	비음주	음주	비음주	
폐암 환자	126	79	12	33	250
폐암이 아님	46	24	54	126	250
	대응위험도 = 0.83		대응위험도 = 0.85		

기 0.83, 0.85로 관련성이 없음을 알 수 있다.

2) 연구결과의 타당도 평가

인과적 관련성을 추론하기에 앞서 연구결과 또는 연구성적의 타당도를 평가한다. 역학연구에서 연구결과의 타당도는 내적 타당도와 외적 타당도로 대별된다. 외적 타당도(external validity)는 궁극적 연구대상으로부터 실제 연구대상을 선정하는 과정(일반화)에 관한 사항이며, 반면에 내적 타당도(internal validity)는 선택비뚤림, 정보비뚤림, 교란현상과 같이 연구결과 자체의 타당성에 관한 문제로, 연구결과의 내적 타당도를 저해하는 요인이 발견되면 그 연구는 결과 자체를 믿을 수 없는 것이 되어 결국 쓸모없는 것이 되어 버리고 만다. 반면에 외적 타당도만 상실되면 관찰된 연구결과의 일반화에만 제약을 받게 된다. '연구대상의 선정에서 결과 분석까지의 전 과정에 문제가 될 만한 부분이 없었는가?'를 단계별로 평가함으로써 내적 타당도 및 외적 타당도를 평가할 수 있는데, 그 과정은 다음과 같이 요약된다.

가) 연구결과에 대한 증거가 충분히 요약되었는가?

(1) 노출요인 혹은 간섭요인은 무엇이었는가?

(2) 결과변수는 무엇이었는가?

(3) 연구계획은 어떻게 되었었는가?

(4) 연구대상은 누구이었는가?

(5) 주요 연구결과는 무엇이었는가?

나) 연구결과의 인과성을 저해시키는 내적 타당도에 문제가 없는가?

(1) 연구결과가 혹시 관찰에 의한 비뚤림에 의해 영향 받지 않았는가?

(2) 연구결과가 혹시 교란변수에 의한 영향은 아닌가?

(3) 혹시 우연에 의해 변동될 수 있는 정도의 연구결과는 아니었는가?

다) 연구결과의 인과성을 제고시키는 내적 타당도가 인정되는가?

(1) 요인노출와 결과발생과의 시간적 선후관계는 명백히 유지되었

는가?

(2) 요인과 결과 간의 관련성의 정도는 어느 정도 강한가?

(3) 소위 '양-반응관계'는 관찰되었는가?

(4) 연구결과의 일관성은 잘 유지되었는가?

(5) 연구결과의 특이성은 있는가?

라) 연구결과의 일반화를 위한 외적 타당도에 문제는 없는가?

(1) 연구결과의 일반화를 위한 적용대상인구는 적절히 언급되어 있는가?

(2) 연구결과를 관측가능집단(eligible population)까지 일반화하는데 문제는 없는가?

(3) 연구결과를 관측시행기반집단(source population)까지 일반화하는데 문제는 없는가?

(4) 연구결과를 다른 일반인구에게 적용하는데 문제는 없는가?

마) 타 연구결과 및 증거와의 비교는 충분히 고찰되었는가?

(1) 다른 유사한 연구에서 유도된 결론과 유사점이 있는가?

(2) 전체적인 결론이 특이성을 가지고 있는가?

(3) 연구의 결과가 생물학적 관점에서 볼 때 설명이 가능한 것인가?

(4) 연구가설이 맞다고 할 때, 인구집단에서의 요인 및 질병 분포와도 일치하는가?

3) 인과적 관련성의 추론

앞단원 나), 다)의 내적 타당도 평가에서 인과성을 평가하기 위한 기준 등이 제시되어 있다. 이미 설명한 대로 인과관계에 대한 역학적 정의에 부합하는지의 논증을 거쳐 인과성 여부를 판단한다. 역학에서 인과성을 논증하기 위한 구체적인 기준(causal criteria)은 Yerushalmy와 Palmer(1959)가 처음으로 제시하였다. 그 이후 Hill(1965), Lilienfeld(1966), Susser(1973), MacMahon(1974), Evan(1976), Feinstein(1979) 등이 추가, 삭제, 보완한 개정기준을 각기 제시하고 있으며, 1964년 미국 후생성에서는 흡연과 폐암과의 관련성에 대한 최종보고서를 내면서 인과성 기준(causal criteria)를 함께 제시하기도 하였다. 다음에서 인과성 기준에 대하여 구체적으로 제시한다.

가) 관련성의 강도(strength of the association)

상대위험도 또는 대응위험도 등으로 표시되는 관련성의 크기가 크면 클수록 인과성의 가능성이 높다. Surgeon General의 기준에서는 Hill의 biologic gradient(양-반응관계, dose-response effect) 기준을 여기에 포함시키고 있다. 즉, 원인요인에의 노출가 많을수록 질병발생확률도 높아지는 소위 양-반응관계가 잘 나타난다면 인과성의 가능성도 높아진다.

나) 관련성의 일관성(consistency of the association)

시기와 지역을 달리하여 이루어진 연구의 결과가 일관된 관련성을 반복하여 보인다면 인과성의 가능성이 높다. 다른 말로는 기존의 연구보고와 일관되는 결과(관련성)를 보이는 경우이다.

표 4.6 인과성을 논증하기 위한 기준

Bradford Hill(1965년)	Surgeon General(1964년)
관련성의 강도	strength of the association
관련성의 일관성	consistency of the association
관련성의 특이성	specificity of the association
시간적 선후관계	temporality of the association
양-반응관계(biological gradient)	–
그럴듯함(plausibility)	–
기존 지식과의 일치 정도	coherence of the association
실험적 조작 또는 예방효과의 가능성 (Experimental evidence)	–
유사성(Analogy)	–

*Hill의 기준은 주로 직업성 암 발생원인을 추론할 때 적용하고자 제시한 것이다(Susser도 비슷한 용도로서 제시하였다, 1991년)

다) 관련성의 특이성(specificity of the association)

한 요인이 여러 다른 질병과 동시에 관련성을 보인다면 인과성의 가능성은 낮아진다. 반대로 특정 질병에만 관련성을 보이고 다른 질병과는 그렇지 않다면 특이성이 높아 인과성의 가능성이 높다. 예로서 경구피임약 복용이 혈전성(thrombotic) 중풍과는 관련성을 보이나 출혈성 중풍과는 관련성을 보이지 않은 것은 특이성이 높다고 할 수 있다. 또한 한 질병에 관련성을 보이는 요인들이 많으면 많을수록 관련성의 특이도가 떨어져 인과성의 가능성도 낮다.

라) 요인노출과 질병발생과의 시간적 선후관계(temporality of the association)

원인이라고 가상되는 요인에의 노출이 질병발생 시점보다 앞서야 한다는 증거가 제시되거나 그 가능성을 논증하여야 한다. 이는 인과성이 성립하기 위하여 가장 필수적인 조건이다. 원인이라 생각되는 사건은 반드시 결과에 앞서 발생되어야 하므로, 시간적 선후관계가 명백한 경우에는 인과성을 지지하게 된다. 반대로 '암과 식이요인'과 같이 발암과정이 이미 시작된 이후 식이요인과의 관련성은 이를 위배하게 되어 결국 내적 타당도를 심히 저해한 것으로 간주한다.

마) 기존 지식과의 일치 정도(coherence of the association)

관련성의 강도가 높다 하더라도 해당 질병의 발병과정 또는 자연사 등에 관한 지식과 부합하지 않는다면 인과성의 가능성은 낮아진다. 그럴듯함(plausibility) 기준의 내용도 이와 유사한데 단지 생물학적 견지에서 그 요인이 발병에 기여할 가능성을 논한다.

바) 실험적 조작 또는 예방효과의 가능성(experimental evidence)

가상적 요인에 대한 인위적 조작 또는 실험실적 연구를 통하여 관련성의 변동을 관찰함으로 하여 인과성에 대한 증거를 제시하게 된다.

사) 기존의 다른 인과관계와의 유사성 여부(analogy)

예를 들어 임신초기 풍진의 감염이나 임신기의 탈리도마이드 복용이 선천성 기형의 원인이 된다는 인과관계가 밝혀져 있는데, 어떤 특정 약물의 복용이 선천성 기형과 관련성을 보인다면 유사한 인과적 관련성을 가질 것이라고 추론할 수 있다.

아) 흡연과 폐암의 인과성 평가에 관한 미국 Surgeon General 보고서 요약

흡연이 폐암의 원인이라는 가설을 증명하기 위해 시도된 연구결과를 인과성 관점에서 평가한 미국 Surgeon General 보고서를 요약하면 다음과 같다.

(1) 시간적 선후관계

원인노출과 질병발생보다 시간적으로 앞서야 함은 인과론 평가에서 가장 필수적인 사항이다. 관련성을 보고한 여러 코호트연구는 관찰개시 시점에 해당 질병에 걸리지 않은 집단을 대상으로 하여 추적에 들어갔기 때문에 시간적 선후관계는 인정된다.

(2) 동물실험결과와의 연관성(biological relationship)

실험동물(햄스터)에게 희석된 담배 연기를 장기간 흡입시킨 결과 후두에 양성 및 악성 종양이 발생되었음이 확인되었다. 그러나 기관지암을 일으키기 위하여 시도된 많은 동물실험에서는 유의한 결과를 얻는 데 실패하였다. 하지만 이런 실험동물들은 관련성이 관찰된 인간(흡연자)처럼 담배연기를 깊게 그리고 강하게 흡입할 수 없다는 사실이 인정된다.

(3) 관련성의 일관성

흡연과 폐암의 관련성을 보고한 환자-대조군연구는 50개가 넘으며, 이들 연구는 서로 다른 대상(남자/여자, 여러 직업군, 입원 환자, 부검 예, 폐암 사망자, 여러 인종 및 종족)으로부터 여러 형태의 대조군(일반 건강인, 환자로 구성된 대조군, 확률표본, 타질환 사망자)을 짝지어 여러 형태의 흡연(담배의 종류, 흡연량, 흡연기간, 흡입방법)에 관해 연구한 것인데 모두 일관된 결과를 보고하고 있다. 뿐만 아니라, 대규모 인구집단을 대상으로 한 8개의 코호트연구는 여러 국가에서 다른 시기에 보고되었는데, 모두 환자-대조군 연구와 같은 일관된 결과를 보고하고 있다.

(4) 관련성의 강도

코호트 연구결과에 의하면 비흡연자에 비해 흡연자에서 폐암으로 인한 사망위험이 10배 높은 것으로 보고되고 있다. 만약 이 결과가 잘못된 것으로 이들 간에 인과성이 없다면 비흡연자와 흡연자 간에 흡연 이 외의 다른 요인이 10배 이상 차이가 나게 존재하여야 하는데, 이런 교란변수를 찾기 힘들 뿐만 아니라 논리적으로도 맞지가 않아 흡연과 폐암은 인과관계에 있을 가능성이 매우 높다고 판단된다.

(5) 양-반응관계

대부분의 역학연구결과에서 연구개시 당시 일일 흡연량이 많으면 많을수록 폐암 사망이 증가하며, 이러한 경향은 흡연 시작연령, 흡연기간, 흡입정도에서도 마찬가지로 관찰되고 있다. 특히 하루 20개피 이상 흡연하는 남자에서는 폐암 사망이 비흡연자에 비해 15~20배 높았으며, 여자에서도 유사한 결과가 관찰되고 있다. 4개의 코호트 연구에서는 흡연 시작연령이 빠르면 빠를수록 폐암 사망이 증가하는 경향을 보고하고 있다.

(6) 관련성의 특이성

담배는 수천 가지 이상의 복합 화학물질이 함유된 것이기 때문에 생물학적으로 볼 때 다양한 여러 질환을 일으킬 수 있다. 그러나 흡연과 다른 종류의 암과는 그 관련성의 정도가 폐암의 경우에 비해 현저하게 낮아 특이성이 인정된다.

(7) 예방효과(reversibility)

흡연이 폐암을 일으킨다는 가설이 사실이라면, 금연하는 경우에는 폐암 사망이 계속 흡연하는 경우에 비해 낮아져야 한다. 금연자를 대상으로 한 대부분의 연구에서 금연 후 15~20년이 경과하면 비흡연자의 폐암 사망위험과 같아진다는 사실이 보고되고 있으며, 이는 주로 금연 이전의 흡연 축적효과에 의한 것임이 나타나고 있다.

(8) 기존 지식과의 일치 정도

인과성이 성립하기 위해서는 그 가설이 해당 질병의 자연사나 생물학적 특성과 같은 기존 지식과 잘 부합되어야 한다. (가) 폐암 사망은 여자보다 남자에서 높은데 흡연률도 남자에서 높고, (나) 폐암 사망이 높은 (국가의) 인구집단에서 흡연률도 높으며, (다) 연도에 따라 폐암 사망률이 증가하는 양상과 흡연률이 증가하는 양상이 같이 관찰된다는 사실에 근거하여 흡연과 폐암의 인과성은 기존 지식과 잘 부합된다 할 수 있다.

6. 질병발생 또는 유행기전의 설명모형

앞의 5절에서는 주로 요인(*X*)과 질병(*Y*), 두 인자 간의 관계로서 질병발생을 논하였다. 그러나 실제로 질병발생이 두 인자만으로 일어나지 않음은 주지의 사실이다. 질병발생 또는 질병유행 기전을 포괄적으로 설명하는 모형으로 크게 세 가지가 있다.

1) 생태학적 모형, 지렛대 모형(ecological model 또는 lever theory)

환경요인을 지렛대의 받침으로 하고 숙주(인체)와 병원체가 지렛대 양끝에 위치한 모형으로 질병발생을 설명하고자 하는 설이다. 과거 많은 감염병의 발생이나 유행을 설명하는데 적합한 모형이다. 지렛대가 병이 발생 또는 유행하는 쪽으로 기울어지는 상황은 환경, 숙주, 병원체의 3자 간의 평형이 깨지는 경우인데, 예를 들면 숙주의 면역상태가 나빠지거나, 병원체가 강하게 되거나, 또는 환경상태가 숙주에게 불리하게 된다면, 나머지 두 요소에 변동이 없더라도 질병은 발생하게 된다.

2) 거미줄 모형, 원인망 모형, 다원인론(the web of causation)

질병발생의 요인을 필요원인(또는 일차요인, necessary factors, primary factors)과 관련 요인(contributing factors)으로 개념적인 구분을 하고 이러한 요인들이 서로 부가적(additive), 상승적(synergic), 보완적(configurative), 상호적(interactive), 또는 길항적(antagonistic) 효과가 거미줄과 같이 작용하여

하나의 충분요인(sufficient factor)이 만들어지면 이때마다 질병이 발생한다고 설명하고 있다.

3) 수레바퀴 모형(wheel model)

유전적 소인을 핵으로 하고 그 주위를 그 사람의 행태(behavior)가 둘러싸고 있는 수레바퀴 통이 있으며, 그 밖에는 환경(사회경제적, 물리적 및 생물학적 환경으로 구분)이 있는 모형이다. 개인의 행태에 의하여 환경적 요인에의 노출 양상이 달라지고 이 요인들이 유전적 소인과 상호작용하여 질병이 발생한다고 설명하고 있다.

참고문헌

1. 경제기획원 조사통계국. 사망원인 통계년보, 1992-1998: 한국인의 표준생명표. 경제기획원:1990.
2. 김영식. 과학혁명, 근대과학의 출현과 그 배경. 민음사;1984.
3. 세계보건기구. 1992 세계보건통계연감. 세계보건기구;1993.
4. 안윤옥 · 이형기. 의학에서의 연구방법론, 한국역학회지 1990;12:107-114.
5. 윤용수 · 신희철 · 안윤옥 · 유근영. 선천성 심장기형과 기형발생 환경요인과의 관련성에 관한 연구(단행본) 서울대학교병원;1991.
6. Breslow NE, Day NE. Statistical methods in cancer research. Vol 2. The design and analysis of cohort studies(IARC scientific publication no. 82). IARC;1987.
7. Breslow NE, Day NE. Statistical methods in cancer research. Vol 1. The analysis of case-control studies(IARC scientific publication No. 32). IARC;1980.
8. Buck C. Popper's philosophy for epidemiologists. Int J Epidemiol 1975; 4:159-168.
9. Chalmers AF. What is this thing called science. University of Chicago Press;1977(신중엽 역. 논리실증주의와 과학철학과 새로운 과학철학, 제1판. 서광사;1988).
10. Cook T, Campbell DT. Quasi-experimentation: design and analysis issues for the field settings. Houghton Mifflin Company;1979.
11. Elwood MJ. Causal relationships in medicine. Oxford University Press;1988.
12. Feinstein AR. Clinical epidemiology: the architecture of clinical research. W.

B. Saunders Company;1985.
13. Hill AB. The Environment and disease: association or causation? Proc Royal Soc Med 1965;58:295-300.
14. Hill AB. Observation and experiment. N Eng J Med 1953;248:995-1001.
15. Kelsey JL, Thompson WD, Evans AS. Methods in observational epidemiology. Oxford University Press;1986.
16. Kleinbaum DG, Kupper LL, Morgenstern H. Epidemiologic research: principles and quantitative methods. Van Nostrand Reinhold Co.;1982.
17. Maclure M. Popperian refutation in epidemiology. Am J Epidemiol 1985;121:343-350.
18. MacMahon M, Pugh TF. Epidemiology: principles and methods. Little, Brown and Company;1970.
19. Olson J, Trichopoulos D. Teaching Epidemiology: What you sould know and what you could do. Oxford Medical Publications;1993.
20. Piantadosi S, Byar DP, Grenn SB. The ecological fallacy. Am J Epidemiol 1988;127:893-904.
21. Rothman KJ. Causal inference. Epidemiology Resources Inc.;1988.
22. Rothman KJ. Modern epidemiology. Little, Brown and Co.;1986.
23. Rothman KJ. Causes. Am J Epidemiol 1976;104:587-592.
24. Royal College of General Practioners. Oral contraceptives and health. an interim report from the oral contraception study of the Royal College of General Practitioners. Whitefriars Press;1974.
25. Sartwell PE. On the methodology of investigations of etiologic factors in chronic disease. J Chron Dis 1960;11:61-63.
26. Schlesselman JJ. Case-control studies: design, conduct, analysis. Oxford University Press;1982.
27. Susser M. What is a cause and how do we know one? A grammar of pragmatic epidemiology. Am J Epidemiol 1991;133:635-648.
28. Susser S. The logic of Sir Karl Popper and the practice of epidemiology. Am J Epidemiol 1986;124:711-718.
29. Susser M. Causal thinking in the health science: concept and strategies. Oxford University Press;1973.
30. US Surgeon General. The Health Consequences of Smoking: Cancer. US Department of Health and Human Services;1982.
31. van Laer HP. Philosophy of science: Part II, 2nd ed. Duquesne University Press;1963.
32. Yoo KY, Tajima K, Kuroishi T, Hirose K, Yoshida M, Miura S, Murai H. Independent protective effect of lactation against breast cancer: a case-control study in Japan. Am J Epidemiol 1992;135:726-733.
33. Yoo KY, Kim H, Lee MS, Park BJ, Ahn YO, Lee HS, Kim CY, Park TS. A reconstructed cohort study on the hepatitis B virus infection as a risk factor of liver cancer in Korea. J Korean Med Sci 1991;6:319-324.

5장

건강-질병 현상의 기술

Epidemiology

인간집단을 대상으로 하여 건강-질병 현상의 양상을 파악하고, 그 양상에 영향을 주는 결정요인에 관한 지식을 개발하는 것이 역학의 주된 목적임은 앞서 이미 설명한 바 있다. 따라서 인간집단의 건강-질병 현상을 기술하는 것은 역학의 첫 걸음이다.

인구집단을 구성하고 있는 개개인을 대상으로 측정한 개체별 특정 건강-질병 현상을 집단현상으로 지표화하여 기술하게 된다. 이때 인구집단 전체를 한 묶음으로 한 하나의 지표로서 기술할 수도 있으나, 통상 집단현상의 양상을 파악하도록 인구집단의 속성이나 특성별로 구분하여 기술하는 것이 원칙이다. 이는 건강-질병 현상의 양상을 파악하는데 필요할 뿐 아니라 그 양상에 영향을 주는 요인에 대한 가설을 세우는 실마리도 제공하는 역할까지도 한다.

건강-질병 현상을 기술하는데 사용하는 인구집단의 속성 또는 특성은 크게 세 가지 변수로 구분한다. 인적 속성변수, 시간적 특성변수, 그리고 지역적 특성변수 등이다. 이 장에서는 건강-질병현상을 인적 속성변수, 시간적 특성변수 및 지역적 특성변수에 따라 기술하는 내용과 방법 등을 설명한다. 또한 이들 속성 또는 특성이 복합적으로 작용한 상황, 예를 들어 이민자 집단 혹은 출생코호트 집단에서 건강-질병 현상의 기술내용과 분석 등에 대하여 소개한다.

이하에서는 기술역학연구의 세 가지 측면인 개인적, 시간 장소적 특성별 역학연구를 각각 제시하며, 이들 특성이 종합적으로 작용하는 상황으로서, 이민자 연구 및 출생코호트 분석 등에 대하여 소개한다.

1. 개인적 속성변수에 따른 현상

건강-질병 현상 발생과 관련된 인적 속성은 표 5.1과 같이 분류할 수 있다. 이러한 속성에는 성별이나 연령과 같이 수정 불가능한 기본 특성 외에도 생활습관과 같이 가변적인 특성 등이 포함된다.

표 5.1 건강-질병 현상 기술에서 사용되는 인적 속성변수

범주	종류
인구통계학적 특성	나이, 성별, 인종 등
생물학적 특성	키, 체중, 검사치 등
사회경제적 특성	사회경제적 수준, 교육수준, 직업, 종교, 출생지 등
생활습관	흡연, 음주, 식이, 운동 등
유전학적 변수	가족력, 유전자 다형성 등

1) 연령

가) 중요성

연령과 성은 모든 역학연구에서 기본적으로 파악하여야 하는 개인 속성이다. 연령과 질병 관련성이 중요한 이유는 다음과 같다. 첫째 연령에 따른 질병빈도의 차이는 질병발생 과정에 관여하는 요인을 이해하는데 중요한 실마리를 제공하기 때문이다. 둘째 연령은 질병발생에 미치는 영향이 강한 동시에, 다른 위험요인과의 관련성 또한 높기 때문이다. 즉 연령이 교란변수로 작용하므로, 연령을 보정해야만 해당 위험요인의 중요성을 제대로 평가할 수 있기 때문이다.

나) 연령의 범주화

세계보건기구에서는 다음과 같이 9가지로 연령을 범주화하도록 권장하고 있다.

코드 1: 0, 1, 2, 3, 4, 5-9, 10-14, 15-19,……………, 75-79, 80-84, 85+, 미상(N.S., not specified)

코드 2: 0, 1-4, 5-9, 10-14, 15-19,……………, 75-79, 80-84, 85+, 미상

코드 3: 0, 1, 2, 3, 4, 5-9, 10-14, 15-19,……………, 65-69, 70-74, 75+, 미상

코드 4: 0, 1-4, 5-9, 10-14, 15-19,……………, 65-69, 70-74, 75+, 미상

코드 5: 0, 1-4, 5-9, 10-14, 15-19,……………, 65-69, 70+, 미상

코드 6: 0, 1-4, 5-9, 10-14, 15-19,……………, 65+, 미상

코드 7: 1-4, 5-14, 15-24,……………, 55-64, 65-74, 75+, 미상

코드 8: 1-4, 5-14, 15-24,……………, 55-64, 65+, 미상

코드 9: 구분하지 않음

이상의 9가지 중 코드 2는 암 발생통계를 작성할 때, 코드 3과 4는 사망자료를 분석할 때, 7과 8은 감염병 통계를 작성할 때 주로 사용한다.

다) 연령별 질병빈도곡선의 형태

질병에 따라 다양한 형태의 연령별 질병빈도곡선이 관찰된다.

그림 5.1은 연령 증가에 따라 질병의 빈도(발생률 등)가 증가하는 경우이다. 일생동안 지속적 영향을 미치는 위험요인(식이, 흡연, 직업 등)에 의하여 질병(폐암, 위암 등 만성질환)이 발생하는 경우, 잠복기가 긴 질병, 또는 나이

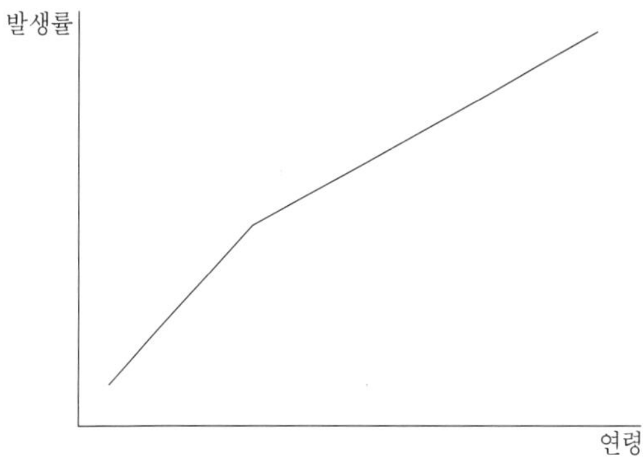

그림 5.1 연령에 따라 증가하는 양상의 곡선

에 따른 생리적인 변화로 인해 질병 감수성이 증가될 경우에 관찰될 수 있다. 이는 면역기능의 변화, 체성변이, 체내 호르몬 분비의 변화 등으로도 설명할 수 있고, 어릴 때 백신접종을 받은 경우 나이가 들면서 백신의 효과(항체역가 등)가 감소하면서 질병발생이 증가하는 경우 등이다. 한편 다발성경화증의 경우 20세에서 35세 사이, 홍역은 15세 이전과 같이 특정 연령군에 정점을 보이는 질병 양상도 관찰된다.

그림 5.2는 예를 들어 만 60세 이후에 감소추세를 보이는 경우이다. 외부위험요인에의 노출과 나이가 들면서 감소하는 경우, 현재의 노인 인구집단에서 어릴 때는 원인 요인에 노출되지 않았으나 나이가 든 이후 노출되는 경우(출생코호트 효과 등), 질병 감수성을 가진 인구가 나이가 들면서 점차 제거되어 일정 연령 이후에는 그 질병에 대한 저항력이 큰 사람만 선택적으로 살아 남아서 질병의 발생률이 감소하는 경우(선택적 생존 등)로 설명할 수 있다. 또한 폐경으로 인한 유방암 발생률 감소와 같이 생리적 변화에 의한 현상으로 설명할 수 있다. 한편 실제로는 감소하지 않지만, 노인에서 질병발생이 과소 보고되거나 진단율이 낮아서 나타나는 현상일 수도 있다.

빈도가 가장 높은 연령군이 두 개인 형태의 양봉성(bimodal) 빈도곡선을 나타내는 경우도 관찰된다. 질병 분류의 오류에 인하여 두 가지 질병군이 하나로 분류된 경우, 현상적으로 같은 질병이나 원인 및 발생기전이 다른 경우 관찰된다. 예를 들어 결핵은 0~4세와 20~29세에 가장 흔한데, 두 연령군의

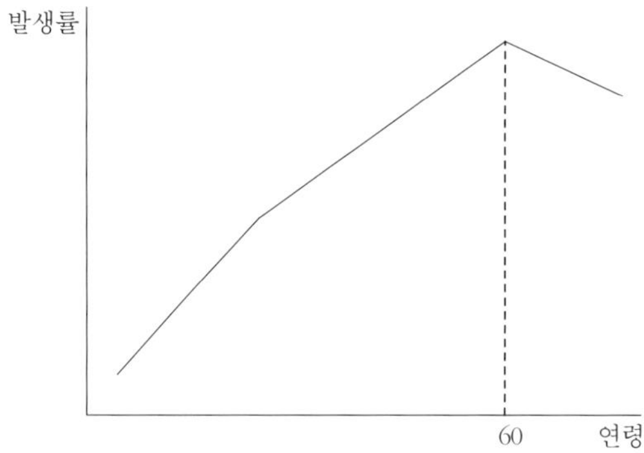

그림 5.2 연령에 따라 증가하다가 노인 인구에서 감소하는 양상의 곡선

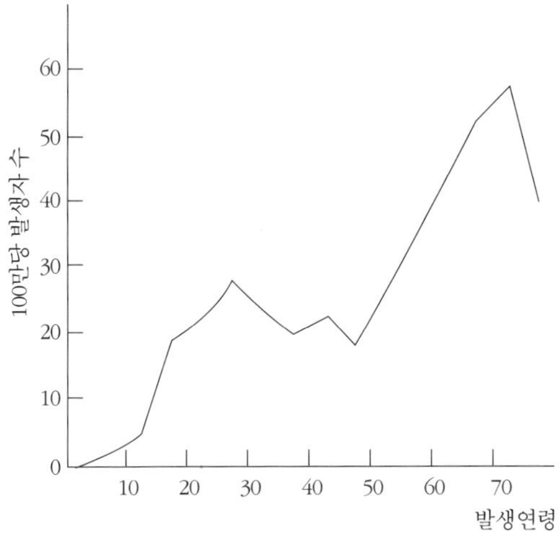

그림 5.3 호지킨병의 연령별 발생률

결핵은 병원체는 동일하지만, 병리적 반응이 다른 것으로 알려져 있다. 1943년부터 1952년까지 뉴욕 브루클린의 호지킨병 발생률을 분석한 결과, 29세와 73세군 두 개의 정점이 관찰되었다(그림 5.3). 이러한 양상이 관찰됨에 따라 호지킨병이 병인과 임상적 특징이 다른 두 개의 질병군이라는 가설이 제기되었다. 즉 젊은 환자는 염증성 또는 감염성 질환의 특징을 보이는데, 고열이 흔하고 가족 집적성 등이 관찰되었다. 그러나 50세 이상의 환자는 병리적으로 육종의 특징과 치명률이 높은 등 종양의 특징을 보였다. 분석역학연구 결과 조직병리학적으로 소아는 림프구성 림프종이 흔하고, 성인에서는 골수성이 흔한 것으로 확인되었다.

그림 5.4는 아프리카 지역의 원발성 간암 등에서 관찰되며, 일정 연령(예를 들어 40세)까지 지속적 증가를 보이다가 이후 변화 없이 일정 수준으로 나타난다. 유년기에 강력한 위험요인에 노출되다가 성인이 되면서 노출이 감소하거나, 질병에 저항력이 높은 집단이 상대적으로 많아져서 나타나는 현상으로 설명할 수 있다.

일반적인 사망률 곡선은 그림 5.5와 같이 J자 형이다. 즉 영유아기에 높고, 10~14세에서 가장 낮으며 이후 점차 증가하는 추세를 보인다. 특히 35~40

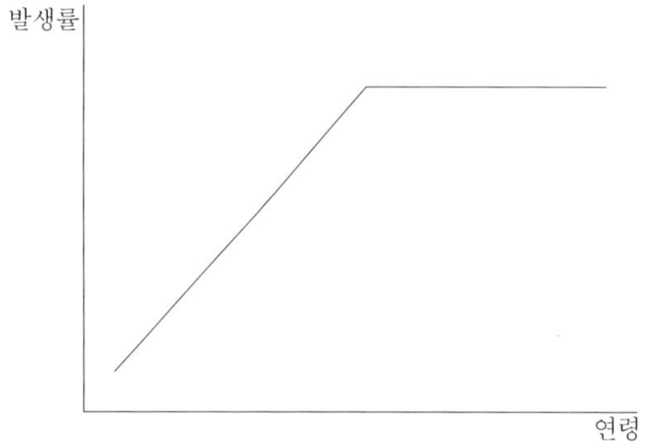

그림 5.4 일정 연령 이후 일정한 발생수준을 나타내는 경우

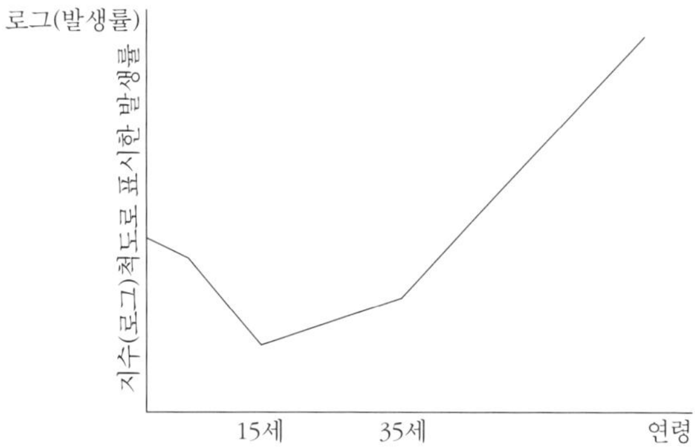

그림 5.5 연령별 사망률 곡선의 일반적 형태

세 이후에는 사망률이 증가하는 속도가 일정하므로(Gompertz의 법칙) Y축을 로그 척도로 도시할 때 직선으로 나타난다.

2) 성

가) 성별 질병빈도의 차이

대부분 경증의 질병에서는 여성의 유병률이 일반적으로 높다. 여자가 질병현상에 더 민감해서 같은 정도의 불편을 질병으로 간주하는 경향이 있고, 임신, 출산 등으로 육체적인 부담이 크며, 질병 치명률이 여성에서 상대적으로 낮은 것

등으로 설명한다. 국내 자료에서는 빈혈, 고혈압, 정신신경증 등이 그러하며, 외국 자료에서도 갑상선중독증, 당뇨, 담낭염, 담도결석, 관절염 등에서 여자의 유병률이 높은 경향이 관찰된다. 그러나 남자의 유병률이 더 높은 질병이 있는데 국내에서는 만성기관지염, 폐기종, 천식, 기관지확장증 등이며, 외국에서는 소화성궤양, 서혜부탈장, 관상동맥질환, 폐암 등에서 이러한 양상이 관찰된다.

나) 성별 사망수준의 차이

사망률은 모든 연령군에서 남자가 높다. 특히 갑상선, 담낭, 유방 등을 제외한 대부분의 암 사망률도 남성이 높다. 그러나 당뇨, 고혈압성 심장질환 등에서는 여자가 더 높다.

다) 성별 관련성에 관한 해석

성별 차이는 해부학적, 호르몬을 비롯한 생리적 차이뿐 아니라 생활방식, 각종 위험요인에 노출되는 기회, 스트레스에 대한 정서적 반응 등의 차이에 기인한다고 해석할 수 있다. 또한 질병상태의 과잉보고와 같은 가짜 효과, 연령구조의 차이에 기인한 이차적인 관련성으로도 해석할 수 있다.

3) 인종(ethnic group), 종교

미국과 같은 다인종, 다민족 국가에서는 인종별, 민족별로 질병 양상이 다른 경우가 흔하다. 미국에서는 대체로 고혈압성 질환, 뇌혈관질환, 결핵, 매독, 사고사 등은 흑인에서 다발하고, 심장질환, 자살, 백혈병 등은 백인에서 높은 것으로 보고되고 있다. 인종에 따라 의료혜택이나 질병 발견의 정도가 다르기 때문일 수도 있지만, 각 인종의 유전적 소인이나 문화 및 생활환경이 달라서일 수도 있다. 유전적 소인의 예로서 낫적혈구빈혈(sickle cell anemia)은 흑인에게서만 발견되며, 흑인이 결핵균에 대한 감수성이 높다는 사실 등을 들 수 있다. 그러나 인종에 따른 차이는 대개 사회경제적 수준, 식이습관, 교육수준, 주거환경의 차이 등의 사회문화적 관습의 상이함에 기인한다. 예를 들어 흑인 여성은 자궁경부암이 많은 반면, 백인 여성은 유방암이 많은데, 여러 요인이 복합적으로 작용한 결과라고 생각할 수 있다. 따라서 인종별 질병 수준을 관찰함으로서, 질병발생의 위험요인과 그 기전에 대한 이해를 도울 수 있다.

한편 특정 종교집단에서의 질병 수준을 관찰함으로써 이들 집단의 독특한 생활습관이 질병에 미치는 영향을 알 수 있다. 예를 들어, 미국 유타주의 몰몬교도들은 대장암과 유방암 등의 발생률이 낮은 데, 이들의 채식위주 식이습관에 기인하는 것으로 추정하고 있다.

4) 결혼상태

결혼상태는 연령, 성별과 더불어 가장 흔히 사용되는 인구통계학적 변수의 하나로, 비교적 쉽게 정보를 얻을 수 있다. 보통 기혼, 미혼, 이혼, 별거, 사별(widowed) 등으로 분류하는데, 기혼자가 다른 집단에 비해 사망률이 낮은 것으로 알려져 있다. 이에 대해서 몇 가지 설명이 가능하다.

첫째, 건강이 나쁘거나 병에 걸린 사람은 결혼하지 않고 혼자 사는 경향이 있다.

둘째, 위험하게 살아가는 사람은 결혼을 하지 않는 경향이 있다.

셋째, 기혼자와 미혼자는 질병에 영향을 미치는 생활방식 자체가 다르다.

정신질환의 경우, 결혼상태에 따라 유병 양상에 남녀별 차이가 있는데, 미혼인 사람에서는 남자의 유병률이 높고, 기혼인 사람에서는 여자의 유병률이 높다.

한편, 부부간에 생물학적 지표의 일치도를 봄으로써 이러한 지표에 대한 (유전적 영향과 비교하여) 환경의 영향을 평가하기도 한다. 예를 들어 혈청 콜레스테롤 값에 영향을 미치는 요인을 찾기 위해서 오랜 기간 같이 생활을 한 부부간의 일치정도를 파악하면, 유전적 요인과 환경적 요인에 의한 영향과 상대적 크기를 확인할 수 있다.

5) 직업

삶의 상당 부분은 직장에서 보내고 있기 때문에 직업과 관련된 환경이나 경험

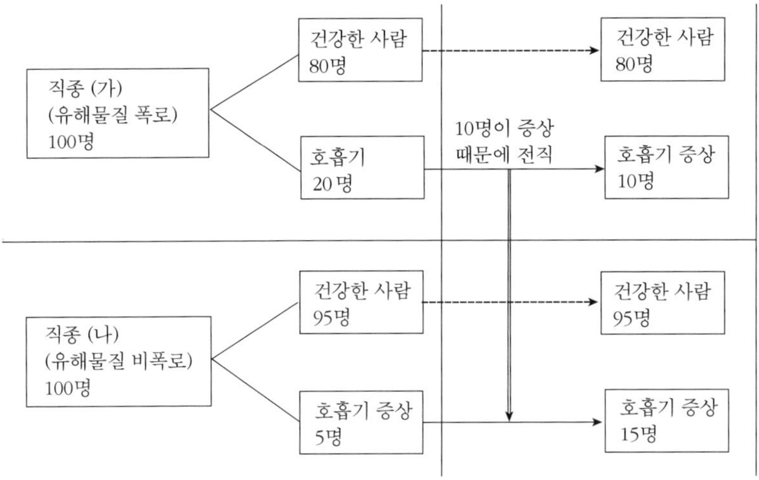

	시점 A	시점 B
(가) 직종 종사자의 호흡기 증상 유병률	20%	11%
(나) 직종 종사자의 호흡기 증상 유병률	5%	14%
(가)/(나)의 유병률 비	4.0	0.8

그림 5.6 단면적 조사로 평가한 직종 (가), (나)와 유병률 관계의 도시

이 건강 또는 질병과 사망에 영향을 미친다. 직업은 여러 가지 종류의 노출, 즉 유해한 물리적 환경(열, 추위, 기압변화 등), 화학 물질, 소음, 직업성 스트레스 등을 통하여 건강에 영향을 미친다. 그러나 직업에 따른 차이가 반드시 작업환경 자체에 의한 것만은 아니며, 그 직업을 선택한 사람 자체가 가지는 특성 때문일 수도 있다. 예를 들어 건강상태 자체가 그 직업을 가지게 한 결정요인이었을 가능성도 있다. 그림 5.6은 단면적 연구로 파악한 직업 노출와 질병 유병률의 관계를 도시한 것이다.

시점 A의 단면적 조사에서는 유해물질 노출이 많은 직종의 유병률이 그렇지 않은 직종에 비해 4배로 높았다. 그러나 시간경과에 따라 건강상의 이유 등으로 유병자가 유해노출을 적은 직종 (나)로 전직하는 경향이 있었으며, 시점 B에서 단면적 조사로 파악한 유병률은 도리어 유해노출을 적은 직종군에서 높은 결과가 나타났다. 이 예에서와 같이 시간경과에 따라 건강한 사람이 유해노출군에 집중되거나, 또는 건강하지 못한 사람이 취업에 제한을 받는 경향 때문에 발생하는 결과의 비뚤림을 건강근로자 효과(healthy worker effect)라 한다.

직업변수를 사용하는 이유나 목적은 다음과 같다.

가) 사회경제적 상태(socioeconomic state, SES)를 평가하는 주요 지표가

표 5.2 우리나라 표준직업분류

대분류	중분류
0. 의회의원, 고위임직원 및 관리자	의회의원 및 고위임원, 행정 및 경영관리자, 일반관리자
1. 전문가	과학 전문가, 컴퓨터관련 전문가, 공학 전문가, 보건의료 전문가, 교육 전문가, 행정, 경영 및 재정 전문가, 법률, 사회서비스 및 종교전문가, 문화, 예술 및 방송관련 전문가
2. 기술공 및 준전문가	과학관련 기술종사자, 컴퓨터관련 준전문가, 공학관련 기술종사자, 보건의료 준전문가, 교육 준전문가, 경영 및 재정 준전문가, 사회서비스 및 종교 준전문가, 예술, 연예 및 경기 준전문가, 기타 준전문가
3. 사무 종사자	일반사무 관련 종사자, 고객서비스 사무 종사자
4. 서비스 종사자	대인 서비스 관련 종사자, 조리 및 음식 서비스 종사자, 여행 및 운송관련 종사자, 보안 서비스 종사자
5. 판매 종사자	도소매 판매 종사자, 통신 판매 종사자, 모델 및 홍보 종사자
6. 농업, 임업 및 어업 숙련 종사자	농업 숙련 종사자, 임업 숙련 종사자, 어업 숙련 종사자
7. 기능원 및 관련 기능 종사자	추출 및 건설 기능 종사자, 금속, 기계 및 관련 기능 종사자, 기계설치 및 정비 기능 종사자, 정밀기구, 세공 및 수공예 기능 종사자, 기타 기능원 및 관련 기능 종사자
8. 장치, 기계조작 및 조립 종사자	고정기계장치 및 시스템 조작 종사자, 기계 조작원 및 관련 종사자, 조립 종사자, 운전원 및 관련 종사자
9. 단순 노무 종사자	서비스 관련 단순노무 종사자, 농림어업 관련 단순노무 종사자, 제조 관련 단순노무 종사자, 광업, 건설 및 운송 관련 단순노무 종사자
A 군인	

표 5.3 영국의 5대 표준직종분류와 질병현상

직종분류	표준화사망비(standardized mortality ratio, SMR)		영아사망률
	결핵, 기관지염, 위궤양	동맥경화성 심질환	
I. Professional(전문직)	5위(낮다)	1위(높다)	5위(낮다)
II. Intermediate(중간직, 관리직)	4위	2위	4위
III. Skilled(기술직)	3위	3위	3위
IV. Partly skilled(부분적 기술직)	2위	4위	2위
V. Unskilled(비기술직)	1위(높다)	5위(낮다)	1위(높다)

될 수 있다.

나) 특정 직종에 국한된 위험요인의 영향을 평가하는데 유용하다. 광부의 진폐증, 방사선에 노출되는 근로자의 백혈병, 아닐린계 염색제(aniline dye)를 사용하는 염료공장 근로자의 방광암, 의료종사자의 간염, 크롬 공장 근로자의 폐암, 유리 실리카(free silica, SiO_2)에 노출되는 근로자의 폐섬유증, 석면 공장 근로자의 중피종(mesothelioma), 폐암 및 소화기 암 등이 그 예이다.

다) 직종에 따른 일반적 작업조건이 건강에 미치는 영향을 평가한다. 예를 들어 광부나 건설 현장의 노동자, 농부의 사고 또는 외상 사망이 다른 사람들보다 높다. 그러나 육체적 활동량의 측면에서 본다면 이 직업이 오히려 건강에 보호효과를 가질 수도 있으며, 실제로 관상동맥질환이 적게 발생한다는 보고도 있다.

직업은 표 5.2와 5.3과 같이 분류한다. 영국에서는 사회건강지표를 표 5.3의 5가지 잘 구분된 직종군별로 기술하는 것이 통례로 되어 있다.

6) 사회경제적 수준(socioeconomic status)

사회적 계급(social class)은 재산, 사회적 특권, 사회적 영향력의 정도에 따라 몇 가지 군으로 나누어 보려 할 때 널리 사용되는 개념이며, 종합적이며 이론적 개념이므로 명확히 정의하기 어렵다. '계급'의 구분은 몇 가지 지표의 총합으로 이해할 수 있는데, 즉 직업, 가구당 수입, 거주 환경, 사회적 권위(social prestige), 교육정도 등의 측면으로 나누어 분류하기도 한다. 역학에서는 필요에 따라 이들을 종합한 하나의 간접적 지표를 만들어 사용하고 있다.

상위계층(upper SES)에 흔한 질병으로는 동맥경화증, 관상동맥질환, 당뇨병, 정신신경증, 암, 비만, 통풍 등이 있으며, 하위계층에 흔한 질병은 주로 감염병으로 결핵, 근골격계 질환, 기생충성 질환, 임신 합병증 등으로 예방가능한 질병이 많다.

사회경제적 수준과 질병의 관련성을 해석할 때에는 나타난 관련성이 사회경제적 계급을 구성하는 다른 특성에 기인하였을 가능성을 감안하여야 한다. 따라서 측정 가능한 각 변수(직업, 수입 등)별로 관련성 여부를 보는 것이 좋다. 편의상 직업이 사회경제적 수준을 나타내는 유일한 변수로 사용되는 경우가 많다. 영국의 5대 직업분류가 직업 자체로서의 의미보다는 그에 수반되는 사회계급을 대변하는 지표로서 더 널리 사용되어 온 것이 그 한 예이다. 또한 사회경제적 수준에 따라 질병발생의 수준이 달리 관찰되는 이유를 해석할 때 반드시 함께 고려해야 할 사항들로는 연령, 교육수준, 식습관, 육체적 활동량, 심리상태, 개인위생상태, 환경적 차이 및 의료이용도 등을 들 수 있다. 그 외에도 가족의 수, 출생순위, 부모의 연령 등을 고려하는 것이 유용할 때도 있다.

7) 생활습관 요인변수

개인의 생활습관에서 유해하는 각종 요인이 질병발생이나 건강의 주요한 결정인자로 알려져 있다. 특히 현대인의 질병인 복합성 질병(complex diseases)의 발병원인 대부분은 본인의 생활습관과 환경에서 찾을 수 있다는 것이 사실로 확인되고 있어 복합성 질병에 대한 역학연구에서 생활습관 요인은 매우 중요한 변수이다.

생활습관은 크게 식습관, 위생습관, 흡연, 음주와 같은 기호습관, 수면, 육체적 운동 등과 같은 여가활용습관 등으로 구분할 수 있다. 생활습관에 관한 자료는 주로 면접이나 설문지 등을 이용하는 질문법에 의하여 수집하는데, 최근에는 특정 생활습관요인에 대하여는 자료수집을 위한 표준방법이 개발되어 있어 이를 이용하는 것을 권장하고 있다.

생활습관은 해당 인구집단의 사회문화적 배경과도 연관이 깊어 지역에 따라, 시기에 따라 또는 인종에 따라 그 내용이 각기 다르고 또한 생활습관을 구성하고 있는 각종 요인들 간의 상호작용도 존재하여 건강-질병 현상과의 관련성을 해석하는데 어려움이 많다.

8) 인적 속성변수와 질병의 관련성에서 고려해야 할 점

특정 건강-질병 현상과 인적 변수와의 관련성이 관찰되었을 경우 이를 적절히 해석하기 위해서는 다음의 사항을 감안하여야 한다.

가) 측정오류(errors of measurement)의 가능성

(1) 진단 기회의 차이
예를 들어 남자가 직업을 가진 경우도 많고, 의료시설에의 접근이 더 용이하기 때문에 여자보다 질병이 다발하는 것으로 보일 수도 있다. 또한 선천성 기형과 같은 질병은 경제적 수준 때문에 흑인보다는 백인이 병원치료를 받을 가능성이 높다.

(2) 의료이용도의 차이
예를 들어 고령자는 의료이용율이 낮은 경향이 있다.

(3) 진단의 정확도 차이
성병은 남자보다 여자에서 진단 또는 발견하기 어려운 경향이 있다. 또한 흑인의 피부발진은 찾기가 어려워 환자를 놓치는 수가 있다.

(4) 조사방법의 차이
가정방문으로 직접 얻어진 자료가 더 완전할 수 있다. 또 정신질환의 경우 과소보고하는 문제가 발생할 가능성도 존재한다.

나) 생태학적 오류(ecological fallacy)

특정한 인적 변수와 질병 간의 관련성이 관찰되었지만, 실은 이보다 더 직접적으로 관련되어 있는 다른 변수에 의한 영향일 수 있다. 이런 경우를 이차적 관련성 또는 생태학적 오류라고 한다. 예를 들어 연령의 영향이 중요한 질병에서는 연령 표준화하여 비교하거나 혹은 층화분석을 해야 올바른 판단을 할 수 있을 경우가 많다.

다) 환경 및 문화적 차이

특히 성별, 또는 인종 간에 차이가 있을 때에는 그 연구대상이 속한 환경에 차이가 있는지를 고려하여야 한다. 예를 들어 근친결혼의 관습이 있는 인종집단에서는 유전성 질환의 집중 발생할 가능성이 높아진다. 따라서 생활습관, 관습, 오락행태 등에 의한 영향을 배제하여야 올바른 해석을 내릴 수 있다.

라) 체질적 차이

남녀의 해부학적 구조가 다른 것이 여성에서 골반내 감염, 고관절염이 높은 결과를 초래할 수 있다. 그 외에도 질병을 인식하는 수준의 차이가 집단별로 다를 가능성 등도 감안하여야 한다.

2. 지역적 특성변수에 따른 현상

1) 지역비교의 수준

가) 국가간 비교

국가간 질병빈도를 비교할 때는 질병 신고율의 차이뿐만 아니라 인구센서스 자료의 차이 또한 고려해야 한다. 또한 진단의 정확성에도 차이가 있기 때문에 해석에 주의하여야 하지만, 국가간 해당 질병빈도에 상당한 차이가 있는 경우 그 의미를 주의하여 해석하여야 한다. 기생충질환이나 감염병의 경우 국가간에 차이를 보이는 경우가 흔하다.

나) 지역간 비교

지역간 비교를 위해선 해당 국가의 사망자료 및 질병신고자료가 주요 자료원으로 활용된다. 일반적으로는 자료의 질(quality)이 비슷한 지역만을 비교하는 것이 좋다. 자료의 질은 충실도(completeness)와 정확도(accuracy)로 평가한다. 종종은 정확한 지역 구분이 필요 없는 경우도 있다. 한편 남부지역과 북부지역의 차이를 비교하고자 할 때에도 남북으로 구분된 지역전체를 비교하지 않고, 각 지역에서 선정된 더 작은 지역단위끼리 비교하는 것이 나을 수도 있다. 지역간 차이로부터 가설을 설정하고 그 가설을 검정할 수도 있는데, 예를 들면 주민들의 충치상태와 음용수의 불소함량과의 관련성을 살펴봄으로써 불소의 충치 예방효과를 추정할 수 있다.

다) 도시 농촌 비교

감염병의 전파양식에 관한 연구에서는 도농간 빈도, 연령구조, 전파속도 등을 비교함으로써 많은 지식을 얻을 수 있다. 접촉성 또는 호흡기 감염이라면 노인 인구에서 많은 경향이 있으며, 도시에서 높은 유병상태를 보일 것이며, 인수공통질환인 경우라면 농촌에서 높은 유병률이 관찰된다.

라) 한 지역내 비교

1854년 존 스노우가 콜레라 유행을 연구할 때 런던에 발생한 콜레라 환자의 분포를 지도에 표시한 '지역도(Spot Map)' 가 유용하게 사용되었다. 지역도를 이용하여 위험요인과 질병발생의 인과관계에 관한 타당한 추론을 하기 위해서는 인구분포에 대한 지식이 추가적으로 활용되어야 한다. 그림 5.7과 5.8은 앨다배마주 몽고메리시에서 1922년부터 1925년까지 발생한 발진티푸스(typhus) 환자를 각각 거주지역과 직장 위치에 따라 도시한 것이다. 그림 5.7에는 집적양상이 보이지 않지만, 그림 5.8에서 대부분 환자가 쓰레기 하치장 등이 위치하는 사무실 인근지역에 모여 있었다. 따라서 미국 남부의 토착성 발진티푸스는 이(louse)가 아니라 벼룩(flea)에 감염된 쥐에 의해 전파된다는 가설이 제기되어 분석역학연구에서 확인되었다.

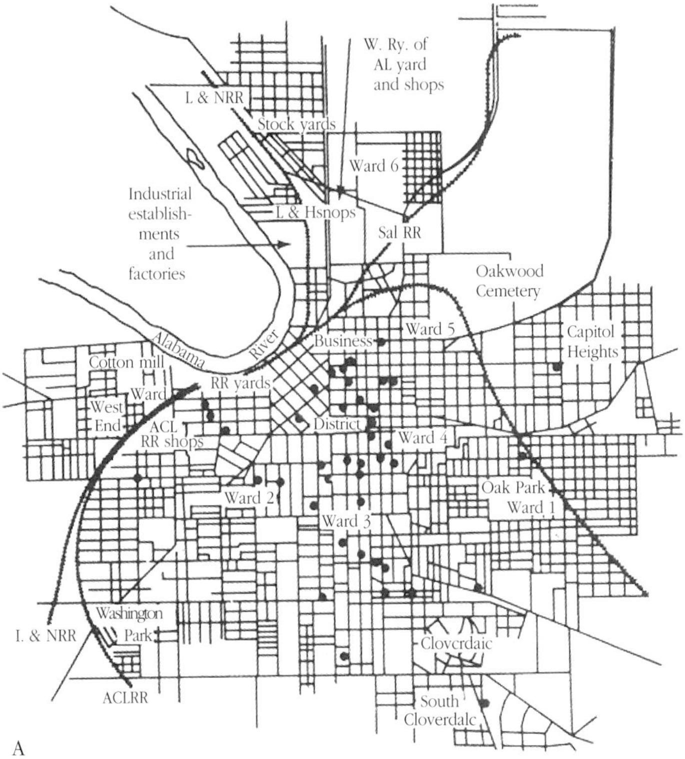

A

그림 5.7 거주지역에 따른 발진티푸스 환자의 분포를 도시한 지역도

2) 지역적 차이에 대한 해석

가) 수집되는 자료의 질적 차이

지역 간의 의료수준, 진단기준, 신고율 차이 등의 이유 때문에 질병 파악의 완전성(completeness)이나 정확도에 차이가 생길 수 있으며, 이것이 질병 양상의 차이로 나타날 수 있다. 따라서 자료의 질을 먼저 검토하여 질적 수준이 비슷하다고 판단되었을 경우에만 지역비교를 한다.

나) 생태학적 오류

생태학적 오류란보다 직접적인 제3의 변수 때문에 나타나는 질병양상의 차이

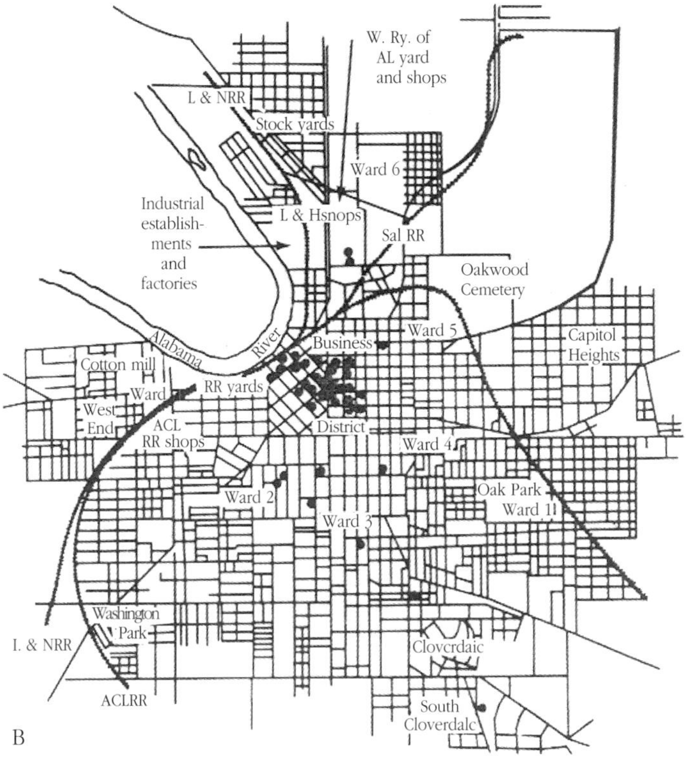

그림 5.8 근무지역에 따른 발진티푸스 환자의 분포를 도시한 지역도

가 지역간의 차이로 나타나는 경우를 발한다.

다) 실제 차이가 있는 경우

특정 질병과 지역 간의 관련성이 있을 경우는 특정 지역 주민에서 질병을 유발시키는 요인이 많은 경우, 특정 지역의 생물학적 · 물리적 · 화학적 · 사회적 환경 내에 위험요인이 많이 존재하거나, 두 가지의 조합 등으로 설명할 수 있다. 물론 연령이 교란변수로 작용할 수 있기 때문에 연령구조의 차이를 보정한 뒤 비교해야 한다.

(1) 주민의 인적 속성에 의한 차이

인종구성의 차이와 종교적인 차이를 고려하여야 한다. 예를 들면, 몰몬교도는 금연을 하기 때문에 폐암 사망률이 낮다. 또한 유전적 소인의 차이도 감안하여야 하는데, 아프리카에서는 낫적혈구 소인을 가진 사람이 말라리아에 저항력이 있고, 선택적 생존에 유리하게 작용하므로, 다른 지역에 비하여 낫적혈구빈혈이 흔하다고 생각할 수 있다.

(2) 지역 자체의 특성에 의한 차이

다음 조건 중 만족하는 수가 많을수록 지역적 관련성이 지역에 내재하는 특성 때문일 가능성이 커진다.

(가) 그 지역에 거주하는 모든 인종에서 높은 질병빈도를 보인다.

(나) 다른 지역에 거주하는 같은 인종에서는 질병빈도가 높지 않다.

(다) 외부로부터 전입한 건강한 사람에서도 원래 거주집단과 비슷한 수준으로 질병이 발생한다.

(라) 그 지역을 떠난 사람들에게는 높은 발생률을 보이지 않는다.

(마) 그 지역의 동물들에서도 비슷한 양상을 보인다.

또한 질병발생에 지역적 환경이 원인적으로 작용하는 경우를 다음과 같은 가능성을 고려한다.

(가) 생물학적 환경으로서, 동식물의 환경을 결정하는 기후 및 생태계의 특성을 가상할 수 있다. 인체 내에서 기생충 유충, 병원체의 생존에 영향을 줄 수 있다. 모기나 쩨쩨파리 등의 동물매개체의 번식에 영향을 줄 수 있다. 또한 동물집단의 규모와 종류를 결정함으로써 병원소(reservoir)에 영향을 미칠 수 있다. 한편 식물계는 동물계에 영향을 미쳐 간접적으로 질병을 유발할 수도 있지만, 직접적으로 접촉성 피부염이나 식중독을 유발할 수도 있다.

(나) 화학적 환경으로서, 음용수와 대기 내 유해물질의 차이가 지역적 차이를 가져올 수 있다. 예를 들어 토양 내 요오드 함량과 갑상선종(goiter), 식수 내 불소 함량과 치아 우식증, 식수 중 비소에 의한 만성

중독과 blackfoot disease, 런던의 대기오염과 폐암의 발생 등이다.

(다) 기온, 고도 등의 물리적 환경이 지역적 차이를 야기한다. 예를 들면, 고산지대에서 동맥관열림증(patent ductus arteriosus)의 발생이 높으며, 고농도 전리방사선 노출이 높은 지역에서 백혈병과 골암의 발생이 높다.

(라) 사회적 환경은 생물학적, 물리화학적 환경을 결정짓는 요인으로 작용할 수 있으며, 동식물계의 성질과 규모, 대인접촉빈도와 다양성, 병원소와 매개체의 존재, 대기와 수질오염 정도 등이 변화할 수 있다. 또한 그 지역주민의 음식물 선호도, 이용가능도, 배분의 사항에 따라 각기병, 펠라그라, 비만 등이 나타날 수도 있다. 그러나 이러한 사항을 정량적으로 측정할 수 있는 방법론의 개발은 그리 활발하지 못하다.

3. 시간적 특성변수에 따른 현상

인적 속성 또는 지역 변수별 분석 외에도 시간경과에 따른 질병발생의 변동양상을 파악하여야 한다. 시간은 모든 역학적 측정과 원인 규명에 필수적 요소가 되므로 매우 중요하다. 특히 잠복기가 짧은 질병이 단기간에 급격한 증가한 양상인 유행(epidemic)의 경우 질병양상의 기술은 바로 분석역학연구로 이어질 수 있다. 예로서, 1959년 겨울 극히 드문 선천성 기형인 사지 및 손가락 결손증 1예가 독일에서 사례보고되었다. 증례가 누적되어 1961년 9월에는 전년도에 비해서도 발생률이 급격히 증가하였다. 기술역학 연구결과에서 이러한 기형이 새로 시판된 약제가 원인일 가설이 제기되었다. 1961년 11월 중순에는 1956년 독일에서 수면제로 시판된 탈리도마이드가 원인이라는 특정한 가설이 제기되었다. 1957년부터 1961년까지의 사례군 자료를 검토한 결과 이 기간 발생률이 200배 증가하였다. 또한 분석역학연구에서 기형아의 엄마를 정상 소아의 엄마와 비교한 결과, 환아 엄마의 탈리도마이드 복용률이 극히 높았는데, 정상아의 엄마에서는 거의 0이었다. 이러한 연구결과를 토대로 1961년 11월에 독일에서는 탈리도마이드의 시판을 금지하였다.

1) 단기간 유행성 양상

토착성 질환(endemic disease)은 특정 지역에 어떤 형태이건 항상 존재하며, 비교적 오랜 기간동안 발생수준이 일정한 질병으로 정의한다. 반면 유행성 질환(epidemic disease)은 어느 지역에서 일시적으로 '평상시 기대되는 발생수준(endemic index)' 이상 발생한 질병으로 정의하며, 이러한 유행성 질환에는 다음과 같은 유형이 있을 수 있다.

가) 외인성 유행(exotic epidemic)
외부에서 유입된 원인에 의하여, 그 지역에 전혀 없던 질환의 유행이 발생한 경우로서, 우리나라에서의 콜레라 유행을 예로 들 수 있다.

나) 시점 유행(point epidemic)
한 시점 또는 아주 짧은 기간에 많은 환자가 집단적으로 발생하는 경우로서, 대부분 단일요인에 의한다. 감수성이 높은 인구집단에서 급수, 식품, 화학물질의 공기매개, 피부접촉 등에 의하여 병원성 미생물에 공동으로 노출되는 경우 등에서 발생한다.

다) 범유행(pandemic)
두 국가 이상의 광범위한 지역에서 동일한 시기에 질병이 유행하는 경우로, 중세 유럽의 페스트가 그 대표적인 예이며, 최근 인플루엔자 유행이 여기에 속한다.

2) 주기적인 변동(secular changes or trend)

사망자료나 전염병신고자료 등을 이용하여 특정질병 빈도의 변화를 수십 년의 장기간에 걸쳐 살펴보면, 어떤 질병도 그 빈도가 변하지 않는 것이 없다. 따라서 이러한 현상을 해석할 때 다음 사항을 감안하여야 한다.

가) 실제는 변화하지 않은 경우

진단능력의 변화, 분류기준 및 방법의 변화, 환자보고 양상의 변화, 주민의 이동 등에 따라 잘못된 결과가 도출된 경우일 가능성이 있다.

나) 실제 장기간에 걸쳐 변동이 있는 경우

첫째 인구의 연령구조에 변화가 생긴 경우로서, 이를 반영하기 위해서는 연령을 표준화하여 분석하여야 한다. 둘째 질병의 생존률 혹은 치명률의 변화로 사망률이 변화하였을 수 있다. 마지막으로 발생률 자체의 변화가 있을 수 있는데, 예를 들어 황사의 빈도가 잦아짐에 따라 천식환자의 발생이 증가하는 경우이다.

3) 순환변동(cyclic variation)

인플루엔자처럼 수년 주기로 유행되는 경우이다. 한정된 지역사회에서 질병 발생이 주기적으로 변화하는 것은 감염병에 대한 집단면역(herd immunity) 상태의 변동 등이 그 원인이 될 수 있다.

4) 계절변동(seasonal variation)

첫째 병원균이 인체 밖에서 생존하기 알맞은 물리적 환경과 관련된 경우로서 온도, 습도 등의 변화에 따라 장티푸스 발생 빈도가 변화할 수 있다. 둘째 물리적 환경에 영향 받은 생물학적 환경이 영향을 줄 수 있는데 매개모기의 증식에 따라 일본뇌염이 발생한다. 셋째 직업성, 휴가활동 중 노출에 의한 경우로서 여름의 유행성 결막염, 가을의 렙토스피라증, 한국형 출혈열 등이 그 예이다. 넷째 인위적인 계절의 효과로서 세금신고 마감일에 혈중 콜레스테롤의 상승하는 현상 등이다. 다섯째 뇌졸중이 추운 겨울에 다발하는 경향이 있는데 육체적, 정신적 긴장감이 작용할 것으로 의심되고 있다. 마지막으로 원인 미상의 계절변동으로서 홍역, 유행성 이하선염이 늦은 봄과 여름에 걸쳐 유행하는 경우이다.

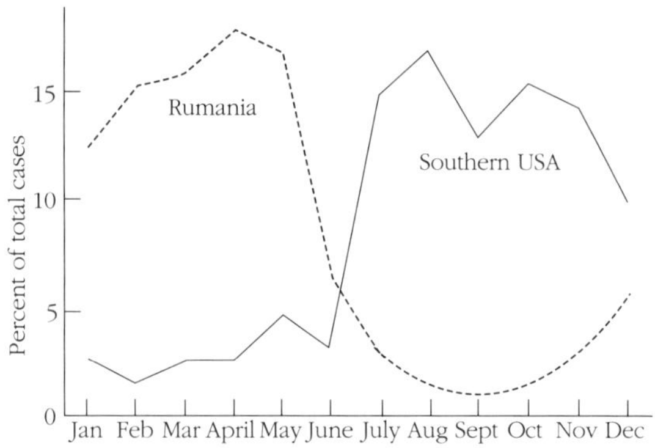

그림 5.9 미국과 유럽 내 티푸스 환자의 계절별 분포

계절변동 양상이 질병의 기전이나 원인을 규명하는데 도움이 된 예로서 1920년대 미국 남부의 토착성 발진티푸스(endemic typhus)와 유럽의 유행성 티푸스(epidemic typhus)의 계절별 분포를 그림 5.9에 도시하였다. 전파양식이 다른 두 개의 질병군일 것이라는 가설이 제기되었다. 미국의 경우 늦여름과 초가을에 흔히 발생하였으며, 유럽에서는 겨울과 봄에 빈발하였다. 유럽의 티푸스는 이에 의해 전파되는 것으로 알려져 있었으며, 이는 다른 이에 의한 감염병의 양상과 일치하였다. 미국의 경우 다른 전파양식의 가능성이 검토되었다. 이후의 분석역학적 연구결과 벼룩에 감염된 설치류에 의하여 전파되는 것으로 확인되었다.

5) 시간 집적 양상(clustering in time)

두 집단간 양상을 비교하지 않더라도, 한 집단 내에서 시간경과에 따른 질병발생의 집적현상을 관찰함으로써 인과론적 추론이 가능한 경우도 있다. 예를 들어 1929년 Aycock과 Luther는 편도절제술을 한 뒤 12개월 내 발생한 소아마비 환자 36명 중, 16명이 수술 후 1개월 이내에 발생되었음을 발견했는데, 모두가 수술 후 7~18일 이내였다. 7~18일이 소아마비의 잠복기에 해당되며, 편도절제술과 소아마비간 인과관계를 강하게 시사하였다. 또한 1955년 Tetlow는 임신 또는 산욕기에 정신질환이 발생한 67명을 분석한 결과 분만 후 4주 이내에 현저하게 발생함을 관찰하였는데, 이들 중 약 반수가 분만직후 1주 이내에 발생이 밀집되어 있었다. 이러한 집적현상은 분만과 관련되는 위험요인을 의심하게 하는 소견이 된다.

근래의 시간 집적 예로서 독성쇼크증후군(toxic shock syndrome) 사례보고의 시간 집적 양상이 관찰된 바 있다. 그림 5.10는 1977년 1월부터 1981년 10월까지 확진된 환자 수를 도시하였다. 급격한 증가는 탐폰을 사용한 가임기 여성에서 주로 나타났으며, 특히 흡수성이 좋다는 Rely 사용자에서 두드러졌다. 이는 1978년 시판되기 시작하였으며 이때부터 환자 수가 서서히 증가하고 있었다. 이러한 가설이 분석역학연구로 검정되었으며, 1980년 프록터 갬블사는 제품(Rely)을 회수하였다. 시판이 금지됨에 따라 즉각적인 환자

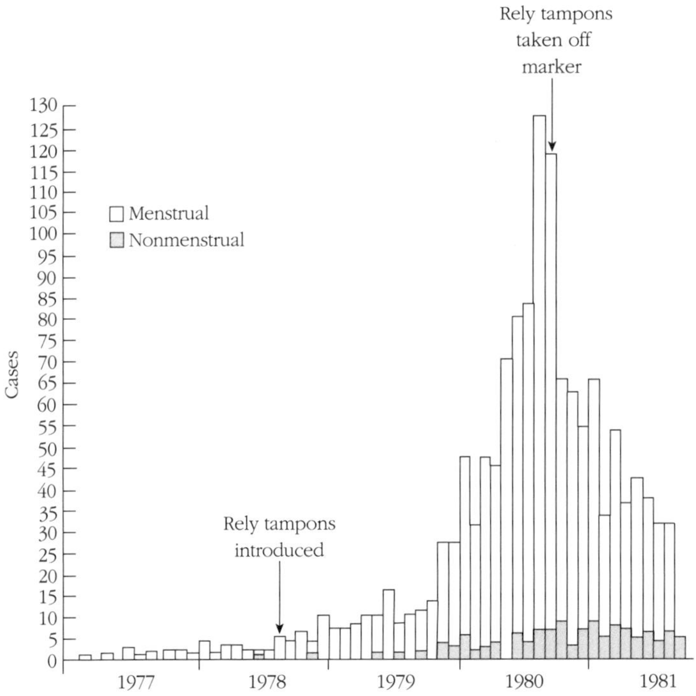

그림 5.10 독성쇼크증후군 환자의 시간별 분포

숫자의 감소 양상이 관찰되었다. 그러나 그 제품의 어떤 측면에 의하여 어떤 기전으로 질병을 유발하였는지는 아직도 확실히 규명되지 않았으며, 몇 가지 가능성이 검토되었다.

4. 복합적 특성변수에 따른 현상

인과적 추론을 위한 역학연구에는 인적, 지역적 및 시간적 변수간의 상호작용을 항상 고려해야 한다. 이러한 상호작용을 평가할 수 있는 연구설계가 고안되었는데, 예를 들어 이민집단을 대상으로 한 연구에서는 인적 속성 요인과 지역적 변수의 영향을 각각 그리고, 그 상호작용을 동시에 평가할 수 있다.

1) 이민집단 연구(migrant study)

다른 지역에 사는 유사한 사람들 또는 같은 장소에 사는 다른 사람들을 비교함으로써 인적 속성, 특히 유전적 소인이 질병에 미치는 영향과 특정 장소의 특성들이 미치는 영향(물리화학적 환경 이 외에도 지역 또는 국가에 따른 식이 및 생활습관의 차이가 미치는 영향)을 구별하는 유력한 수단이 될 수 있다.

가) 의의

이민집단은 특히 감염병의 전파에 중요한 역할을 하며, 일정 지역에 정착하여 살고 있는 정지인구에 비하여 스트레스 상황에의 노출 정도가 다르기 때문에 그 효과를 파악할 수 있으며, 특정 지역이나 인종에 특이한 질병의 기전을 규명할 수 있는 기회를 제공한다.

나) 유용성

이민집단연구는 유전적 소인, 물리화학적 및 생물학적 환경요인의 다양성으로 인하여 해석이 어렵지만, 그 나름의 유용성이 있다. 즉, 특정 지역에서 특정 질병이 낮은 이유가 그 지역주민에 내재하는 요인 때문인지, 특정 지역이 그 곳에 거주하는 주민과 관계없이 작용하는 병인 요소를 갖고 있는지 구별할 수 있으며, 이민간 지역과 원래 살던 지역에서의 거주기간에 따른 질병발생의 상대적 위험도를 분석함으로써 병인 기전을 파악하는데 유용한 정보를 제공한다.

다) 해석

대표적 이민집단연구로 1890년에서 1924년까지 미국으로 이민간 일본인에 대한 연구를 들 수 있다. '일일' 은 일본에 사는 일본인, '일미' 는 미국에 이민 온 일본인으로 이민 1세와 2세를 각각 일미1, 일미2라 하며, '백미' 는 미국에 사는 백인이라 하였을 때, 어떤 질병의 발생률이 일일≤일미 ≒ 백미로 나타났다면, 그 질병에는 환경요인이 주로 작용하는 것으로 생각할 수 있다. 반면 일일 ≒ 일미≤백미일 경우라면 유전적 혹은 내재적 요인이 주로 작용하는 것으로 간주할 수 있다.

표 5.4에서와 같이 위암의 경우 일일 > 일미 > 백미 순의 발생양상을 보이므로, 환경요인이 주로 관여할 것으로 보이며, 뇌출혈, 자궁경부암 등은 일일 > 일미1 > 일미2 > 백미의 순으로 이 또한 환경요인이 관여하리라 보인다. 반면 유방암에서는 일일 ≒ 일미1 > 백미의 순으로 유전적인 소인에 의한 영향이거나 혹은 소년기의 음식섭취내용이 발병에 관여하였으리라 생각할 수 있다. 이와 같이 이민집단연구로써 질병 원인에 관한 중요한 단서를 잡아낼 수 있다. 특히 이민이 진행됨에 따라 변화하는 질병 양상의 해석에는 주의하여야 하는데, 위암 발생이 이민집단에서 이민 진행에 따라 줄기는 하지만 원주민보다는 여전히 높은 수준으로 나타나는 경우이다. 특정한 유전적 소인이

표 5.4 위암, 간암, 대장암의 인구집단별 45~64세 사망의 상대위험도

종류	상대위험도(기준: 백인)		
	일본에 사는 일본인	일본인 이민 1세	일본인 이민 2세
위암	8.4	3.8	2.8
간암	4.1	2.7	2.2
대장암	0.2	0.4	0.9

자료원: Buell P, Dunn JE. Cancer mortality among Japanese Issei and Nisei of California. Cancer 1965;18:656.

주요 원인이겠지만, 인종적 배경에 따라 결정되는 환경적 위험요인을 여전히 가지고 있을 가능성도 있다. 즉 식이습관 등이 중요한 역할을 할 것으로 생각된다.

그러나 이상의 결과를 해석할 때는 항상 이민가기 전의 환경상태와 이민시의 나이를 감안하여야 한다. 연령이 질병발생에 영향을 주기 때문이다. 예를 들어, 다발성경화증은 아시아, 아프리카에서 이주해 온 이스라엘인은 발생수준이 비슷하지만, 유럽에서 온 이스라엘인의 발생률은 이보다 높다. 유럽에서도 15세 이전에 이주해 온 사람의 발생수준은 다른 지역에서 온 사람과 차이가 없지만, 15세 이후에 이민온 사람은 다른 지역 출신에 비해 그 발생률이 높았다. 이러한 사실로부터 다발성경화증 위험요인의 작용시기가 15세 이후라는 것과, 이민집단연구에서 이민시의 나이를 고려하여야 한다는 점을 알 수 있다. 또한 이민 자체가 선택요인으로 작용할 가능성이 있는데, 보다 건강한 사람이 이민가는 경향 같은 것이다. 즉 건강상태, 지능수준, 정신상태 등의 차이가 있을 수 있으며, 한편으로는 이민 자체가 일종의 위험요인으로 작용할 수도 있다.

라) 이민집단의 형제연구(sibling study)

이민의 욕구와 기회는 같은 나라 안에서도 인종, 사회경제적 수준, 건강상태 및 육체적 혹은 정신적 상태에 따라 다르다. 즉 이민집단은 이러한 각종 요인에 의하여 선택되기 때문에 본국의 인구집단을 대표하지 못한다. 따라서 이러한 특정 집단의 선택에 의한 결함을 극복하기 위하여 이민집단과 본국에 남아 있는 형제들을 비교하는 것이 유용할 수 있다. 예를 들어, 형제들은 유전학적이나 사회경제적으로 더욱 유사하기 때문에 이민에 의한 영향만을 보다 잘 파악할 수 있다. 물론 이런 선택과정에 의한 영향이 완전히 배제되지는 않는다. 또 형제들로부터 특정한 자료를 수집할 수 있는지 가능성을 미리 검토해 보아야 한다.

2) 출생코호트 분석(birth-cohort analysis)

출생코호트(birth cohort)는 특정 기간에 태어난 사람들의 집합체를 말한다.

사망 양상을 출생코호트 분석으로 평가한 연구는 파아(Farr)가 1870년 최초로 보고하였고, 1939년 프로스트(Frost)는 결핵 사망률 비교에 출생코호트 분석을 활용하였다.

단일 출생코호트로는 질병 양상을 파악할 수 없다. 그러나 여러 출생코호트가 살아가면서 경험한 질병 양상에 대한 자료를 활용하면, 첫째 동일 연령군에서 출생코호트간 질병 빈도의 차이를 비교할 수 있고, 둘째 동일 시점에서 다른 출생코호트간 비교가 가능하다. 즉, 코호트간의 차이가 연령 차이 때문인지 혹은 출생 시기에 따른 살아온 환경이 다르기 때문인지를 구별할 수 있다.

특정 시점에서 특정 연령군의 질병 빈도를 결정하는 요인으로는 첫째 특정 연령군의 높은 임신율 같은 그 연령군의 인적 속성, 둘째 급성 감염병처럼 당시 생존한 모든 출생코호트(연령군에 무관하게)에 영향을 미치는 시간적 특성, 셋째 그 시점의 특정 연령군에 해당하는 특정 출생코호트가 출생시기부터 관찰연도까지 경험한 사건의 차이 등이 있을 수 있다. 따라서 질병 빈도를 결정하는 다양한 변수들을 감안하여야만 연령의 영향을 평가하고, 시간 경과에 따른 연령별 질병 양상을 해석할 수 있다. 또한 질병의 특이한 양상을 확인함으로써 원인적 요인이 작용하는 연령에 관한 가설을 유도하는데 도움이 될 수 있다.

가) 연령과의 관련성 평가

다음의 두 가지 방법으로 평가할 수 있다.

(1) 단면적 연령곡선(cross-sectional age curve)
단일 시점(calendar time)에서 인구집단을 단면적으로 관찰하여 얻은 연령 특수율(age-specific rates)을 도시한 곡선으로, 여러 출생코호트 즉 환경에의 노출 경험이 서로 다른 집단을 동일한 시점에서 비교하는데 이용된다.

(2) 출생코호트 연령곡선(birth-cohort age curve)
특정 출생코호트를 경시적으로 관찰하여 도시한 것이다. 예를 들어 호주 뉴사

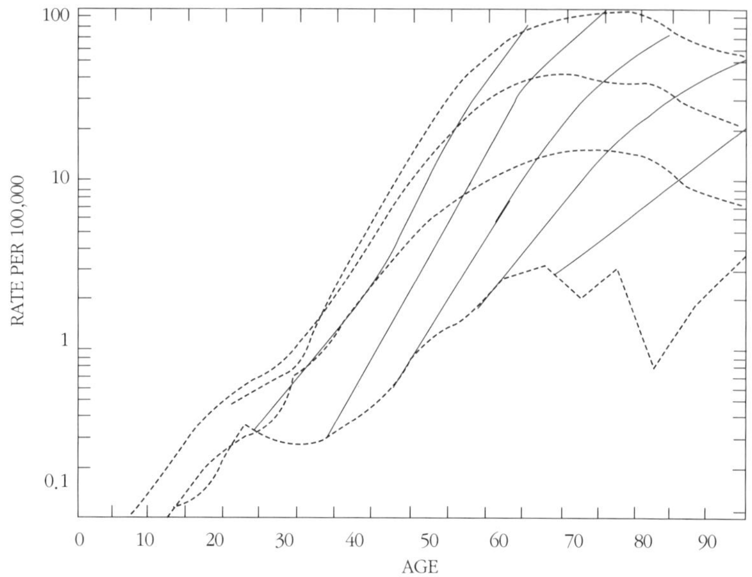

—: 출생코호트 연령곡선; ----: 단면적 연령곡선

그림 5.11 1914년부터 1959년 사이의 미국 백인남성에서의 폐암 사망률

우스웨일즈의 센서스에서 청력장애자를 파악한 결과, 1921년도 센서스에서는 20~24세군의 유병률이 가장 높았고, 1933년도 센서스에서는 30~34세군의 유병률이 가장 높았다. 그 원인을 파악하기 위한 분석결과, 1899년도에 호주에서 크게 유행하였던 풍진에 많은 산모가 감염되었고, 따라서 그때 태어난 출생코호트에서 청력장애자가 많기 때문이었다.

그림 5.11의 단면적 연령곡선(----)은 미국의 폐암 사망에 대하여 도시한 것이다. 단면적 연령곡선에서는 노인의 폐암 사망률이 감소하는 것으로 보이나, 출생코호트 연령곡선(—)을 보면 폐암 사망률은 연령 증가에 따라 계속 증가하며, 출생시기가 늦을수록 사망률이 점차 증가하는 것을 알 수 있다. 즉, 단면적 연령곡선에서 나타난 노인에서의 감소현상은 노인집단이 사망수준이 낮은 '먼저 태어난 출생코호트'에서의 폐암 사망률이 노인집단의 사망률로 반영하기 때문인 것을 알 수 있다.

나) 출생코호트 분석의 활용예

(1) 파킨슨증후군(Parkinson's syndrom)

Poskanzer와 Schwab은 1915~1960년 사이 매사추세츠종합병원에서 파킨슨증후군 환자의 연령이 점차 증가하는 현상을 관찰하고, 파킨슨증후군이 1920년과 1960년 사이의 특정한 출생코호트에서 다발한다는 가설을 제시하였다. 이러한 가설은 1920년경에 유행하였던 기면성 뇌염(encephalitis lethargica)의 불현성 환자가 연령이 증가하면서 수십 년 후 파킨슨증후군이 발생하는 것으로 설명되었다.

(2) 만성 신장염

1890년부터 1950년 사이에 뉴사우스웨일즈에서 청년층의 만성 신장염 사망이 증가하였는데, Henderson은 사망률의 연령-시간 양상을 관찰하여, 특정 출생코호트가 어릴 때 어떤 독성 물질에 노출되고, 10~40년 후에 만성 신장염을 앓게 되어 사망한다는 가설을 세우게 되었고, 그 원인은 베란다용 페인트에 함유된 납 성분에 기인함을 밝힌 바 있다.

다) 연령-시기-코호트 분석(age-period-cohort analysis)

(1) 연령-시기-코호트 분석표

가로는 나이, 세로는 연도별로 나누어진 그림을 아래와 같이 만든다. 특정 질병발생률의 변화양상을 파악하고자 할 때, 첫 번째 그림에서 가장 왼쪽의 첫 번째 칸에는 1910년대에 0~9세에 해당되는 집단의 발생률을 기입하고, 이어서 나머지 칸들에도 해당되는 연대와 연령군에 맞추어 발생률을 기록한다. 따라서 두 번째 도표에서 보는 것처럼 그 대각선의 내용을 통해 특정한 출생코호트에서 그 질병발생률의 변화양상을 알 수 있다.

분석표 5.12의 작성에 필요한 변수는 연령, 시기(기간, calendar time, period) 및 출생년도 등이며, 세 변수 중 두 변수만 알면 나머지 한 변수는 자동적으로 알 수 있다.

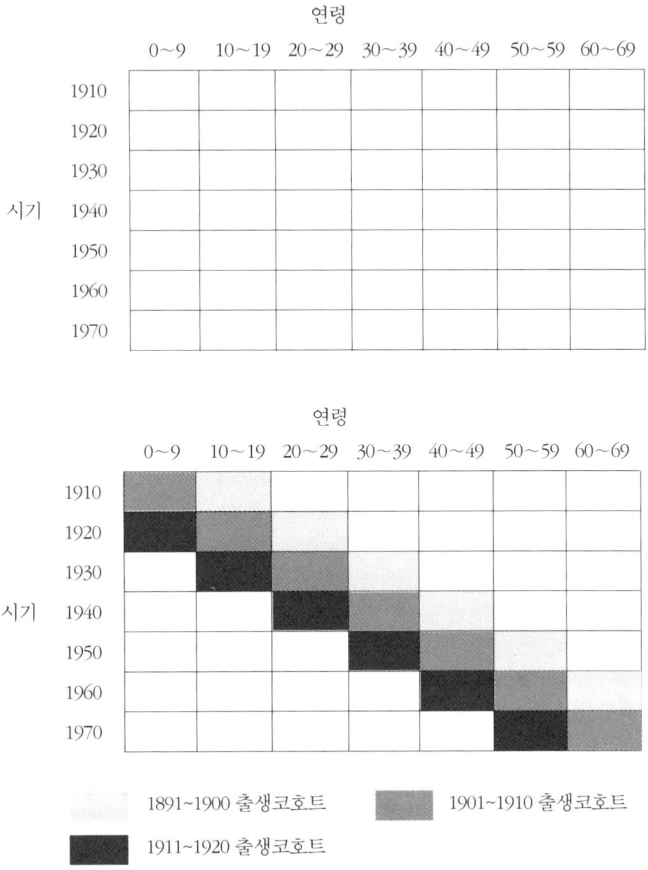

그림 5.12 연령-시기-코호트 분석표의 예

라) 분석표의 활용

(1) 정해진 열(row)에서의 비교

시기가 고정되므로 다음 칸으로 이동한다는 것은 다른 출생코호트로 옮겨간다는 의미이다. 즉 단면적 조사에서 얻어진 질병의 연령곡선에 해당하는 자료에 해당한다.

(2) 정해진 행(column)에서의 비교

일정한 연령군에서 시기적인 질병양상의 변화를 관찰할 수 있다. 예를 들어 0~9세에서의 사망률을 1910년대부터 1970년대까지를 비교함으로써, 생활수준의 변화 영양상태의 개선, 의료수준의 향상 등에 의한 영향을 파악할 수 있다.

(3) 주어진 대각선 내에서의 비교 : 출생년도가 고정되므로, 동일한 출생코호트에서의 질병빈도의 변화양상을 파악할 수 있다.

참고문헌

1. Friedman GD. Primer of epidemiology, 3rd ed. McGraw-Hill;1987.
2. Hennekens CH, Buring JE. Epidemiology in medicine. Little, Brown and Co.;1987:101-131.
3. Kelsey JL, Thompson WD, Evans AS. Methods in observational epidemiology. Oxford University Press;1986:187-211.
4. Kleinbaum DG, Kupper LL, Morgenstern H. Epidemiogic research: Principles and quantitative methods. Van Nostrand Reinhold;1982:130-134.
5. Lilienfeld AM, Lilienfeld DE. Foundations of epidemiology. Oxford University Press;1980:166-190.
6. Lilienfeld DE, Stolley PD. Foundations of epidemiology, 3rd ed. Oxford University Press;1994:134-153.
7. MacMahon B, Pugh TF. Epidemiology-principles and methods. Boston; Little, Brown and Co.;1970:103-239.

6장

질병의 감시와 등록

Epidemiology

1. 서론

어떤 지역에서 질병이 얼마나 많이 발생하는가? 질병 발생정도가 시간에 따라 변하는가? 다른 지역보다 이 지역이 질병 발생률이 높은가? 지역사회에서의 질병의 예방 및 관리(prevention and control)를 위해서는 이러한 물음에 대한 답이 필요하다. 예방은 질병의 발생 위험요인을 없앰으로써 발생자 수를 줄이는 것이고, 관리는 질병의 발생률이나 유병률을 줄이기 위한 지속적인 프로그램이나 활동을 말하는데, 둘 다 해당 지역에서의 환자 수가 얼마나 되는지 알아야 하며, 특히 이미 발생한 유병환자 수의 파악보다는 새로이 발생하는 환자 수의 파악이 중요하다. 발생률은 질병을 갖고 있지 않은 사람으로서 질병발생의 잠재력이 있는 사람(population at risk) 중 새로운 환자가 얼마나 빨리 발생하는가를 나타내는 지표이다. 발생률은 질병발생 위험요인을 알아내거나 예방대책의 효과를 판정하는데 유용하며, 장기적이고 지속적인 환자 발생 모니터링을 통해 구해진다. 유병률은 전체 인구 중 유질환자의 분율로서 질병 예방보다는 의료자원의 배분이나 정책결정 시에 주로 이용되며 특정 시점의 조사(survey)로써 파악한다.

1) 지역사회의 질병 발생빈도 감시방법

가) 서베일런스(surveillance)
주로 감염성 질환 발생빈도를 파악할 때 사용된다. 광범위한 지역을 포함할 수 있으며 빨리 정보를 모을 수 있으며 비용이 적게 드는 반면 정보가 부정확하다.

나) 질병등록사업(registry)
주로 만성퇴행성 질환의 발생빈도를 파악할 때 사용된다. 제한된 지역만 포함할 수 있으며 정보수집이 느리고 비용이 많이 드나 얻어지는 정보는 매우 정확한 편이다.

2. 서베일런스

1) 서베일런스의 정의 및 역사

공중보건 서베일런스(public health surveillance, epidemiologic surveillance)에 대한 세계보건기구의 정의는 '체계적이고 지속적으로 자료를 수집하고(collection) 대조하여(collation) 분석하고(analysis) 여기서 얻어진 정보를 보건사업을 직접 수행하는 담당자 등 이 정보를 꼭 필요로 하는 이들에게 전파하는(dissemination) 작업'이다. 서베일런스가 질병 모니터링(monitoring)과 다른 점은 지속적이라는데 있다. 모니터링이 간헐적으로 필요시에 수행되는데 비해, 서베일런스는 항시 진행되고 있는 프로그램이다. 서베일런스의 자료수집은 매우 현실적이고(practicality) 일관되며(uniformity) 신속하다(rapidity)는 장점이 있으나, 정보의 정확도(accuracy)나 충실도(completeness)는 떨어진다.

감염병을 예로 들면, 전염병관리법에 의해 해당 감염병 환자를 진찰한 경우 의사는 보건당국에 신고하게 되어 있다. 이와 같은 '신고' 제도는 서베일런스 자료수집의 기본이 된다. 감염병이 돌 경우 신고 건수가(혹은 발생률이) 많게는 100배 가까이 뛰기 때문에 감염병의 유행(epidemic)은 신고 자료만으로도 쉽게 감지할 수 있다. 신속한 유행 파악은 뒤이어 수행되는 감염병 관리사업의 성패를 결정짓는다. 그러나 신고 건수의 정확도는 매우 낮아 10~90% 가까이 환자를 놓칠 수 있다. 따라서 만성 질환과 같이 변동의 폭이 적은 질환의 증감을 감시하는 데는 부적절하다.

2) 대상 질병

서베일런스의 대상 질병은 전통적으로 감염병으로써, 환자를 빨리 발견해 내어 격리시킴으로써 전파를 조기에 막는 것을 목적으로 하였다. 최근에도 후천성 면역결핍증, 다중약제 저항성 결핵, 출혈성 열성질환과 같은 중증 감염질환을 비롯한 100여 개의 감염성 질환이 서베일런스의 대상이 되고 있다. 그 외에도 납 중독, 외상과 같은 비감염성 건강질병현상이나, 질환 발생에 영향을 주는 요인들 즉, 생활습관 관련요인(behavioral risk factors), 각종 시술력(자궁절제술, 제왕절개술, 유방 엑스선, 난관결찰술 등) 등에 관한 서베일런스를 시행하고 있으며, 심혈관계 질환과 같은 만성 질환에 대해서도 전산자료를 이용한 서베일런스를 시도하기도 한다.

3) 서베일런스에 이용되는 자료원

서베일런스에 사용되는 자료는 다음과 같은 자료원으로부터 수집된다.

① 질병신고자료(reports of health events affecting individuals)
② 인구생정통계자료(vital statistics on the entire population)
③ 기타 건강조사자료 및 위험인자에 관한 정보(information on the health status, risk behaviors, and experiences of populations)
④ 환경요인 노출여부에 관한 정보(information on potential exposure to environmental agents)
⑤ 기존의 보건 프로그램에 대한 정보(information on existing public health

programs)

⑥ 타 기관에서 수집된 자료이나 보건학적으로 유용한 정보(information useful to public health but obtained by organizations not directly involved in public health practice)

⑦ 의료 체계에 관한 정보 및 이들이 지역사회 건강수준에 미치는 영향에 관한 정보(information on the health care system and the impact of the health care system on health)

이 중 질병신고자료는 특정 질환(혹은 건강-질병 현상)을 의사가 진료 중에 발견할 경우 관계 기관에 신고하도록 하는 서베일런스 프로그램의 가장 기본이 되는 정보수집방법이다. 미국의 경우 National Notifiable Disease Surveillance System(NNDSS)이 있어 49개 이상의 전염성 질환 혹은 건강-질병 현상에 대한 정보를 수집하고 있다. 일본의 경우 32개, 영국 29개, 스코트랜드 32개의 법정전염병이 있다.

질병신고자료의 단점은 정보가 부정확하다는 점과 신고율이 매우 낮다는 점이다. 이는 모든 나라에서 공통적으로 나타나는 현상으로 미국에서도 신고율이 질병에 따라 6~90% 사이로 천차만별이다. 신고율이 낮은 이유로는 경미한 증상일 경우 병원을 찾지 않는 점, 환자에게 사회적으로 낙인이 찍힐 것을 우려하여 환자 자신이나 의사가 발병 사실을 은폐하는 경우, 신고해야 된다는 사실을 모르고 있는 경우, 의료 사회의 관심 부족, 모호한 진단기준, 진단능력의 차이, 신고절차의 변화, 진단방법의 차이, 관련 공무원의 태도 차이 등을 들 수 있다. 우리나라에서도 특정 감염병에 대해서는 환자가 발견되면 전염병관리법에 의해 신고하도록 의무화하고 있다.

3. 질병등록사업(disease registry)

질병등록사업은 서베일런스의 특수한 형태의 하나로 볼 수 있다. 암, 당뇨병, 심근경색, 치매 등의 만성퇴행성 질환은 발생률의 변화 폭이 작기 때문에 질병등록사업과 같이 정확한 발생자 수를 파악하기 위한 방법이 필요하다.

지역사회 질병등록사업(population-based disease registry)은 능동적 서베일런스(active surveillance)로써 자료를 생성한다. 능동적 서베일런스는 의료기관의 자발적 참여에 의존하지 않고 간호사나 등록 요원이 해당지역의 모든 병원을 다니면서 특정 질병으로 진단된 사람을 확인하고 등록하는 방법이다. 따라서 정보가 정확한 반면 비용이 많이 드는 단점이 있다. 또한 대상지역으로 포함될 수 있는 지역이 작고(small area), 발생률을 산출하는데 오랜 기간이 걸린다. 대개 특정 시점의 발생률이 5~10년 후에 산출되기 때문에 발생률이 변화하더라도 한참 뒤에야 감지하게 된다. 그러나 오랜 기간을 두고 계속 정보가 수집되고 보완되기 때문에 장기간에 걸친 질환의 발생률 및 사망률 동향을 파악하는 데는 더 이상 좋은 방법이 없다. 또한 생존 기간을 산출하는 것도 가능하다. 또한 유해물질 노출에 관한 등록사업도 가능하다.

질병등록사업 중에서 가장 대표적인 것이 암등록사업이다.

1) 암등록사업(cancer registry)

특정 인구집단(defined population)에서 발생하는 모든 암 환자에 관한 정보를 다양한 자료원을 통하여 지속적이고 체계적으로 수집해 가는 일을 말한다.

암등록사업에는 한 지역에서 발생하는 모든 암질환을 등록하는 지역암등록사업(population-based registry)이 있고, 특정 병원에서 진단되는 암 질환만 등록하는 병원 암등록사업(hospital-based registry)이 있다. 후자는 암의 특성과 치료에 관한 상세한 정보와 자료를 모을 수 있다는 장점이 있으나, 암 환자가 소속된 모집단에 관한 자료를 얻지 못하기 때문에 분자와 분모로 구성되는 통계지표(발생률, 사망률, 유병률 등)를 산출하지 못하는 제약점이 있다.

2) 지역암등록사업

가) 의의

지역암등록사업은 한 지역의 암 발생률을 산출하게 해 주고 그 발생수준을 타

지역 발생수준과 비교하여 암 위험요인에 관한 연구의 기초자료로 활용할 수 있게 한다. 등록내용으로는 암 환자의 인적 사항, 임상적 및 병리학적 소견 등이 있으며, 등록본부는 주기적으로 자료를 분석 및 해석하여 암의 발생률, 지역적 특성, 시간에 따른 변화 등을 알아내는 역할을 한다. 얻어진 자료는 위험요인 발견을 위한 역학적 연구의 기초자료로 쓰이거나 암의 예방, 진단, 치료를 위한 의료정책사업의 기획 및 평가에 사용된다.

나) 조건

지역암등록사업을 하기 위해서는 발생률 등의 분모인 해당지역 상주인구 자료가 존재하여야 하며, 인구 규모도 (일정수준(통상 100만 명 이상) 이상이 되어야 하며, 주민의 해당지역 의료기관에 대한 선호도가 높아야 유리하다.

다) 역사

암등록사업은 많은 국가에서 지역별로 수행하고 있으며 가장 오래된 지역암등록사업은 1929년에 시작된 함부르크 암등록사업(Hamburg Cancer Registry)이다. 미국의 경우는 코네티컷 주 암등록사업의 역사가 가장 길다(1935년부터 시작). 최초로 전 국가 대상 암등록사업을 시행한 나라는 덴마크로서 1942년부터 시작하였다. 대부분의 암등록사업 수행국가는 유럽과 북미지역에 몰려 있고, 아시아, 아프리카, 남미국가의 참여율은 아직 저조하다. 세계 각 지역의 암 발생상황은 국제암연구소(International Agency for Research on Cancer, IARC)에서 'Cancer Incidence in Five Continents(CI5), 권 I부터 VIII'로서 1966년대부터 2000년까지 5년에 한 번씩 발표하고 있다. 2002년에 발간한 제8집에는 57개국의 186개 지역의 주로 1993~1997년 동안 연평균 암 발생통계가 수록되어 있다.

우리나라는 1980년부터 보건복지부의 주관 아래 전국의 전공의 및 인턴 수련병원에서 진단한 암 환자 자료를 보고 받아 이를 분석하는 중앙암등록사업을 시작하였고 현재까지 매년 암질환 발생상황을 보고하고 있다. 2003년 현재 전국적으로 137개 병원이 참여하여 약 100,000건의 암 환자를 등록하고 있다. 그러나 이 사업은 엄밀한 의미에서는 지역암등록사업이 아니기 때문에 암 발생률을 산출하는 데는 제약이 있다.

서울시 지역암등록사업이 1991년 발족되어 서울시 암 발생률 자료를 생산하기 시작한 이래 1995년부터 부산, 광주, 대구, 인천 등지의 지역암등록사업이 시작되었다. 서울시 지역암등록사업에서 사용하는 자료원은 중앙암등록사업에 등록된 자료, 암 사망자료, 그리고 건강보험공단의 암 수진자 보험청구자료 등이다. 이 중 건강보험공단의 암 수진자 보험청구자료는 중소병원에서 진단 받는 암 환자 발견을 위한 간접자료로서, 이를 토대로 해당 의료기관에 암등록사업 요원이 직접 방문하여 의무기록을 발췌하고 실제 암 환자만을 확인, 등록시킨다.

라) 방법

지역암등록사업에서 새로이 발생한 암환자를 찾아내는 방법은 크게 두 가지가 있는데, 하나는 소위 능동적 색출방법으로 조사원(주로 의무기록사)이 일정 간격을 두고 직접 의료기관을 방문하면서 새로이 진단 받은 암 환자를 찾고 관련 자료를 수집하는 방법이다. 다른 하나는 수동적 방법으로 의료기관으로 하여금 암 환자를 진단할 때마다 일정한 서식에 의거, 관련 자료를 등록사업소에 보내는 방법이다. 외국의 예에서 보면 지역암등록사업 초기에는 대부분 능동적인 방법을 사용하면서 각 의료기관 담당자를 교육하여 점차 수동적 방법으로 정착하는 과정을 밟고 있다. 서울시 지역암등록사업은 두 가지 방법을 절충하여 사용하고 있다.

마) 질 관리(quality control)

지역암등록사업은 그 규모가 방대하므로 등록자료의 충실도(completeness) 및 타당도(validity)를 항시 검증하여 믿을 수 있는 암 발생자료를 생산하도록 노력하여야 한다. 충실도는 실제 발생한 암 환자를 얼마나 누락 없이 포착하고 있는가를 의미하며, 타당도란 등록된 자료의 내용(예: 성별, 연령, 진단명, 부위 등)에 오류가 없이 정확한지를 일컫는 것으로 진단방법의 정확도와 등록 기재의 오류의 정도 등으로 나누어 표현할 수 있다. 지역암등록사업의 경우 충실도를 100%로 유지하는 것이 이상적이겠으나 현실적으로는 불가능하다. 충실도

표 6.1 질병등록과 서베일런스의 비교

내 용	질병등록사업	서베일런스
지원	학계	정부
자료 수집 속도	느림	빠름
수집 비용	고가	저가
수집 범위	제한적	광범위
환자 확인 정도	높다 (>90%)	낮다 (10~90%)

는 그 지역 암 환자의 특성, 암등록사업에 참여하는 의료기관의 제도적 환경 및 협조 정도, 암등록사업 담당자의 적극성 및 숙련도의 영향을 받기 때문이다.

충실도 및 타당도 평가방법으로 실제 암 환자 의무기록을 표본추출하여 등록되어야 할 환자 중 누락된 사람이 몇 %인지 확인하는 '의무기록 별도 확인' 방법과, 사망자료나 기타 유사 질병등록자료와 암등록 자료를 record linkage시켜 누락 환자를 추정하는 방법, 그리고 수집된 자료 내에서 몇 가지 지표를 산출하여 간접적으로 등록의 충실도 및 타당도를 추정하는 방법이 있을 수 있다. 지표의 종류로는, 최근 3~5년간 평균 통계지표의 안정성, 연령별 발생률의 모양, 다중 등록자의 보정 실적, 병리조직학적 진단율(histological verification, HV%), 사망진단서로 등록된 환자율(death certificate notification, DCN%), 사망진단서에만 존재하는 환자의 비율(death certificate only, DCO%), 암 사망자 수/암 발생자 수 비(mortality/incidence ratio, M/I ratio), 연령 불명률(age unknown, AU%), 부위 불명률(primary site unknown, PSU%) 등이 있다.

등록자료의 충실도 및 타당도는 암 환자를 발견하는 자료원이 많을수록 높아지므로 가능한 한 많은 자료원을 확보하여야 한다.

4. 빈도측도의 비교

집단간 발생률, 유병률, 혹은 사망률을 비교할 때 각 집단에서 실제로 산출한 측도를 그대로 비교하여서는 안 된다. 왜냐하면 비교하고자 하는 집단의 구성내용이 해당 건강-질병 현상을 비교하기에 적합하지 않은 경우가 거의 대부분이기 때문이다. 극단적인 예를 들어 유방암 발생률을 비교하는데 한 쪽 집단은 남자로 구성되었고 다른 쪽은 여자 집단인 경우이다. 또 다른 예를 든다면 일반 사망률을 비교하는데 한 쪽은 40세 이하의 젊은 집단이고 다른 쪽은 40세 이상으로 구성된 경우이다. 이렇듯 비교하고자 하는 집단의 성별, 연령 등의 구조가 다르면 각 집단에서 실제로 산출한 전체율을 그대로 비교할 수가 없다. 비교하기 위한 다른 측도를 만들어야 한다. 이러한 비교 목적으로 사용하는 계측치를 '표준화율(standardized rate)' 또는 '보정율(adjusted rate)'이라고 한다.

표준화율을 만드는 방법은 간단하다. 비교하고자 하는 집단의 성별, 연령 등의 구조를 동일하다고 가상하였을 때 예상되는 측도를 산출하면 된다. 또한 성별구조를 같게 하는 방법 대신에 남녀를 각기 따로 구분하여 비교할 수도 있다. 따라서 발생률, 유병률, 또는 사망률 등을 비교할 때는 언제나 남녀를 구분하여 하는 것이 좋다. 일반적으로 연령구조를 같게 하는 방법이 표준화 방법의 핵심내용이 된다. 연령표준화 방법으로는 직접법(direct method)과 간접법(indirect method)이 있다.

가) 직접 표준화법(연령 표준화율(age standardized rate, ASR) 산출)

비교하고자 하는 집단의 연령별 측도(발생률, 유병률, 또는 사망률)가 계산되어 있고 또한 이들 계측치가 안정적이고 신뢰성이 있을 때 직접법을 사용한다. 안정적이고 신뢰성이 있다는 뜻은 각 연령군의 관찰규모가 충분하거나 적정하다는 것을 의미하는데, 예를 들어 발생자 수가 1명 내지 2명 정도 추가 또는 누락되어도 연령별 율이 크게 변동되지 않는 경우이다.

직접법에 의한 연령 표준화율 산출과정은 다음과 같다.

단계 1: 연령구조가 정해진 가상적 표준집단(인구)을 선정하여 연령별 인구수를 파악한다.

단계 2: 비교하고자 하는 인구집단의 연령별 율을 표준인구에 적용하여,

인구집단별로 표준인구에서의 연령별 기대빈도 수를 계산한다.

단계 3: 인구집단별로 연령별 기대빈도 수를 합한 후 표준집단의 총 인구 수로 나누어, 표준화율을 구한다.

표 6.2 가상지역 A 및 B의 연령별 사망률

연령	A지역			B지역		
	인구 수	사망자 수	사망률/1,000	인구 수	사망자 수	사망률/1,000
< 1	2,000	25	12.5	7,000	85	12.1
1~14	10,000	15	1.5	19,000	35	1.8
15~34	8,000	20	2.5	35,000	80	2.3
35~54	32,000	120	3.8	17,000	65	3.8
55~64	10,000	200	20.0	8,000	162	20.3
64 <	38,000	3,100	81.6	14,000	1,200	85.7
계	100,000	3,480	34.8	100,000	1,627	16.3

예를 들어 표 6.2는 A지역과 B지역의 사망률을 비교하는 과정을 보여준다. 실제 사망률로 비교하면 A지역(34.8/1,000)이 B지역(16.3/1,000) 보다 2배 가량 높다. 그러나 연령군별 사망률을 비교해 보면 상당히 유사한 사망률을 가지고 있다. 따라서 전체적인 사망률도 비슷해야 할 것이라고 기대된다. 실제 조 사망률의 차이는 사망률 자체의 차이보다 두 인구집단간 연령구조의 차이 때문에 발생한 것이다. 즉, B지역에 젊은 연령층의 상대 빈도가 높고 A지역에는 노년층의 상대빈도가 높다.

표준인구를 두 집단 인구를 합한 것으로 정한 후, 각 집단의 연령별 사망률을 적용하여 기대사망자 수를 구하였다. 연령 표준화 사망률은 기대사망자 수의 합을 표준인구의 총 인구 수로 나눈 값이다. 이 예에서 두 집단의 연령 표준화 사망률이 매우 유사하였다.

표 6.3 가상지역 A 및 B의 연령 표준화 사망률

연령	표준인구	A지역		B지역	
		사망률	기대사망자 수	사망률	기대사망자 수
< 1	9,000	12.5	112.5	12.1	109.3
1~14	29,000	1.5	43.5	1.8	53.4
15~34	43,000	2.5	107.5	2.3	98.3
35~54	49,000	3.8	183.8	3.8	187.4
55~64	18,000	20.0	360.0	20.3	364.5
64〈	52,000	81.6	4242.1	85.7	4457.1
전체	200,000	34.8	5049.4	16.3	5270
표준화 사망률/1000		25.2	–	26.3	–

표준집단을 선정하는데 일정한 규칙은 없다. 연구자가 임의로 정할 수 있는데, 가장 쉬운 방법은 비교하고자 하는 집단을 합하여 이를 표준집단으로 하는 것이다. 그러나 일반적으로 국내 지역별 비교 혹은 시대적 비교를 하는 경우에서는 우리나라 전체 인구구조를 사용하는 것이 통례이다. 예를 들어 1995년 서울 지역의 암 발생률과 부산 지역의 암 발생률을 비교하려면, 1995년 인구센서스에 의한 우리나라 전체 인구(연령구조)를 표준인구로 사용한다. 다른 예로 1986~1995년까지 10년 동안 우리나라 위암 사망률을 비교하려면, 1985년, 1990년, 혹은 1995년의 우리나라 전체 인구구조 중에서 하나를 사용하면 된다. 한편 각 나라 또는 지역의 발생률, 유병률 또는 사망률을 국제적으로 비교하기 위하여 사용하는 표준집단으로 '세계표준인구(standard world population)'가 있다. 아래 표에서와 같이 전체를 100,000명으로 하여 각 연령군별 인구 수를 정해 놓은 인구구조이다. 지역암등록사업에서는 세계표준인구를 사용하여 연령표준화 발생률을 구한다.

지역암등록사업에서 산출하는 또 다른 지표로 35~64세 성인 발생률 및 64세(혹은 74세)까지의 누적발생률이 있다.

35~64세 성인의 발생률(truncated rate, 35~64)은 이 연령군 내에서만 표준화하여 계산한다. 표 6.4에서 남자 35~64세 연령군에서 기대발생자 수는 125.02명, 표준인구 수는 31,000명, 따라서 서울시 남자의 35~64세 성인 사

표 6.4. 1993년부터 1997년까지 서울시 전체 암의 성별, 연령군별 발생률

연령	모든 암의 발생률 (인구 100,000명당)		세계표준인구	표준인구에서의 기대발생 수	
	남자	여자		남자	여자
0~4	18.2	14.4	12,000	2.2	1.7
5~9	12.2	8.3	10,000	1.2	0.8
10~14	11.2	10.6	9,500	1.1	1.0
15~19	13.3	13.4	9,000	1.2	1.2
20~24	14.2	22.4	8,000	1.1	1.8
25~29	20.6	37.8	8,000	1.7	3.0
30~34	38.0	80.8	6,000	2.3	4.9
35~39	69.5	124.8	6,000	4.2	7.5
40~44	137.8	182.2	6,000	8.3	10.9
45~49	247.5	260.3	6,000	14.9	15.6
50~54	445.2	334.5	5,000	22.3	16.7
55~59	730.1	454.9	4,000	29.2	18.2
60~64	1156.7	616.6	4,000	46.3	24.7
65~69	1717.4	798.0	3,000	51.5	23.9
70~74	2317.5	996.5	2,000	46.4	19.9
75~79	2674.7	1089.9	1,000	26.8	10.9
80~84	2610.4	1069.0	500	13.1	5.4
85세 이상	2299.9	843.4	500	11.5	4.2
계	186.7	163.9	100,000	284.9	172.4

자료원: 서울시 암발생률 보고서(1993~1997); 2003

망률은 (125.02/31000)×100,000 = 403.3명/100,000명이다.

한편 74세까지의 누적발생률(cumulative incidence, 0~74(CR_{74}))은 해당 인구집단의 한 구성원이 태어나서 74세 될 때까지의 질병발생 확률이다. 표 6.4에서 서울시 남성의 CR_{74}는 34.7%이다.

나) 간접 표준화법(indirect standardization)

간접 표준화법은 특정 인구집단의 발생률(사망률)이 전체 인구집단(표준인구)의 발생률(사망률)보다 높은지 비교하는 것으로, 비교하고자 하는 집단의 연령

별 측도(발생률, 유병률, 또는 사망률)가 산출되어 있지 않고 전체 율만 아는 경우, 또는 연령별 율이 안정성이 없거나 신뢰성이 낮은 경우 간접법을 적용한다. 예를 들어 산업장의 사망통계와 같이 사망자의 총 수만 조사되고 연령군별 사망자 수는 조사되지 않은 경우이다. 또는 사망자 수가 적어 연령별 사망률을 산출할 경우, 그 값이 불안정하여 신뢰도가 낮은 경우이다. 그러나 간접법을 적용하는 경우라도 대상집단의 인구구조는 알고 있어야 한다.

간접법에 의한 표준화는 다음과 같이 진행된다. 각 집단에서 실제 관찰된 사건 수와 기대사건 수의 비(比)를 구한다. 이 비(比)를 '표준화비(standardized ratio)'라 한다. 발생률, 유병률, 또는 사망률의 표준화비를 각각 표준화 발생비(standardized incidence ratio, SIR), 표준화유병비(standardized prevalence ratio, SPR), 표준화사망비(standardized mortality ratio, SMR)라 한다.

간접법에 의한 표준화는 다음과 같이 진행한다.

단계 1: 각 연령군에 적용할 기준율(연령별 율)을 정한다.

단계 2: 연령별 기준율을 비교하고자 하는 집단의 각 연령군에 적용하여 기대사건 수를 산출한다. 이를 연령별로 합산하여 대상집단 전체에서 예상되는 총 기대사건 수를 산출한다.

단계 3: 실제 관찰된 사건의 총 수를 기대사건 수로 나누어 표준화 발생(유병, 사망)비를 얻는다.

단계 4: 기준율에서 정한 전체율에 표준화 비를 곱하여 표준화율을 계산한다.

$$\text{표준화 사망(발생)비} = \frac{\text{인구집단내 총 관찰 사망(발생) 숫자}}{\text{인구집단내 총 기대 사망(발생) 숫자}} \times 100 \qquad (\text{식 5-1})$$

기준율을 어떻게 정하는가에 대한 일정한 규칙은 없다. 연구자가 임의로 정할 수 있는데, 전국 인구와 같이 대규모 집단에서 나온 율을 사용하는 것이

표 6.5 가상집단 A의 간접 표준화법에 의한 기대사망자 수

연령	A 지역 인구	암 사망자 수	표준율/1000 (일반 인구 연령별 사망률)	표준율에 의거한 A지역 기대사망자 수
< 1	2,000	0	0.051	0.102
1~14	10,000	1	0.053	0.530
15~34	8,000	3	0.121	0.968
35~54	32,000	62	1.535	49.120
55~64	10,000	54	4.442	44.420
64 <	38,000	720	12.015	456.570
계	100,000	840		551.710
A지역의 표준화 사망비(SMR)			840/551.710 = 1.52	

자료원: 서울시 암발생률 보고서(1993~1997); 2003

좋다. 또는 비교하고자 하는 집단 개개의 연령별 율이 실제로 조사되었으나 빈도가 작아 신뢰도가 낮은 경우에는 비교하고자 한 대상집단 모두를 합하여 산출한 율을 기준율로 사용하기도 한다.

간접법을 사용할 때 주의할 점은 기준이 되는 인구구조가 표준인구가 아니라 특정 연구대상 인구집단의 구조이기 때문에, 서로 인구구조를 달리하는 두 집단 간에 표준화 비(SIR, SPR, SMR) 값을 직접 비교하는 것은 불가능하다는 것이다.

표 6.5를 이용하여 간접 표준화법을 이해하도록 한다. A지역에서 암 사망률이 일반인구보다 높은지 알아보고자 한다. 암 사망자 수는 연령별로 매우 적으므로 연령별 암 사망률 값이 불안정하다. 그러나 총 암 사망자 수는 비교적 안정된 수치로 확보하고 있다. 이런 경우 간접표준화를 시행한다. 간접표준화를 위한 기준율을 일반인구 전체에서 구해진 연령별 암 사망률로 하였다. 즉, 일반인구의 연령별 암 사망률을 A지역의 연령별 인구 수에 적용하여 A지역 사람들이 일반인구와 동일한 연령별 암 사망률을 가졌다고 가정했을 때의 기대 암 사망자 수를 구하였다. 그 결과 기대 암 사망자 수가 551.71명이 나왔다. 이를 실제 A집단에서 발생한('관찰된') 사망자 수 840명과 비교한다.

표준화 사망비가 1보다 크면 기준율로 기대되는 사망자보다 많은 수의 사망자가 A집단에서 발생한 것이다. 표준화 사망비 값이 1보다 작으면 표준인구에서 기대되는 사망자보다 적은 수의 사망자가 A지역에서 발생한 것이다. 표준화 사망비의 통계적 유의성은 포아송분포를 적용하여 검정한다.

참고문헌

1. 안윤옥 · 신명희. 서울시 지역암등록 통계 1993-1997 보고서. 2003.
2. Jensen OM, Parkin DM, Maclennan R, Muir CS, Skeet RG. Cancer registration principles and methods. IARC Scientific Publications No 95. IARC;1991.
3. Parkin DM, Whelan SL, Ferlay J, Raymond L, Young J. Cancer Incidence in Five Continents Vol. VII. IARC Xcientific Publications No. 143. IARC;1997.
4. Teutsch SM, Churchill RE. Principles and practice of public health surveillance. Oxford University Press;1994.
5. Parkin DM, Whelan SL, Ferlay J, Teppo L, Thomas DB. eds. Cancer Incidence in Five Continents Vol. VIII. IARC Scientific Publications No. 155, Lyon, 2003.

7장

기술적 역학연구

Epidemiology

기술적 역학연구(descriptive epidemiologic study)는 특정 인구집단에서 질병의 발생양상을 인적, 지역적 및 시간적 특성별로 파악하여 질병의 원인에 관한 가설을 설정하는데 필요한 정보를 제공한다. 기술적 역학연구 결과는 질병의 원인을 규명하는데 중요한 단서를 제공해 줄 뿐만 아니라, 의료자원의 효율적인 배분을 결정하는 등의 의료정책 수립 그리고 효과적인 질병예방 또는 보건교육 프로그램을 개발하는 데도 크게 기여한다. 기술적 역학연구에는 환자 사례연구, 생태학적 연구 및 단면적 연구 등이 포함된다.

기술적 역학연구에서는 임상기록뿐만 아니라 각종 조사자료 및 통계자료를 자료원으로 활용한다. 이들 자료는 대부분 통상적으로 계속 수집되고 있는 것이어서 분석적 역학연구에 비하면 연구를 수행하는데 시간이나 연구비가 절감되는 경우가 많다. 기술적 연구만으로는 분석적 연구에서와 같이 질병발생의 인과관계를 규명할 수는 없지만, 질병발생양상을 파악하고 인과관계의 가설을 설정하는 데에 활용될 수 있다는 점에서 중요하다.

1. 환자 사례연구

1) 증례 보고(case report)

증례 보고란 특정 환자의 임상적 특성을 기술하는 것으로 주로 기존에 보고되지 않았던 특이한 질병 혹은 질병의 원인에 관한 관련성 추정을 기술하는 것을 말한다. 예를 들어, 경구피임약을 장기간 복용한 젊은 여성에서 정맥 혈전증이 발생하였다고 보고하면서 경구피임약 복용과 정맥 혈전증 간의 관련성에 관한 가설을 제기하는 경우, 혹은 젊은 여성에서 발생한 매우 희귀한 질병인 질 선암의 임상적 특성을 기술하면서 모성이 임신초기에 복용하였던 특정 약물과의 인과적 관련성에 관한 가능성을 제시한 보고 등이 그 예이다. 이 연구형태에서는 종래에 알려지지 않았던 임상적 특성이나 병력을 찾아내어 보고하는 경우가 많으며, 이것이 새로운 가설을 수립하는 데에 기여할 수도 있다. 이러한 점에서 증례 보고는 임상의학과 역학의 중간에 위치한다 할 수 있다.

증례 보고는 단일 환자에 관한 기술이기 때문에 그 질병의 발생수준을 측정하거나 원인에 관한 가설을 검정하기 힘든 단점을 가지고 있지만, 예를 들어 특정 약물 복용과 부작용 발생에 관한 경우에는 인과관계를 추정할 수도 있다. 즉, 그 부작용의 발현양상이 원인으로 추정되는 약물의 약리학적 성질과 부합된다든지, 약물 복용시각과 부작용 발현시점 간의 간격이 약물역동학적 지식과 일치한다든지, 그 약물의 복용을 중단하였을 때는 부작용이 없어졌다가 재투여하였을 때 다시 발생하였다면 그 약물과 부작용 간의 인과관계를 강력히 시사한다고 판단할 수 있다.

2) 환자군 연구(case series study)

환자군 연구란 동일한 질병을 가진 환자 여러 명을 대상으로 원인적 요인에 대한 노출양상을 파악하거나, 동일한 요인에 노출된 환자군을 대상으로 하여 발생한 질병의 특성을 분석하는 연구를 일컫는다.

환자군 연구에서는 분모를 알 수 없기 때문에 특정 질병의 발생률을 구할 수 없고, 특정 위험요인에 노출되어 발생할 수 있는 질병을 모두 파악함으로써 특정 약물에 의한 부작용 발현내용을 파악하는데 큰 도움이 되지만, 대조군이 없기 때문에 결과의 해석에 오류를 범하기 쉽다. 특히 인과관계를 언급할 수는 없다. 예를 들어, 어떤 병원에 입원한 환자 100명을 관찰한 결과 모두 남자이면서 60세 이상의 고령자들이었다면, 그 질병의 발생에 관한 원인적 요인을 60세 이상의 남성과 관련되는 요인에서 찾으려 노력할 것이다. 그러나 실제로 그 병원이 군 퇴역자를 대상으로 하는 보훈병원이었다면 환자의 대부분이 남자로 구성되는 병원의 특성 때문에 그러한 노력이 헛수고가 될 것이다. 뿐만 아니라 갑상선 암으로 진단된 여성의 30%가 경구피임약을 복용하는 것으로 파악되었다 할 때, 경구피임약과 갑상선암 간의 관련성을 주장할 수 있을까? 이 경우에도 대조군이 없다면 아무런 결론도 내릴 수 없게 된다. 만약 같은 시기에 일반 여성에서의 경구피임약 복용률이 30%였다면 아무런 관련성이 없는 것으로 판정될 것이며, 10% 정도였다면 경구피임약이 갑상선 암의 위험을 증가시키는 것으로 의심할 수 있을 것이나, 40% 수준이었다면 오히려 보호효과가 있는 것으로 의심할 수도 있기 때문이다.

예제 7-1 염화비닐 공장에 근무하는 근로자들에서 간에 발생한 3명의 혈관육종(angiosarcoma)환자례를 보고하였다. 비교적 드문 질환인 간의 혈관육종이 연구기간 내에 한 공장에서 발생하였다는 것은 예측범위를 벗어난 것이었고, 이에 따라 간의 혈관육종이 환자들의 염화비닐 노출와 관련이 있을 것이라는 가설이 만들어졌다. 후에 이러한 가설은 분석적 역학연구에 의하여 인과적 관련성이 증명되었다.

염화비닐과 간 혈관육종 간의 관련성에 관한 이 연구에서 만약 하나의 증례만 보고되었다면 새로운 가설은 만들어지지 못하였을 것이다. 간의 혈관육종이 드문 질환이긴 해도 하나의 증례만으로 기대환자 수보다 많은 환자가 발생한 것인지 확인할 수는 없기 때문이다.

다른 예의 하나로, 후천성 면역결핍증은 원인 불명의 질병을 역학적으로 접근하여 유사한 증상의 환자를 모으고 이들의 공통적 특징을 객관적으로 관찰함으로써 병인에 관한 인과성을 확립시키는 과정을 배울 수 있는 좋은 예이다.

예제 7-2 1979년 7월부터 1981년 4월 사이에 뉴욕의 감염내과 전문의들은 몇 예의 폐포자충(*Pneumocystis carinii*) 폐렴에 대한 자문을 받았다. 이들 환자는 이전에 면역학적 이상을 의심할 만한 병력을 가지고 있지 않은 남성들이었다. 환자는 9개의 병원에서 13명이 발견되었으나 11명의 환자에 대해서만 필요한 정보를 전부 수집할 수 있었다. 이들의 임상적 특성은 표 7.1과 같았다.

표 7.1 폐포자충 폐렴환자의 주요 특성

환자	연령	인종	직업	성관계	마약 사용	폐렴 경과 이후 생존 여부
1	27	흑인	병원 경비	동성	없음	사망
2	37	백인	마약 판매	이성	헤로인	사망
3	39	흑인	병원 사무직	이성	알코올	사망
4	40	흑인	이사업	이성	헤로인	생존
5	34	백인	교사	동성	없음	사망
6	31	흑인	목수	이성	코카인	생존
7	27	백인	식당 종업원	동성	없음	사망
8	34	스페인계	사무직	이성	메사돈	사망
9	31	스페인계	무직	동성	헤로인	사망
10	35	백인	원예사	동성	없음	생존
11	27	백인	무직	동성	헤로인	사망

임상병리학적 검사결과 이들 11명의 환자에서 세포매개 면역반응이 심하게 떨어져 있었고, 그 중 2명에서는 이와 동반된 악성종양이 발견되었으며, 이 중 하나는 카포시(Kaposi)육종이었다. 증례 보고를 한 연구자들은 이들에서 발생한 폐포자성 폐렴이 새로운 균주의 출현에 의한 것이라기보다는 세포면역 이상을 초래하는 알려지지 않은 어떤 과정이 진행되었기 때문으로 추정하였다. 면역체계 이상의 원인으로는 선행연구에 의하여 주로 약물남용과 동성애가 의심되었다.

한편, 경구피임약과 간암의 관련성을 평가한 예제 7-3의 연구는 환자군 연구의 제한점을 명확히 제시하는 예이다. 이 연구결과에 의하면 전체 간암 환자 126명 중 31%는 경구피임약 사용자이고, 26~35세 군은 그 비율이 42.5%에 이른다. 그러나 비교군이 없으므로 간암환자가 아닌 사람에서는 경구피임약 사용률이 이와 다른지 알 수 없다. 실제로 1970년대 중반의 경구피임제 사용률은 전국적으로 평균 25~37% 범위에 있어, 위의 조사결과에서 나타난 사용률과 차이가 없었다. 결과적으로 환자군 연구에서는 증례 수가 많더라도 이처럼 비교군이 없는 경우에는 인과관계의 추정이 불가능하다. 환자군 연구는 분석연구의 앞 단계로 가설이 만들어지는 데에 기초가 될 수 있지만 통계적 연관성의 검증에는 사용되기 힘들다. 하나의 증례에 대한 증례 보고는 물론이고, 환자군 연구의 경우에도 증례 수와 무관하게 적절한 비교군이 없다는 점에서 인과관계의 연관성을 해석하는 데에는 결정적인 한계를 가진다는 뜻이다.

예 7-3 경구피임약과 간암과의 연관성을 알아보기 위하여 1970년과 1975년 사이에 간암이 발병한 여자환자 126명에 대한 자료를 수집하였다. 간암환자를 경구피임약 사용 여부로 나누어 본 결과, 다음과 같은 소견을 관찰하였다.

표 7.2 간암환자의 경구피임약 사용 양상

경구피임약 복용 여부	계		연령(세)					
			16~25		26~35		36~45	
	숫자	%	숫자	%	숫자	%	숫자	%
복용자	39	31.0	11	31.4	17	42.5	11	21.6
미복용자	26	20.6	7	20.0	4	10.0	15	29.4
미상	61	48.4	17	48.6	19	47.5	25	49.0
계	126	100.0	35	100.0	40	100.0	51	100.0

2. 상관성 연구(생태학적 연구)

상관성 연구(correlational study) 또는 생태학적 연구(ecologic study)는 인구집단을 연구단위로 하여 특정 질병의 전체적인 양상과 특정 위험요인과의 관련성을 보거나, 혹은 특정한 인구집단에서 시간경과에 따른 특정한 질병의 변동양상과 특정 위험요인의 변화양상 간 관련성의 정도를 분석함으로써 인과적 가설을 유도해 내는 기술역학적 연구방법의 하나이다. 예를 들어 국가별 1인당 평균 흡연량과 폐암 사망률의 수준을 파악하여 두 변수 간의 관련성을 분석함으로써 흡연이 폐암 발생의 요인일 것이라는 가설을 세우게 되며, 국가별 1인

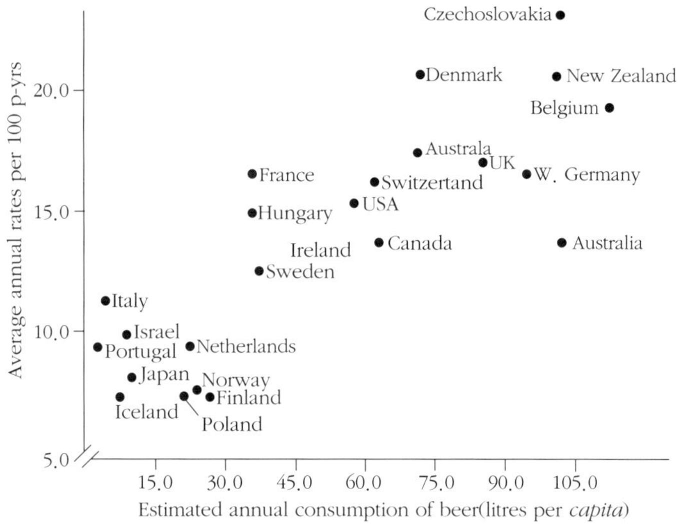

그림 7.1 맥주 소비량과 직장암 사망률

당 맥주 소비량과 직장암에 의한 사망률 간의 상관성을 분석함으로써 인과론적 가설을 세울 수 있다(그림 7.1).

표 7.3은 우리나라 국민의 식이요인과 유방암과의 관련성에 관한 단서를 잡기 위하여 1981년 이후 유방암에 의한 사망과 1969년 이후 1인당 식이 일일 섭취량 간의 상관성을 분석한 것으로, 동물성 음식과는 양의 상관성을 보이는 반면에 식물성 음식과는 음의 상관성을 보여 우리나라 유방암의 발생

표 7.3 유방암에 의한 사망률과 1인당 식이 1일 섭취량의 상관성 분석

영양소	잠재기간(년)	상관계수	잠재기간(년)	상관계수	잠재기간(년)	상관계수
동물성 단백질(%)	12	0.83**	11	0.74*	10	0.77**
총 지질(g)	12	0.58*	11	0.63*	10	0.64*
총 단백질(g)	12	−0.05	11	−0.04	10	−0.01
총 열량(kcal)	12	−0.49	11	−0.37	10	−0.05
총 탄수화물(g)	12	−0.70*	11	−0.63*	10	−0.37
곡류 섭취 열량(%)	12	−0.77**	11	−0.53	10	−0.74*

* $p < 0.05$, ** $p < 0.01$

에 고지방식 등과 같은 식이요인의 변화를 의심할 수 있었다. 그러나 이러한 관련성에는 수많은 다른 요인들이 내재하여 있기 때문에 인과론적 측면에서 볼 때 단정적이지 못하다.

집단을 분석의 단위로 관찰하는 생태학적 연구와 개인을 분석단위로 하는 연구 간의 차이를 이해하기 위하여 표 7.4를 보기로 하자. 생태학적 연구에서는 위험요인에의 노출정도와 질병발생양상에 관한 정보를 서로 다른 별개의 자료로부터 얻는 경우가 대부분이기 때문에 지역 (가)와 지역 (나) 각각에서 개인적인 정보인 a, b, c, d의 내용은 알 수 없다. 단지 위험요인에의 노출 여부에 관한 전체 숫자인 $(a+b)$와 $(c+d)$, 질병발생 여부에 따른 전체 숫자인 $(a+c)$와 $(b+d)$만을 알 수 있을 뿐이다. 생태학적 분석에서는 각 지역의 전체적인 노출률에 차이가 나는 정도가 지역간 질병발생 양상의 차이와 비례(또는 반비례)하는지를 분석하는 것이다. 즉, 지역 (가)의 노출률 $(a_1+b_1)/(a_1+b_1+c_1+d_1)$과 지역 (나)의 노출률 $(a_2+b_2)/(a_2+b_2+c_2+d_2)$과의 차이가 지역 (가)의 질병발생률 $(a_1+c_1)/(a_1+b_1+c_1+d_1)$과 지역 (나)의 질병발생률 $(a_2+c_2)/(a_2+b_2+c_2+d_2)$과의 차이와 비례한다고 판정하는 것이 일반적인 분석법이다.

생태학적 연구자료를 분석하는 과정에서 집단 단위의 교란변수를 통제함으로써 연구결과의 타당성을 어느 정도 높일 수는 있지만, 집단을 분석단위로 하여 수행된 생태학적 연구의 결과가 개인을 단위로 하여 수행된 연구결과와 동일하다고 보장할 수는 없다. 즉, 지역 (가)에서 위험요인에의 노출수준과 질병자의 분율이 지역 (나)에서 보다 높게 나타났다고 해서 각 지역의

표 7.4 생태학적 연구자료

	지역 (가)		계		지역 (나)		계
	질병 A				질병 A		
	(+)	(–)			(+)	(–)	
요인 B (+)	a_1	b_1	a_1+b_1	요인 B (+)	a_2	b_2	a_2+b_2
(–)	c_1	d_1	c_1+d_1	(–)	c_2	d_2	c_2+d_2
계	a_1+c_1	b_1+d_1	$a_1+b_1+c_1+d_1$	계	a_2+c_2	b_2+d_2	$a_2+b_2+c_2+d_2$

표 7.5 개인별 연구자료

	지역 (가) 질병 A (+)	(–)	계		지역 (나) 질병 A (+)	(–)	계
요인 B (+)	50	20	70	요인 B (+)	20	40	60
(–)	10	20	30	(–)	30	10	40
계	60	40	100	계	50	50	100

개인 단위에서도 위험요인과 질병발생 간에 관련성이 있다고 할 수는 없다는 뜻이다.

가상적인 자료를 이용하여 좀더 구체적으로 설명하기로 한다. 특정 질병 A와 그 질병의 추정 위험요인 B와의 관련성을 연구하기 위하여, 두 지역에서 이용 가능한 자료를 수집하였다. 지역 (가)에서 질병 A의 유병률은 60%이었고, 위험요인 B에 대한 노출률은 70% 이었다. 한편, 지역 (나)에서 질병 A의 유병률은 50%이었고, 위험요인 B의 노출률은 60% 이었다. 위험요인에의 노출률이 높을수록 질병의 유병률이 높은 것으로 나타나, 그 요인이 질병 A의 발병과 관련성이 있을 것이라는 추정을 뒷받침해 준다고 할 수 있다. 보다 심층적으로 분석하기 위하여 각 지역마다 주민을 대표할 수 있도록 표본을 추출한 후 개인별로 질병을 앓고 있는지 여부와 추정 위험요인 B에 대한 노출 여부를 파악한 결과는 표 7.5와 같았다.

두 지역에서 개인을 분석단위로 조사하여 얻은 자료로써 추정한 위험요인 B와 질병 A 간의 관계를 보자. 지역 (가)에서는 질병을 앓고 있는 사람 중 83%(= 50/60)가 추정 위험요인에 노출되고 있는 반면에 질병을 앓고 있지 않은 사람에서는 50%(= 20/40)만 노출되고 있어 추정 위험요인과 질병발생 간에 관련성이 있게 나타나고 있다. 그러나 지역 (나)에서는 질병을 앓고 있는 사람들 가운데 40%(= 20/50)가 위험요인에 노출되고 있고, 질병을 앓고 있지 않은 사람 중 80%(= 40/50)가 위험요인에 노출되고 있어 오히려 노출요인 B가 질병 A에 대한 보호효과를 나타내고 있는 것으로 나타나고 있다. 이 예는 극단적인 경우를 표시한 것이지만, 이와 같이 인구집단을 분석단위로 하여 관찰된 결과를 개인에게 직접 적용할 때 오류를 유발하는 경우를 생태학적 오류(ecologic fallacy)라 한다.

요약하면, 생태학적 연구결과를 해석할 때 주의하여야 할 문제로서 개인 단위에서 특정한 위험요인과 질병발생 간에 유의한 관련성을 보이더라도 생태학적 연구자료에서는 관련성을 나타내지 않을 수 있으며, 원인적 요인과 질병발생 간의 선후관계를 명확히 알 수 없는 경우가 있다. 이와 같이 생태학적 연구는 연구결과를 해석하는데 있어 여러 가지 문제를 고려하여야 하지만, 기존의 자료를 이용하여 짧은 시간 안에 적은 연구비로 인과적 가설을 유도할 수 있다는 장점도 있다. 특히 대기오염과 천식 발생의 증가와 같이 사회 전체의 특성적 문제나 문화수준 등이 관심의 대상인 경우에는 개인단위의 연구보다 더 유용한 방법이 된다.

참고문헌

1. Centers for Disease Control. Pneumocystis pneumonia-Los Angeles. MMWR 1981;30:250.
2. Feinstein AR. Clinical Epidemiology: The Architecture of Clinical Research. W.B. Saunders Company;1985.
3. Hennekens CH, Buring JE. Epidemiology in Medicine. Little, Brown and Company;1987:101-131.
4. Hulley SB, Cummings SR. Designing Clinical Research: An Epidemiologic Approach. Baltimore, Williams & Wilkins;1988.
5. Kelsey JL, Thompson WD, Evans AS. Methods in Observational Epidemiology. Oxford University Press;1986.

8장

단면조사연구

Epidemiology

1. 단면조사연구의 개요

단면조사연구(cross-sectional study)는 질병과 특정 노출요인에 대한 정보를 같은 시점, 또는 짧은 기간 내에 얻는 역학적 연구 형태를 말한다. 예를 들면 서울에 거주하는 우리나라 성인 중 무작위로 선정된 인구집단을 대상으로 당뇨병 유병 유무과 현재 당류 섭취 수준을 동시에 측정하는 연구이다. 단면조사연구는 대상 인구집단에서의 질병과 그와 연관된 위험요인에 대한 정보를 단기간에 얻을 수 있으므로, 상대적으로 비용이 적게 들고, 지역사회 단위에서 보건사업을 기획할 때 유용한 연구라 할 수 있다. 그러나 다른 분석적 역학연구와 마찬가지로 질병발생 위험도를 높이는 요인을 규명하는 목적으로도 이용되고 있다. 특히 질병발생이 서서히 진행되어 질병발생 시점이 불분명하거나, 질병발생 초기증상이 없거나 미미하여 환자가 의료기관을 찾아 진단을 받기까지 상당 시간이 경과하는 질병의 위험요인 규명에 유용하다. 만성 기관지염, 퇴행성 관절염, 또는 각종 정신질환 등이 이에 속한다고 할 수 있다. 따라서 (유병) 지속기간이 아주 짧은 질병은 단일시점에 해당 질병유병자 확인이 정확하지 않기 때문에 단면조사연구가 적절하지 않다. 환자-대조군 연구가 새로운 증상으로 병원을 찾아오는 환자(incident case)를 중심으로 연구가 수행되는 반면에, 단면조사연구는 지역사회의 일반 인구에서 유병 환자군을 찾아 연구를 수행한다는 점에서 연구결과의 일반화가 보다 용이하다. 또한 단면조사연구에서 실제 연구집단(study population)이 대상표적집단(target population)을 대표할 수 있게 선정된다면, 해당지역, 또는 해당 특정 집단에서의 질병, 또는 건강관련사건의 유병수준에 관한 정보를 얻을 수 있다. 이와 같이 유병률 추정을 위해 수행되는 단면조사연구를 유병률 조사(prevalence survey)라고 한다.

그런데 단면조사연구는 위험요인과 질병의 관련성을 파악한다는 측면에서 다음과 같은 결정적인 단점을 지니고 있다. 첫째, 많은 경우에 있어 위험요인과 질병발생간 관련성의 시간적 선후관계, 즉 방향성이 모호하다. 예를 들어 노인 인구에서 관찰되는 인지 기능의 저하(결과 변수)가 야채류 섭취(위험요인)와 관련성이 있는지를 확인하고자 할 때, 연구의 역학적 가설은 야채류 섭취가 적으면 인지기능이 떨어진다는 내용으로 설정하였다고 하자. 그러나 단면조사연구를 통해서는 양자간 상호 관련성이 확인되었다고 할지라도 실제로 야채류 섭취 저하가 인지기능의 저하를 초래하였는지, 아니면 인지기능의 저하로 인해 '야채류 섭취' 로 표현되는 균형 잡힌 식사를 못하게 된 것인지 불분명하다. 또 다른 대표적인 예가 사회경제적 수준이 낮은 계층에서 정신질환의 유병 수준이 높다는 현상을 보고한 연구를 들 수 있다. 이 또한 낮은 경제수준이 정신질환 발생을 초래하였는지, 아니면 정신질환으로 인해 경제수준이 낮은 집단으로 이동하였는지 그 시간적 선후관계를 밝혀내는 것이 쉽지 않다. 그러나 시간경과나 질병 이환에 따른 변동이 없는 위험요인, 즉 혈액형이나 유전자형 등과 같은 요인과 질병과의 관련성 유무는 단면조사연구에서도 효과적으로 살펴볼 수 있다. 특히 인간유전체 연구를 통해 각종 유전자의 염기서열이 밝혀지면서 그 배열의 다형성(polymorphism)이 질병발생에 미치는 영향을 신속히 밝히는데 단면조사연구가 널리 이용되고 있다. 예를 들어 정상인과 고혈압 환자군에서 ACE 유전자형의 분포를 비교하여, 정상 혈압군에 비해 고혈압 환자군에서 ACE 유전자의 특정 형태가 높게 관찰된다면, ACE 유전자의 다형성과 고혈압 발생의 관련성을 시사한다고 할 수 있다.

둘째, 단면조사연구에서 확인되는 질병 환자군은 해당 질병의 환자 전체가 아니라 연구시점에 살아남은, 또는 해당지역에 남아 있는 환자라는 점(선택적 생존, selective survival)이다. 예를 들어 지역사회에서 치매의 유병 여부와 혈압의 관련성을 보고자 할 때, 만약 심한 고혈압과 관련된 치매환자는 그 증상이 심해 이미 사망하였거나, 또는 해당 주거 지역사회를 떠나 치료시설에 입소하였을 가능성이 높을 것이다. 따라서 이들을 대상으로 한 단면조사연구에서는 치매와 혈압의 관련성이 실제보다 약하거나 없는 것으로 관찰될 것이다. 이와 유사한 예로 일단의 근로자 집단에서 유해물질 취급 유무와 호흡기 증상의 관련성을 보고자 할 때, 역학적 기본 가설은 유해물질 노출로 인해 호흡기 증상이 발현되는지 여부일 것이다. 그러나 해당 직장에 일정 기간 근무한 근로자를 대상으로 단면조사연구를 실시하게 되면, 유해물질을 다루는 부서에서 근무 초기에 호흡기 증상을 보인 근로자가 타 부서나 다른 직장으로 전직하였다면 유해물질 공정에 노출된 근로자에서의 호흡기 증상 유병률이 타 부서보다 도리어 낮게 관찰될 가능성이 있다. 이와 유사한 문제의 하나로 단면조사연구에서는 유병기간이 긴 환자가 상대적으로 유병기간이 짧은 환자에 비해 보다 더 많이 유병자로 포함될 가능성(length biased sampling)이 높다. 특정 위험요인이 질병의 발생 위험을 높이거나 낮추지는 않고, 단지 질병에의 유병 기간만을 늘린다고 할 때, 단면조사연구에서는 유병기간이 긴, 즉 위험요인에 노출되었을 확률이 높은 환자가 더 많이 포함될 것이고, 따라서 환자군의 노출률이 높게 관찰되므로 위험요인과 질병의 관련성이 있는 것처럼 보일 수 있다. 그 반대의 경우도 마찬가지로 가능하다.

셋째, 연구대상 질병이 아주 드물거나 위험요인의 노출수준이 아주 낮다면 단면조사연구를 수행하기가 적절하지 않다. 어떤 연구에서나 위험요인과 질병의 관련성을 통계적으로 확인하기 위해서 필요한 최소한의 유병자 수 또는 노출자 수가 있기 마련인데, 이를 충족하지 못하면 연구의 통계적 검정력이 떨어지기 때문이다. 경우에 따라 일정 시점에 이러한 규모의 환자 수를 확보하기 위해서는 현실적으로 수행 불가능한 규모의 연구집단이 요구될 수도 있다.

2. 단면조사연구의 분석

단면조사연구의 관련도 측도는 유병률 비(prevalence (rate) ratio, PR), 유병률 대응비(prevalence odds ratio, POR) 등이 있다. 관련도 측도의 추정공식은 표 8.1과 같다.

표 8.1 유병률 연구의 관련성 지표

	유병자	비유병자
위험요인 폭로	*a*	*b*
위험요인 비폭로	*c*	*d*

$$PR = \frac{\text{비폭로군의 질병 유병률}}{\text{폭로군의 질병 유병률}} = \frac{P_i}{P_0} = \frac{a/(a+b)}{c/(c+d)}$$

$$POR = \frac{\text{폭로군의 질병 대응비}}{\text{비폭로군의 질병 대응비}} = \frac{a/b}{c/d} = \frac{ad}{bc}$$

3. 단면조사연구의 연구대상자 선정

대부분의 단면조사연구는 연구목적에 따라 광범위한 연구대상 표적 집단(target population)으로부터 이들을 대표할 수 있는 표본을 선정하여 연구를 수행한다. 이러한 표본조사에서 가장 중요시되고 있는 것이 표본의 대표성이다. 이러한 연구집단(study population)을 선정하는 과정은 확률적 통계기법의 적용 유무에 따라 확률 표본추출(probability sampling)과 비확률 표본추출(non-probability sampling)로 크게 나눌 수 있다

1) 확률표본추출

가) 단순 무작위 표본추출법(simple random sampling)

이는 N개의 구성원으로 이루어진 모집단에서 n개($n \le N$)의 표본을 추출하

고자 할 때 모집단의 각 구성원들에게 사전 부여된 1, 2, 3, …, N까지의 번호 중 n개의 번호를 무작위로 선택하여 그 번호에 해당하는 구성원을 표본으로 추출하는 방법이다. 이 방법은 단순하며 모든 구성원들이 표본으로 뽑힐 기회가 동일하다는 장점이 있으나, 모집단이 매우 클 때에는 모집단의 모든 구성원에 일련번호를 부과하는 것과 선택된 번호를 갖는 구성원을 찾는 과정에 현실적으로 어려움이 있다. 실제 추출과정에서는 난수표를 이용하거나, 난수를 발생하는 컴퓨터 프로그램을 이용하여 무작위로 선정하게 된다. 따라서 이 과정은 연구자가 임의로 번호를 선정하는 것과 구별되어져야 한다.

나) 계통적 무작위 표본추출법(systematic random sampling)

계통 표본추출법이란 단순 무작위 표본추출법을 조금 효율적으로 변형한 것이다. 모집단이 N개의 구성원으로 되어 있고 그 중에서 n개를 표본으로 추출하고자 할 때 모집단의 모든 구성원들에게 부여된 1, 2, 3, …, N의 일련번호를 K개($K = N/n$)씩 n개의 구간으로 나누고, 첫 구간(1, 2, 3, …, K)에서 하나를 임의로 선택한 후에 K개씩 건너뛰어 표본을 추출하는 방법이다. 예를 들어, 전체 500명 되는 학교에서 50명, 즉 10%를 계통 무작위 추출을 하고자 한다면, 전체 대상자를 10명 씩(500/50)으로 50개의 구간으로 나눈 뒤, 첫 구간의 1～10번에서 무작위로 한 명(번호)을 하나 추출하고, 다음 구간부터 10씩 더한 번호의 대상자를 나머지 구간에서 계속 추출하면 된다. 따라서 처음 번호 하나만 선택되면 다음의 추출번호들이 자동으로 결정되므로 표본선정과정이 단순 무작위 표본추출법보다 간단하다. 그러나 계통적 표본추출(systematic sampling)의 경우에는 주기성(periodicity)에 의한 오류의 가능성이 있다. 즉 각 구간 내 번호에 어떤 주기적인 배열이 있다면 계통추출은 이러한 주기성이 무작위추출에 반영되어 추출된 집단이 전체를 대표하지 못하게 된다.

다) 집락 표본추출법(cluster sampling)

단순 무작위 표본추출법과 계통적 무작위 표본추출법은 모집단 전체 구성원들에 대한 구체적 정보가 없거나 구성원들이 지리적 또는 시간적으로 널리 흩어져 있을 경우 적용하기가 어렵다. 집락추출법은 모집단이 몇 개의 세부집단으로 구분되어지고 각 세부집단 간의 큰 차이가 없을 경우에 효율적으로 적용할 수 있는 표본추출방법이다. 여기서 각 세부집단을 집락(cluster)이라고 하는데 집락 표본추출법은 개인단위에서가 아닌 집락단위로 표본을 무작위로 선정하는 방법을 말한다. 개개 집락의 규모가 클 경우는 선택된 집락 내의 각 구성원들을 대상으로 단순 무작위 표본추출을 반복하기도 한다. 이 경우는 다단계 표본추출법(multi-stage sampling)이라고도 한다. 예를 들어 서울시 주민에서 표본을 선정한다고 할 때, 1단계 무작위 추출로 구(區)를 뽑고 2단계 무작위 추출로 동(洞)을 선정하는 방법이다.

라) 층화 무작위 표본추출법(stratified random sampling)

이는 모집단을 특성이 유사한 몇 개의 층(stratum)으로 나눈 후, 각 층에서부터 일정 수의 표본을 무작위로 추출하는 방법이다. 이 방법은 모집단이 상당히 이질적인 구성원들로 이루어져 있을 때 각 계층을 고루 대표할 수 있도록 표본을 추출하는 방법이다. 여기에서 층이란 구성원들이 동질적인 집단을 말한다. 이 방법은 각 층에 대한 신뢰성 있는 정보가 필요할 경우 유용하게 적용된다. 한 예로 대상 모집단 1,000명에서 남자가 900명 여자가 100명일 경우 10%를 단순 무작위 추출하면, 경우에 따라 표본에 여자가 10%도 추출되지 않을 수도 있고, 결과적으로 표본에서 여자들의 대표성이 적절히 반영되지 않을 수도 있다. 이런 경우에는 남, 여로 층을 나누고 각 층 내에서 10%를 무작위로 선정하게 되면 여성들은 어떠한 경우에도 10%는 추출될 수 있다. 이런 방법을 층화 무작위 표본추출법이라 한다. 여기서 더 나아가 소수 집단에서 나오는 수치의 통계적 안정성을 보다 확실히 하기 위해 층화된 집단 내에서 표본 추출율을 달리 할 수 있다. 즉 위의 예에서 남자는 10% 추출하더라도, 여자는 20% 를 무작위 추출하여 여성관련 통계 지표의 안정성을 높일 수 있다. 이러한 방법을 비비례 층화 무작위 표본추출법(disproportionate stratified random sampling)이라 한다.

2) 비확률 표본추출

모집단의 구성원이 일정한 확률을 갖고 표본에 선정되는 확률표본추출과는 달리 비확률표본추출은 이러한 확률적 접근이 어려운 경우에 적용한다. 특정 기간동안만 대상자 전수를 표본으로 추출하거나(consecutive sampling), 연구수행의 편이를 위해 접근 가능한 인구집단만을 대상자로 선택하는 경우(편의 추출, convenient sampling), 또는 연구자가 임의의 판단에 따라 대상을 선정하는 경우(임의추출, judgmental sampling)가 이러한 경우에 해당한다. 그러나 이러한 방법을 사용할 경우 표본의 통계적 대표성은 보장되지 않는다.

4. 단면조사연구의 사례

단면조사연구의 한 형태라 할 수 있는 유병률조사의 실제 연구사례를 소개한다(김동현 등, 1999). 논문의 내용을 발췌하여 정리하였으며, 주로 연구방법에 해당하는 부분이다.

1) 질병의 확인

본 연구에서는 도시지역 노인들의 치매의 유병률을 산출하기 위하여 표준화된 2단계 치매 유병률 산출방법을 적용하였다(그림 8.1). 1단계 기초설문 조사에서는 광명시 거주 65세 이상 노인을 대상으로 방문면접 조사를 통해 전반적인 인지 기능을 평가하였다. 2단계에서는 이들 중 일부를 확률표본추출하여 신경심리 전문가와 신경과 및 정신과 전문의에 의한 임상적 확진과정을 통해 치매와 그 아형(subtype)을 감별 진단하였다.

2) 연구대상의 선정: 1단계

1단계 기초 설문조사를 위해 1997년 4월 현재 광명시에 거주하는 65세 이상 노인 인구 약 16,190명 중 10%에 해당하는 1,599명을 확률표본추출하였다. 광명시 거주 노인 인구의 명단은 설문조사 시점(1997년 4월)에 시내 17개 동사무소의 거주자 명부를 통해 입수하였다. 확률표본추출된 1,599명 중 조사과정에서 21명이 이미 사망한 것으로 판명되었고, 129명은 주소가 정확하지 않았고, 118명은 해당 거주지에 산 적이 없는 타지 사람이었기 때문에 실제 조사가 가능한 사람은 1,331명이었다.

조사가 가능하였던 노인 1,331명 중 946명이 조사에 응하여 전체 응답률은 71.1%이었다. 미응답자는 모두 385명이었는데 조사 거부가 86명(6.5%), 부재 또는 소재 파악 불능으로 인하여 방문조사하지 못한 257명(19.3%), 그리고 와병으로 인한 조사 불능이 42명(3.2%)이었다. 응답자와 미응답자 간 연령 및 성별 구성비에서 차이를 관찰할 수 있었는데, 미응답자군이 응답자군에 비해 80세 이상 고령군(18.2% 대 11.2%)과 여자의 분율(68.6% 대 62.4%)이 다소 높았다($p < 0.05$). 그러나 미응답자군을 포함한 전체집단과 응답자군과의 차이는 통계적으로 유의한 차이를 관찰할 수 없었고, 따라서 응답자에서 산출된 유병률이 이 집단에서의 전체 치매 유병수준을 추정하는 데 큰 영향을 미칠 정도는 아니라고 판단하였다.

3) 2단계 치매 확진검사 조사

1단계 선별검사에 응한 노인 946명 중 K-MMSE 점수에 따라 비비례(disproportional) 층화 확률표본추출(stratified random sampling)을 하여 확진검사 대상자를 선정하였다. 즉 K-MMSE 점수가 17점 이하인 206명은 전원, 18점에서 23점인 219명 중 50%에 해당하는 110명, 24점 이상인 521명 중 8%인 40명을 확률표본추출하여 총 356명이 검사대상자가 되었다. 임상확진검사는 신경심리검사를 우선적으로 시행하고, 이 성적을 참고하여 임상적으로 진단하였다. 이들 검사는 가급적 임상적 상황(보건소)에서 수행하도록 했으나, 거동이 불가능하였던 노인에 대해서는 방문조사를 통해 신경심리검사 및 임상진단을 동시에 수행하였다.

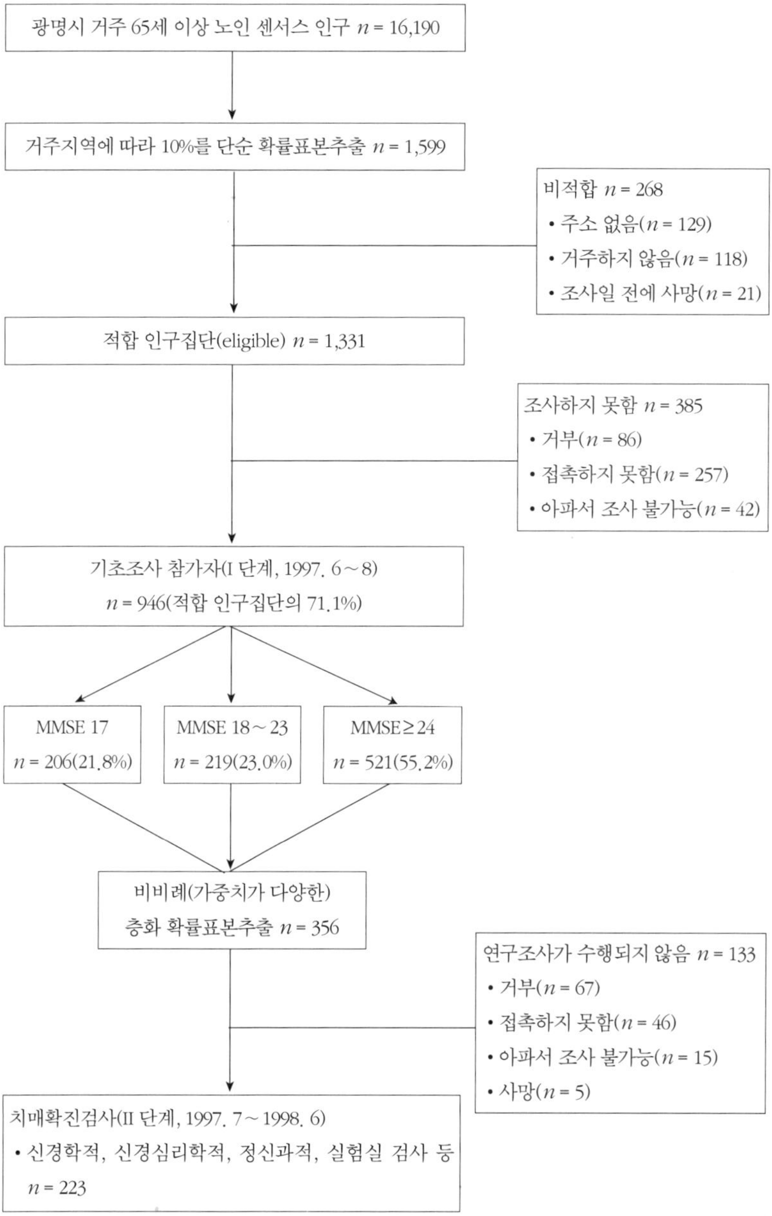

그림 8.1 1997~1998년 광명시 치매 유병률 연구의 설계 흐름도

4) 치매 유병률의 산출

최종적으로 2차 확진검사대상자로 선정된 356명 중 5명은 1차 기초 설문조사 후 2차 확진검사 전 사망하였고, 15명은 와병 상태, 67명은 조사 거부, 그리고 46명은 장기 출타 등의 이유로 검사를 수행할 수 없어 223명에 대해서 확진을 내릴 수 있었다(응답률 62.6%). 이 중 16명은 거동이 불가능해 연구진이 직접 대상노인의 집을 방문하여 임상적 진단을 내렸다. 확진가능군 223명은 1차 기초 설문조사 후 1년 이내에 모두 검사가 완료되었고, 1, 2차 검사간 평균 경과 일수는 55일(표준편차 59일)이었다. 그림 8.1과 같은 과정을 통해 확진조사자 223명 중 62명의 노인이 치매로 진단되었다.

치매 유병률은 1차 기초 설문조사를 완료한 946명을 분모로, 최종 확진에 참여한 223명으로부터 추정된 치매 확진자를 분자로 하여 산출하였다. 즉 확진검사 완료군 223명에서의 치매 유병수준을 성, 연령별, MMSE 점수별로 확진검사를 하지 않은 대상자(확진검사 미완료군)에게 적용하여 2차 검사 선정자 356명에서의 치매환자 수를 계산하였고, 이를 비비례 층화 추출분율에 따라 가중치를 적용, 대상모집단 946명에서의 최종 치매환자 수를 추정하였다(design-based estimator, Cochran, 1977). 추정 유병률은 성, 연령별, 그리고 치매 아형별로 제시하였고, 유병률의 95% 신뢰구간은 두 번에 걸친 무작위 추출과정에서의 분산을 감안하여 구해졌다. 연령 표준화 유병률은 위의 성, 연령별 유병률을 우리나라 1990년도 인구센서스 자료에 의한 65세 이상 남녀를 합한 인구구조에 적용하여 산출하였다. 2차 확진검사 대상군에서 확진군과 미확진군 간의 특성 차이에 대한 통계적 유의성은 카이제곱 검정(χ^2 test)으로 파악하였다. 통계적 처리는 통계패키지 SAS(SAS Institute, 1990)을 이용해 수행하였다.

5. 조사연구에서의 자료수집

대부분의 역학적 조사연구(survey research)에서 자료수집은 조사대상에 대한 설문을 통해 이루어지지만, 설문조사만이 자료수집 방법의 전부라고는 할 수 없다. 연구가설, 연구방법, 그리고 사용 가능한 재원의 규모에 따라 설문조사 이 외의 기타 다른 방법이 보다 적절한 방법이 될 수 있다. 예를 들어 일반 인구집단에서 의료이용실태를 파악하고자 한다면 의료보험연합회에 청구된 수진 내역도 직접적인 설문조사에 못지않은 자료원이 될 수 있고, 도시지역 소아에서 대기오염과 기관지질환 발생과의 상관성을 보고자 한다면 이들 지역의 일일 대기오염 수치와 조사대상 소아들의 일일 결석률 또는 응급실 방문력에 관한 자료 등이 가설 규명을 위해 보다 적절하다 할 수 있다. 이와 같이 각종 조사연구에서 2차 자료원이 부분적으로 또는 전적으로 활용될 수 있지만은 설문지를 통해 조사대상으로부터 직접적으로 정보를 얻어가는 과정은 대부분의 조사연구에서 가장 핵심적인 부분이라 할 수 있다. 따라서 설문지를 통한 자료수집 방법을 중심으로 설명하기로 한다.

설문지를 통한 자료수집을 결정하는 과정에서 우선적으로 고려해야 될 사항으로 첫째, 위에서 언급한 바와 같이 설문지 이 외의 기타 다른 방법이 있지 않는가에 대한 검토가 필요하고(alternative) 둘째, 본 조사의 대상으로부터 연구진이 필요로 하는 정보가 획득될 수 있는가를 확인할 필요가 있다(availibility). 기억해 내기가 어렵거나 단순한 무지로 인해 답할 수 없는 내용에 대한 설문조사는 무의미하다고 하겠다. 예를 들어 과거 수십 년 전 유·소아 시절의 예방주사 접종력이나 특정 유해물질에 대한 직업적 노출력 등은 정확한 정보를 조사대상으로부터 얻기가 어렵다. 그리고 끝으로 조사대상자가 기꺼이 응답하고자 하는 의향이 있는가 하는 것이다(readiness). 성행위에 관한 내용, 청소년들의 환각제 복용력, 그리고 정신질환 가족력 등은 통상의 설문조사로는 정확한 정보를 얻기가 어렵다고 하겠다.

그리고 설문조사를 수행한다고 할 경우에도 표준화된 설문지(standardized questionnaire)를 사용하는 것이 꼭 필요한지의 여부를 결정하여야 한다. 수집된 자료에 대해서 통계적인 처리를 생각하고 있지 않거나, 담배 자판기의 설치에 관한 지역사회 지도층의 생각들과 같은 사안에 대해서는 틀에 맞춘 설문이 적절하지 않을 수도 있다. 오히려 주어진 주제에 대해 자유로운 의견개진을 유도하는 것이 그 주제로 인한 각종 문제점과 그 해결책을 발견하는데 도움이 되기도 한다. 그러나 여러 명의 면접요원과 자료의 통계적 처리가 필수적인 대규모 조사연구의 경우에는 표준화된 설문 이 외는 다른 접근이 사실상 불가능하다고 할 수 있다. 이 경우 설문 항목의 선정과 배열, 그리고 상세한 설문 지침과 같은 표준화된 설문의 고안이 조사연구의 가장 핵심적인 부분으로 자리잡게 된다(Aday, 1996).

1) 자료수집방법의 결정

자료수집의 방침이 정해지면 보다 구체적인 자료수집의 방법을 결정해야 한다. 자료수집방법은 조사대상이 설문지에 응답하거나 그 과정에 컴퓨터가 개입하는 두 가지로 크게 나누어 볼 수 있다. 그러나 컴퓨터를 이용한 접근은 실제로는 준비된 설문의 적용과 응답의 처리과정을 컴퓨터에 의존한다는 점에서 기본적으로 설문지에 의한 접근과 유사하다고 하겠다. 이를 접근방법에 따라 분류해 보면 설문지에 의한 자료수집방법은 면접설문(interview)과 자기기입 설문 방법이 있고, 자기기입설문에는 우편에 의한 설문(mailed questionnaire)과 집단설문(group interview)으로 구분된다(표 8.2).

그런데 위에서 나열된 개개의 방법은 각각 나름의 장단점이 있지만 구체적인 자료수집방법은 다음과 같은 사항에 따라 결정된다. 첫째, 특정 연구에서 규명하고자 하는 가설이 무엇인가? 둘째, 이 가설의 규명을 위해 어떤 연구 방법/설계를 사용할 것인가? 셋째, 연구대상은 누구이고 어떻게 선정할

표 8.2 설문조사의 종류

1. 면접조사(interview survey)	개인면접조사(personal interview) 전화설문(telephone interview)
2. 자기기입조사(self-administered survey)	우편설문(mailed questionnaire survey) 집단조사(group survey)
3. 컴퓨터를 이용한 접근(computerized alternatives)	computer-assisted telephone interview(CAMI) computer-assisted personal interview(TAPI) computer-assisted self-administerd survey (NASA)

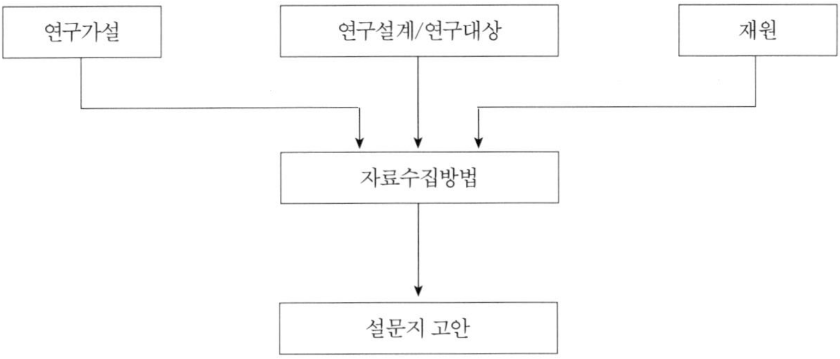

그림 8.2 자료수집방법의 결정요인

것인가? 그리고 넷째, 주어진 재원의 규모가 어떠한가에 따라 보다 구체적으로 결정될 것이다(그림 8.2).

특정 지역에 발생한 식중독의 관련요인을 규명하기 위한 연구에서 환자군과 인근 지역주민의 지난 이틀간 식이 섭취력을 조사하고자 한다면 개인 면접조사가 적절할 것이고, 제약회사에서 특정약품의 시판 후에 그 약의 복용자에게서 나타날 수 있는 부작용에 대한 즉각적인 조사는 전화면접이 보다 효율적일 것이다. 청소년을 대상으로 흡연력을 조사한다면 자기기입설문을 통해 보다 정확한 정보를 얻을 수 있을 것이고, 연구대상이 수천 명임에도 재원이 제한적이라면 우편을 통한 자기기입설문이 유일한 방법이 될 수밖에 없을 것이다. 대부분의 경우 이러한 사항들은 복합적으로 고려되어야 적절한 자료수집방법이 결정될 수 있다. 즉, 가설이나 연구방법상 개인면접조사에 의한 자료수집에 가장 바람직하더라고 재원이 뒷받침되지 않는 상황에서는 다른 자료수집방법을 택할 수밖에 없게 되고, 이런 상황에서도 개인 면접을 고집한다면 연구 규모를 축소할 수밖에 없게 되는 것이다. 이러한 결정은 전적으로 연구책임자의 몫으로 교과서에서 답을 구할 수 있는 성질이 아니라 할 수 있다. 이러한 점을 염두에 두고 일반적으로 거론되는 개별 자료수집방법의 장단점을 검토해 보기로 하자.

2) 개별 자료수집방법의 장단점

지금까지의 조사연구에서는 개인면접에 의한 설문조사가 가장 많이 수행되어 왔으나 과다한 연구비용으로 인하여 점차 다른 방법에 의한 접근이 적극적으로 모색되고 있다. 가구당 전화보급률이 95%를 넘어서고 있고, 도시주거 성인에서 문맹률이 낮고, 그리고 특히 최근들이 컴퓨터의 사용이 점차 일반화되고 있다는 점에서 전화 설문, 우편 설문, 그리고 컴퓨터를 이용한 설문조사 등이 시도되고 있다. 이들 방법의 장단점은 대체적으로 연구대상의 포괄정도(coverage)와 이로 인한 비뚤림문제, 응답률(response rate)과 이로 인한 비뚤림문제, 설문지 고안과 관련한 문제, 연구의 실제 수행과 관련된 문제, 자료처리와 관련된 문제, 그리고 끝으로 소요비용의 측면에서 검토될 수 있겠다.

가) 연구대상을 얼마나 포괄하는가?

연구대상이 확률표본조사(prabability sampling methods)를 통해 선정될 경우 연구대상을 한명 한명을 나열하고 면접요원들이 이들을 찾아가서 면접조사를 수행하는 개인면접이 연구대상을 가장 많이 포괄하는 바람직한 접근방법이라 할 수 있다. 이 외에도 개인면접조사는 남성 동성애자 집단이나 청소년 약물복용자와 같이 접근 자체가 어려운 집단에 대한 조사에서는 필수적인 접근방법이라 할 수 있다. 그러나 이러한 접근에서 항상 문제로 지적되는 것은 나열된 표본 자체의 포괄성과 정확성이라 할 수 있다. 즉 지역조사를 수행할 경우 지역주민의 명단을 행정조직을 통해 얻게 되면 일정정도의 누락과 오기를 각오해야 한다. 특히 명단을 얻는 시점과 실제조사 시점에 차이가 생기게 되면 전입과 전출로 인해 상당한 정도 연구대상의 변동을 초래하게 된다. 이러한 문제가 예상될 경우에는 연구대상 선정과정에서 누락이나 전출을 감안해 초과선정(over sampling)을 할 수도 있다.

한편, 전화설문은 연구대상을 전화를 가진 사람만으로 제한한다는 점에서 문제가 있다. 물론 가구당 전화보급률이 95%를 넘어선 상황에서 전 국민을 대상으로 한 설문조사를 수행할 경우 가장 적절한 접근방법이 될 수 있지만, 전화 설문의 경우 연령이 젊거나, 미혼이거나, 실직상태에 있거나, 사회경제적 수준이 낮은 집단에 접근이 상대적으로 어려운 것으로 지적되고 있다. 따라서 전화를 통해 건강행태, 건강수준, 또는 의료이용수준에 대한 설문조사를 수행할 경우, 전화가 없거나 전화로 접촉이 어려운 집단이 상대적으로 덜 반영됨으로써 생겨날 수 있는 비뚤림의 문제를 반드시 고려하여야 한다. 이는 개인면접설문에서도 정도의 차이는 있겠지만 연구 대상명단에서 누락될 수 있는 집단의 규모와 그들의 특성이 연구성적에 어떤 영향을 미칠 것인가 가늠해 보아야 한다.

한편, 특정 직업을 가진 집단(예를 들어 의사나 교사 등 전문 직종)에 대해서 널리 사용되고 있는 자기 기입설문의 경우 연구 대상자 명단을 이들이 가입한 조직을 통해 구할 수 있다면 연구대상의 포괄정도와 관련된 문제는 최소화될 수 있을 것이다. 그러나 이 경우에도 조직에 따라서는 구성원의 명단관리가 신속하게 이루어지지 않은 경우가 많다는 점을 감안할 필요가 있다.

나) 얼마만큼 응답을 기대할 수 있는가?

흔히 개인면접, 전화면접, 그리고 우편 자기기입 순으로 설문 응답률이 낮아지는 것으로 알려지고 있다. 그러나 설문조사에서 정확한 응답률을 계산한다는 것은 쉬운 일이 아니다. 개인면접의 경우 애초 명단에는 있었으나 여러 이유로 해서 접촉 자체가 되지 않았거나, 초기단계에서 연구대상이 될 수 있는지의 여부가 파악되지 않는 경우가 있어 응답률은 이들을 어떻게 처리하는가에 달려 있다. 이러한 문제는 전화면접에서 한층 복잡해지는데 응답이 없거나 통화중인 전화에 대해서는 어떤 대책을 마련하느냐에 따라 응답률은 지극히 가변적이라 할 것이다.

개인면접의 경우 설문조사자가 연구대상을 직접 만나서 연구에 참여할 것을 설득할 수 있다는 점에서 응답률이 높은데, 사전에 접촉을 고지하는 것(warm contact)이 불쑥 찾아가는 것(cold contact)보다 더 응답률이 높은 것으로 알려지고 있다. 전화설문의 경우 통화가 되더라도 젊거나, 고령이거나, 교육수준이 낮거나. 또는 어떤 질환을 갖고 있을 경우 쉽게 응답을 거부하기에 이로 인한 비뚤림이 문제가 될 수 있다.

그러나 최근 들어 개인면접조사에서의 응답률은 점차 낮아지는 것으로 알려지고 있다. 이는 낯선 사람이 집안에 들어오는 것에 대한 두려움과 자신이 전적으로 노출된 상황에서 어떤 설문조사에 응해야 하는 것에 따른 부담감으로 인한 것으로 볼 수 있다. 이에 반해 전화설문이나 자기기입설문의 경우 상대적으로 자신이 덜 노출된다는 심리로 인해 보다 적극적인 응답이 있을 수 있다. 특히 공개적으로 밝히기 어려운 문제에 대한 설문의 경우 얼굴을 마주 대하고 하는 개인면접보다는 전화나 자기기입설문이 높은 응답률과 정확한 응답을 기대할 수 있다.

한편, 개인면접과 전화설문의 경우 우편 자기기입방법에 비해 정확한 연구 대상자로 부터의 응답을 기대할 수 있다. 즉 우편설문에서는 설문이 연구대상자에서 정확히 전달될 것인지 여부에서부터 다른 가족이나 제3자가 대신 응답해 올 가능성이 있기 때문이다.

다) 어떻게 설문지를 만들 것인가?

설문지 구성의 융통성은 개인면접이나 전화설문이 자기기입조사보다 넓다고 할 수 있다. 즉 다소 복잡한 문항이나 개념도 면접조사원의 설명이 덧붙여질 경우 연구대상의 지적 수준에 상관없이 답변을 얻어낼 수 있다. 대신 이 경우에는 면접 조사원들 간에 설문의 의미와 설문 진행과정에 대한 표준화가 사전에 확보되어 있어야 같은 수준의 응답을 얻어낼 수 있다. 그리고 개인 면접조사나 전화설문조사에서는 개방형 질문이 보다 적극적으로 활용될 수 있는데, 전화설문에서는 응답자체를 간단히 하고자 하는 경향으로 해서 개인면접보다는 정확한 답을 얻기 어려울 수도 있다.

민감한 사안에 대한 설문조사에 있어서는 오히려 전화나 자기기입설문이 개인면접설문보다 더 설문 구성이 용이할 수 있다. 특히 성행위나 환각제 복용력 등에 관한 조사에서는 개인 신분이 노출되지 않도록 만들어진 설문지를 이용하는 자기기입설문이 가장 바람직하다고 접근방법이라 할 수 있다.

라) 연구수행 과정에서의 장단점

수천 명을 대상으로 한 대규모 설문조사를 수행할 경우, 대개는 제한된 재원으로 인하여 불가피하게 자기기입설문이 가장 적절한 자료수집방법이 된다. 이 경우 설문의 구성 및 항목선정을 충분한 예비조사를 통해 최대한 표준화되도록 하여야 한다.

실제 연구수행의 측면에서 전화설문이 개인 면접설문에 비해 가지는 가장 큰 장점 중 하나는 면접조사원에 대한 직접적인 감독과 평가가 가능하다는 점이다. 많은 경우 설문조사의 질은 면접조사원의 능력에 좌우될 수 있기에 사전준비와 사후평가에 그칠 수밖에 없는 개인면접조사에 비해 전화설문은 설문진행과정을 면밀히 감독함으로써 면접진행과정에서의 여러 문제점을 연구진이 직접 교정해 나갈 수 있다. 그러나 개인면접조사에서도 면접과정을 녹음해오게 한다던지 매일 설문지를 검토하는 과정에서 설문상황을 문의함으로써 이를 보완할 수는 있다.

대체로 설문 수행기간은 개인면접이 전화설문보다 길어지게 된다. 개인면접의 경우 방문 및 재방문에 상당히 시일에 소요되고, 응답하지 않은 대상자에 대한 대책도 전화설문조사에서 보다 신속히 마련되기가 어렵다. 즉 설문대상자가 해당 주소에 거주하지 않을 경우 정확한 주소지를 파악하는데 다소간의 시간이 걸리고, 거부하는 사람들의 경우에도 재접촉을 시도하는 데는 별도의 인력과 준비가 요구된다. 자기기입설문의 경우 우편으로 설문을 보내도 응답하는데 소요되는 시간으로 해서 연구기간이 장기화될 수 있는데 반드시 사전에 미응답하는 대상에 대한 재설문 방안을 마련해 놓고, 시기에 맞춰 이를 실행하는 것이 조금이라도 연구기간을 단축할 수 있다. 대신 개인면접이나 전화설문의 경우에는 면접조사원들 간에 설문 진행과정에 대한 표준화가 사전에 확보되어 있어야 한다.

마) 자료 처리과정에서의 장단점

자료수집 후 자료 처리과정이 가장 어려운 수집방법은 자기기입의 설문조사이다. 일차적으로 설문지의 구성과 문항이 얼마나 단순, 표준화되어 있느냐에 달려 있지만 자기 기입 설문은 연구진이 그 응답과정에 어떤 영향을 행사할 수 없기에 보내온 설문에 대한 꼼꼼한 검토가 반드시 필요하다. 설문의 양에 따라서 이 과정에만 몇 달이 소요되기도 한다. 최근에는 설문지 처리과정을 신속히 하기 위해 설문응답을 전산화시킬 수 있는 설문을 이용하기도 하는데 이의 사용은 설문대상자의 교육수준이나 설문에 대한 호응도 등을 고려하여 신중히 결정해야 한다.

반면, 개인면접설문이나 전화설문은 면접요원에 대한 사전훈련을 통해 자료처리과정에서의 문제를 최소화할 수 있다. 그러나 면접요원으로부터 설문지를 회수하는 과정에서 반드시 이들로 하여금 설문지를 다시 한 번 검토하게 하고, 연구진도 몇 가지 확인사항을 미리 정해 놓고 이를 확인함으로써, 문제점이 있을 경우 즉각적인 수정이 가능하도록 해야 한다.

바) 소요비용의 측면에서 본 장단점

소요비용은 개인면접설문이 가장 많이 들고 그 다음이 전화설문이고 우편자기기입설문은 가장 비용이 적게 드는 것으로 알려지고 있다. 그러나 우편설문의 경우 낮은 응답률로 인해 설문을 여러 차례 재발송해야 하는 상황까지도 염두에 두고 비용을 산정해야 한다.

이상의 내용을 종합하여 보면 개인면접 설문조사는 훈련된 면접조사원으로 통해 가장 잘 높은 정보를 얻을 수 있는 접근 방법인 반면 소용비용이나 장기화되는 연구기간 등으로 제한이 있고, 전화 설문의 경우 설문이 길지 않으면 비용을 줄이면서 개인면접에서와 같은 수준의 정보를 얻을 수 있으나 특정집단을 포괄할 수 없거나 응답거부가 높다는 면에서 비뚤림이 발생할 가능성이 높다고 하겠다. 한편 연구대상의 범위가 넓은 대규모 조사의 경우 자기기입에 의한 우편조사가 불가피한데 이 경우에는 연구대상에 대한 효과적인 사전고지와 설문지의 구성 및 항목선정이 설문응답을 좌우하는 주요한 요인이 된다.

최근에는 이들 각각의 접근방법의 장점을 살려 복합적인 접근을 하기도 한다. 예를 들어 개인면접조사에서 거부하는 사람을 대상으로 전화면접이나 우편설문조사를 보완하기도 한다. 그리고 설문 조사과정에서 컴퓨터의 도움을 받는 방대한 응답처리를 컴퓨터의 모니터에 뜬 설문지에 그대로 입력하는 선에서 활용되었으나 최근에는 random digit dialing(RDD)기법에 의해 연구대상의 선정, 전화일정조정, 설문조사과정에 대한 평가, 그리고 응답에 따른 설문 진행순서에 대한 조정에 이르기까지 자동적으로 처리하는 선으로

표 8.3 자료접근방법의 장단점

	개인면접설문	전화설문	자기기입설문
연구대상의 포괄정도	+++	++	++
응답률	+++	++	+/−
설문지 구성의 용이성	+++	++	+/−
민감한 항목	+/−	++	+++
연구 진행 감독의 용이성	+/−	+++	++
설문수행시간	+/−	+++	+
자료처리의 용이성	++	+++	+/−
소요비용	+/−	+	+++

* +: 장점, −: 단점

까지 발전하고 있다. 위에서 언급한 개별 측면에 따른 주요 자료접근방법의 장단점을 표로 정리하면 표 8.3과 같다.

3) 설문지 고안(questionnaire construction)

우편설문조사에서는 말할 것도 없고 개인면접 및 전화 설문조사에서도 설문지를 어떻게 구성하고 항목을 어떻게 선정, 배열하는가 하는 것은 조사연구의 가장 핵심적인 부분이라 할 수 있다. 그런데 이 부분은 연구대상 선정이나 자료분석과 같은 영역과는 달리 과학이라기보다는 일종의 예술의 영역이라 할 수 있다. 즉 어떤 사전 규칙이나 법칙이 있는 것이 아니라 연구가설, 연구방법 및 대상, 그리고 사용 가능한 재원을 종합적으로 고려하여 연구대상자로부터 가장 필요한 정보를 가장 정확하게 얻어내는 수단을 개발하는 과정으로 연구진의 창의적인 접근이 가장 필요로 하는 부분이라 할 수 있다.

설문지를 개발하는 과정은 다음과 같다.

① 연구가설을 구체화한다.
② 이 가설을 검증하기 위해 어떠한 정보가 필요한지 결정한다.
③ 이 정보를 얻기 위한 질문 문항의 초안을 마련한다.

④ 이상의 항목을 배열하여 설문지를 구성한다.
⑤ 예비조사를 수행한다(→ 2번으로 되돌아간다).

가) 연구가설의 구체화

이는 연구가설의 정련화 과정으로 설문지 작성을 염두에 두고 머리 속의 연구목적을 인적 · 시간적 · 공간적 변수에 맞춰 구체화한다. 예를 들어 "고지방식이와 대장암과의 관련성을 규명" 하고자 하는 연구목적은 이 단계에서는 "1997년 8월부터 1998년 7월까지 서울시내 3개 대학병원에 신규 입원한 대장암 환자군과 같은 병원 이비인후과에 신규 입원한 환자 중 성, 연령에 맞춰 짝짓기하여 대조군을 선정한 후 이들을 대상으로 과거 식이습관을 조사하여 상호 비교한다." 는 식으로 구체화되어야 한다.

나) 어떠한 정보가 필요한 지를 결정

연구가설이 구체화되면 문헌고찰을 통해 이 가설을 규명하기 위해 기존의 연구에서는 어떤 변수를 측정해 연구해 왔는가를 조사하고, 본 조사에서 획득가능한 정보가 무엇인지를 결정한다. 예를 들어 청소년의 비만정도를 파악하고자 할 경우 연구대상의 비만 정도를 체질량지수(Body Mass Index)로 할 것인지, 아니면 Waist-to-Hip ratio(WHR)로 할 것인지를 결정해야 한다. 이 과정에서 반드시 최종적인 연구성적으로 제시할 표의 양식(dummy table)을 미리 구상해 보는 것이 필요하다. 이를 통해 필요로 하는 정보의 내용을 보다 구체적으로 인지할 수 있을 뿐 아니라 문항의 초안도 보다 엄밀하게 작성할 수 있다.

다) 질문 문항의 초안을 작성한다.

질문 문항은 연구대상의 특성과 구체적인 자료수집방법에 대한 고려 하에 가능한 한 동일한 의미가 대상자에게 전달되고, 이들로부터 가장 정확한 정보를 얻을 수 있도록 구성되어야 한다. 문항 작성과정에서의 주의할 점은 다음과 같다.

- 모호한 용어: 여기서 얼마나 오랫동안 사셨습니까?

- 어려운 용어: 귀하는 일과시간중 좌업시간은 얼마입니까?
- 복합적인 질문: 등산을 할 때 가슴이 답답한 적이 있습니까?
- 유도성 질문: 귀하는 지난 1년 동안 장티푸스와 같은 전염병에 걸린 적이 있습니까?
- 구체성이 결여된 질문: 어떤 종류의 집에 사십니까?
- 상호 겹치는 질문: 보통 출근할 때 지하철을 이용하십니까? 아니면 자가용을 이용하십니까?
- 예측성 질문: 우리 동네에 건강증진센터가 건립되면 이용하시겠습니까?
- 이중 부정 문귀: 거리에서 담배 자판기를 없애는 것에 반대하십니까?

라) 설문지의 구성

설문지는 설문 응답자의 입장에서 응답하기 편하게끔 구성되어야 한다. 개인면접이나 전화설문은 상황에 따라 설문 진행과정에 변화를 줄 수 있는 반면 자기 기입 설문의 경우 문항의 순서 자체가 고정되어 있기에 이와 같은 구성이 설문 응답여부에 큰 영향을 미칠 수 있다. 따라서 민감하거나 답하기 어려운 문항은 설문의 뒤쪽에 배치하여 설문에 익숙해진 다음에 답하도록 하는 것이 낫다. 그리고 연구가설과 관련된 주요한 질문은 가급적 앞에 배치해 응답자가 지루함을 느끼기 전에 답을 얻거나, 설문 초기에 설문목적을 분명히 전달하는 효과를 기대해 볼 수 있다.

마) 예비조사(Pilot study)

이와 같이 준비된 설문은 반드시 예비조사과정을 거쳐 여러 차례의 교정을 거치는 것이 바람직하다. 예비조사는 설문지의 고안뿐 아니라 실제 조사수행, 수집된 설문의 검토, 자료입력, 그리고 분석에 이르기까지 조사연구의 전체를 사전에 검토해 본다는 점에서 실제 조사 수행 전에 반드시 거쳐야 되는 마지막 단계라고 할 수 있다.

설문지 개발의 과정의 초기에는 연구진이 직접 동료나 주위 인물을 대상으로 설문조사를 수행함으로써 자신이 만든 설문서가 실제 어떻게 이용될 것인지에 대한 구체적인 감을 갖는 것이 필요하다. 그리고 이 과정은 설문 문항을 교정하는데 반드시 필요하다고 하겠다.

개인 또는 전화 설문조사에서의 예비조사는 실제 연구대상이 되는 집단에서 일부를 무작위로 약 15~50여 명을 선정해 면접 조사원이 정해진 조사일정에 따라 실제 조사에서와 똑같이 수행하는 것이 가장 바람직하다. 그러나 많은 경우 이와 같이 무작위 선정까지는 갈 필요는 없고, 연구대상의 특성별로 단 몇 명이라도 해 보는 것이 필요하다. 예를 들어 우리 나라 농촌지역주민에 대한 설문조사를 계획할 경우, 대부분의 조사 대상자가 노인이기에 면접요원들은 이 예비조사단계에서 최소한 1~2명의 젊은 사람을 대상으로 설문조사를 해 보도록 훈련되어야 한다.

예비조사과정에서 가장 핵심적인 부분은 조사 후 면접요원들에서 자신들의 설문조사를 정리하게 하는 과정(debriefing)이다. 이때 면접요원이 여러 명이면 개별적으로 이들의 보고를 수렴하기보다는 다 같이 모인 자리에서 서로의 경험을 상호 교환하게 하는 것이 훨씬 바람직하다. 처음에는 면접에 소요된 시간과 설문에 참여를 요청하는 과정에서의 문제점 등에서 시작하여 종국에는 설문 문항 하나하나에 대한 평가가 될 수 있도록 한다.

한편, 예비조사과정에서는 반드시 예비조사 설문지를 검토, 교정, 입력하는 과정을 거쳐 최종적인 분석에 이르기까지 연구의 전 과정을 시험해 보는 것이 중요하다. 특히 문항별로 일차적인 분석을 함으로서 지나치게 응답이 치우쳐 나오는 항목이나 예상 밖의 응답이 있는 항목을 파악해 이에 원인을 규명해 보는 것이 필요하다.

참고문헌

1. 김동현 · 나덕렬 · 연병길 · 강연욱 · 민경복 등. 도시지역 노인들의 치매유병률에 관한 단면조사연구. 예방의학회지 1999;32:306-316.
2. Aday LA. Designing and conducting health surveys. 2nd Ed. Jossey-Bass;1996.

9장

환자-대조군연구

Epidemiology

질병의 원인 혹은 위험요인을 규명함에 있어, 결과를 먼저 관찰한 다음에 이런 결과를 초래한 가능한 원인 혹은 요인을 탐구해 들어가는 형태의 역학연구를 환자-대조군연구(case-control studies)라 하는데, 그 전개방식이 [원인 ← 결과] 의 방향이므로 후향적 연구(retrospective studies)라고도 불린다. 즉 특정 질병을 가진 환자군과 그런 질병을 가지지 않은 대조군을 선정한 후, 과거 혹은 현재의 특정 요인노출 정도를 두 군 사이에서 비교하는 방법인데, 이는 임상에서 의사가 환자를 진찰하여 진단을 내리는 과정에서도 볼 수 있는 매우 자연발생적인 사고전개 방법이다. 환자군과 대조군 사이에 노출의 정도가 다르다면, 그 위험요인이 질병과 인과적 관련성을 가지고 있다고 추론할 수 있다.

예제 9-1 자궁내막암과 에스트로겐 복용과의 관련성을 규명하기 위하여 1970년부터 1975년까지 미국 보스턴의 한 병원에 입원하여 자궁내막암으로 새롭게 진단 받은 40~80세의 백인 여성환자 188명과 더불어, 같은 과에 입원하여 악성 종양이 아닌 질환으로 수술 받은 대조군 428명을 대상으로 환자-대조군연구를 수행하였다. 약물 복용력과 임신 과거력에 대한 정보는 병원 및 개인 주치의의 의무기록에서 발췌하여 수집하였으며, 그 결과 환자군의 39%와 대조군의 20%가 과거에 에스트로겐을 복용한 것으로 나타났다.

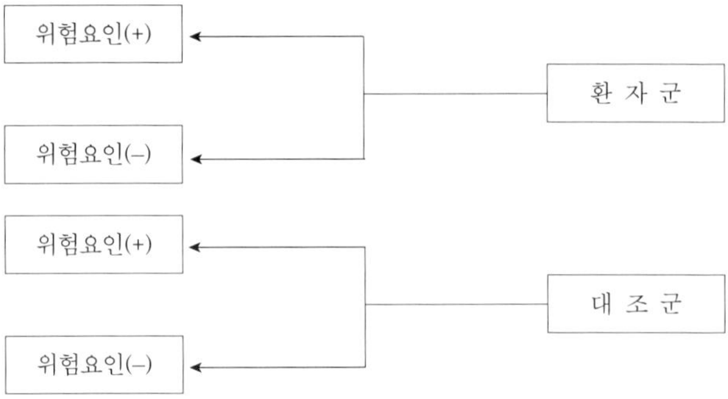

그림 9.1 환자 - 대조군연구의 도시

예제 9-1에서 보는 바와 같이 환자-대조군연구에서는 자궁내막암을 가진 환자군과 그 질병을 가지지 않은 대조군을 확인한 후 이들 대상의 과거 약물 복용 여부를 의무기록을 검색하여 조사하였다. 에스트로겐 복용자가 환자군에서는 39%이었던 데 비해 대조군에서는 20%이었으므로 이 약물의 복용이 자궁내막암 발생과 관련이 있음을 의심하게 한다.

코호트연구와 환자-대조군연구의 가장 큰 차이점은 연구대상을 선정하는 방법에 있다. 코호트연구에서는 질병에 걸리지 않은 사람을 먼저 선정하고, 이들을 특정 원인에 노출된 군과 노출되지 않은 군으로 구분하면서 연구를 시작하는 반면에, 환자-대조군연구에서는 현재 질병에 걸려 있는 사람과 그렇지 않은 사람을 정한 뒤 과거 노출 여부를 조사하게 된다.

환자-대조군연구는 암과 같이 발생빈도가 비교적 낮거나 긴 잠복기를 가지는 질환의 연구에 특히 유용한데, 환자-대조군연구는 이미 발생된 환자를 대상으로 하기 때문에 코호트연구에서와 같이 그 질환이 발생될 때까지 기다릴 필요가 없기 때문이다. 물론 후향적 코호트연구(historical cohort study)도 질병발생까지의 기간을 기다릴 필요가 없다는 점에서는 환자-대조군연구와 비슷하나, 질병이 있기 이전의 노출요인에 관한 과거의 기록이 있어야만 가능하다는 면에서는 다르다.

1. 환자-대조군연구의 역사

사회학 분야에서는 1920년대 이후부터 환자-대조군연구 형태가 일반화되기 시작하였으나, 의학분야에서는 2차 세계대전 이후에야 일반화되기 시작하였다.

1920년 Broders는 입술의 편평세포암과 파이프 담배와의 관련성을 환자-대조군연구로 접근한 것으로 되어 있으나, 불행하게도 대조군을 어떻게 선정하였는지에 대해 기술하지 않았다. 근대적 의미의 환자-대조군연구는 1926년 Lane-Clayton에 의해 수행된 유방암 발생에 미치는 임신-출산요인에 관한 연구에서 그 효시를 찾을 수 있는데, 이 연구에서는 특히 대조군 선정의 중요성을 강조하였으며, 그 결과로 병원 대조군을 선정하는 과정에서 짝짓기 기법을 사용하였다. Schreck과 Lenowitz(1947)는 음경암에 관한 연구에서 대조군 선정의 중요성을 특히 강조한 바 있으며, Sartwell(1947)은 수혈에 의한 간염을 최초로 증명하는 과정에서 환자-대조군연구방법을 사용하였다. 1950년대에 들어서면서 폐암과 흡연과의 관련성에 관한 연구를 시발점으로 여러 종류의 암 위험요인에 관한 연구에 환자-대조군연구가 광범위하게 사용되기 시작하였다.

1950년대에 들어서면서 환자-대조군연구의 통계학적 이론의 적용에서 괄목할 만한 발전이 이루어지게 되는데, 역학자료 분석방법론의 효시라 간주되는 Cornfield(1951)의 연구는 환자-대조군연구에서 위험요인과 대상 질병과의 관련성을 계량화하는 방법을 처음으로 제시하였다. 1959년 Mantel과 Haenszel은 교란변수의 영향을 통제하기 위하여 층화 자료로부터 요약 상대위험도를 산정하는 방법을 제시해 환자-대조군 연구방법의 타당성을 더욱 강화하였으며, 지금까지도 애용되고 있는 방법론이다. 유방암과 늦은 초산력과의 관련성을 환자-대조군연구로 증명한 MacMahon 등(1970)의 논문은 환자-대조군연구가 의학연구의 중요한 연구방법으로서 기반을 다지는 중요한 계기를 제공하였다는 점에서 의의가 있다. 환자-대조군연구의 개념이 정립되고, 통계적 분석법도 완성된 1970년대에는 수없이 많은 연구결과가 환자-대조군연구 형태로 수행되게 되는데, Herbst 등(1971)의 임신 중 합성

에스트로겐 복용과 출생 자녀에서의 질선암, Ziel과 Finkle(1975)의 에스트로겐 복용과 자궁내막암, Prince 등(1975)의 B형간염과 간암, Munoz 등(1992)의 자궁경부암과 인유두종 바이러스 등 특히 암 역학분야에서 각종 숙주 및 환경성 위험요인과 질병발생의 인과적 관련성을 규명하는데 환자-대조군연구가 적극적으로 활용되면서 꽃을 피우게 된다. 근래에 들어서는 그 적용범위가 매우 다양해져 거의 모든 영역의 연구에 환자-대조군연구 방법론이 활용되고 있다.

2. 연구가설

환자-대조군연구에서도 연구가설이 구체적으로 정의되어야 하는데, 특히 예제9-2에서 볼 수 있듯이 환자-대조군연구는 특정 질환에서 여러 노출요인에 관한 가설을 동시에 검정할 수 있는 장점을 가진다. 이러한 이유에서 환자-대조군연구는 원인 미지의 질환 연구에 적합하다.

예제 9-2 자궁경부암 발생에 관련되는 위험요인으로 인유두종 바이러스(HPV) 감염, 성적 접촉, 출산력, 경구피임약 복용, 집단검진 수진력, 흡연, 그리고 이들 위험요인 간의 상호작용을 평가하기 위하여 일반 인구 대상 환자-대조군연구가 스페인과 콜롬비아에서 수행되었다. 이를 위하여 암 환자 확인 네트워크를 구축하였는데, 정기적으로 모든 병원과 병리검사실을 방문하여 환자를 확인하였으며, 발견된 환자에 대해서는 치료를 받기 이전에 설문조사를 실시하였다. 그 결과, 병리-조직학적 검사로 침윤성 편평세포암으로 새로이 진단된 환자군 436명과 더불어 환자군이 뽑힌 일반 지역주민에서 연령이 비슷한 387명이 대조군으로 선정되었다.

예제 9-2에서 보듯이 환자-대조군연구는 여러 위험요인을 동시에 검정할 수 있을 뿐만 아니라 비교적 짧은 시간 안에 적은 비용으로 수행하는 것이 가능하기 때문이다. 이러한 탐색적 환자-대조군연구의 결과로 제시된 가설은 보다 구체적으로 계획된 연구를 통해 검정과정에 들어가게 된다.

예제 9-3 청소년기 여성의 질선암은 당시만 해도 원인을 모를 뿐만 아니라 질환 자체가 매우 드물었기 때문에, 이 질환의 위험요인을 탐색하여 원인에 관한 가설을 세우기 위하여, 보스턴 빈센트 기념병원 부인과 의사들은 14~22세의 어린 나이에 상기 질환으로 진단된 환자를 같은 병원 의무기록을 조사하여 1966년부터 1969년까지 8명의 환자가 있었음을 확인하였다. 원인 미지의 질환에 대해 환자-대조군연구를 탐색적으로 수행하기 위하여 같은 기간동안 동일 병원에 입원한 여성으로 환자와 생일이 5일 이내로 같은 다른 질환의 환자 32예를 짝짓기하여 대조군으로 정한 후, 환자 본인 및 환자의 어머니를 대상으로 임신-출산력, 음주 및 흡연 여부, 방사선 조사, 성행위 과거력, 그리고 본인 및 임신중 경구피임약을 포함한 약물 복용력을 직접 설문조사와 의무기록지 검색을 통해 수집하였다.

예제 9-3은 당시까지만 해도 원인을 모르고 있었으며 매우 드문 질환인 청소년기 여성에서의 질선암의 가능한 위험요인을 탐색적으로 조사한 환자-대조군연구로, 8명의 매우 적은 환자군과 32명의 짝지은 대조군을 선정하였다. 이들의 과거력을 후향적으로 조사한 결과, 당시 임신 실패의 경험이 있었던 어머니가 임신 도중에 정상분만을 유도하기 위하여 하혈의 부작용이 있음에도 불구하고 합성 에스트로겐 약물(diethylstilbestrol, DES)을 복용하였음을 알 수 있었는데, 이는 환자군의 어머니에서 더욱 뚜렷하였다. 결국 임신시 합성 에스트로겐 약물(DES) 복용으로 인해 정상적으로 태어난 여아가 청소년기에 이르러 질선암에 걸린다는 당시로서 획기적인 연구결과를 보고하게 되었으며 이 경우가 환자-대조군연구의 전형적인 예이다.

3. 환자군의 정의 및 선정방법

1) 환자군의 정의 및 자격기준

환자군을 선정하기 위하여 대개는 연구설계 단계에서 환자군의 정의와 선정기준을 미리 정하게 되는데, 이 과정에서 연구대상이 잘못 분류되어 환자가 아닌 대상을 환자로 분류하게 되면 소위 분류비뚤림(misclassification bias)이 발생한다. 위중도가 심한 질병을 연구하는 경우에는 환자가 아닌 경우를 환자로 잘못 분류하는 일이 별로 발생하지 않는 반면, 질병이 너무 심해서 사망해 버렸거나 혹은 적절한 치료로 완치되어 버린 환자는 대상선정에서 빠지게 되는 결함이 있다. 반면에 경증의 증상을 보이는 질환을 연구하는 경우에는 환자가 아닌 경우를 환자로 잘못 분류하는 일이 자주 발생하게 된다. 따라서 비록 진정한 의미의 환자를 놓치는 한이 있더라도 환자로서의 명백한 증거가 있는 경우만을 환자로 선정해야 한다. 불확실한 대상을 환자로 잘못 분류하는 경우에는, 진정한 의미의 환자에서 얻어지는 실제 결과를 희석시키게 되어 환자군과 대조군 사이의 관련성에 관한 참값을 과소 평가하게 된다.

정의뿐만 아니라 환자군의 자격기준도 명확히 하여야 한다. 연구대상이 되는 환자군의 자격기준의 첫번째는 연구가설로 채택한 위험요인에의 노출잠재성(exposure potential)이다. 예를 들어 자궁내막암과 피임약 복용과의 관련성을 환자-대조군연구로 수행한다고 할 때 환자군인 자궁내막암 환자들은 과거에 피임약 복용의 잠재성을 가지고 있어야 한다. 즉 피임약을 복용할 필요 또는 그 가능성이 없었던 환자는 연구대상이 될 수 없다. 그 외의 기준으로는 질병의 정도가 심하여 면접을 할 수 없는 환자나, 너무 연로하여 진단의 정확도도 떨어질 가능성이 있으며, 위험요인에 관한 정보수집도 불확실할 것이 예상되는 환자 등은 대상 자격에서 제외시켜야 한다. 그러나 자격기준에 맞는 환자라 하더라도 모두가 연구대상으로 들어오지는 못한다. 타지역으로 이사를 가서 찾을 수 없다던가 아니면 아무런 이유 없이 면접조사에 협조를 안 한다던가 하는 경우인데, 연구자는 ① 처음 선정기준에 맞는 사람은 몇 명이었으며, ② 자격기준을 적용한 결과 대상에서 제외된 사람은 몇 명이었고, ③ 제외 사유와 더불어 제외된 사람의 인구학적 특성(예: 연령, 성별, 교육정도, 사회-경제적 수준 등)이 최종 분석에 포함된 연구대상과 차이가 없는지 세세하게 검토하여 소위 선택비뚤림(selection bias)의 가능성 여부를 판정해야 한다. 사실 이 부분이 환자-대조군연구에서 가장 중요한 부분이다.

환자군은 잠정적 연구대상을 대표할 수 있도록 한다. 이러한 대표성이 없는 경우 연구결과의 내적 타당도와 외적 타당도를 보장받지 못한다. 참여율이나 반응률을 이용하여 연구결과 적용대상에 대한 대표성을 점검해야 한다. 만약 환자군을 새로이 발생되는 환자로 하고 환자군이 뽑힌 인구집단을 대표할 수 있도록 대조군을 선정한다면, 코호트연구와 동등한 수준의 연구결과를 산출하게 된다.

환자군 선정과정에서 연구결과의 일반화 가능성보다는 타당도를 중시하여야 한다. 예를 들어, 유방암 환자를 선정하는 경우에 폐경 이전 여성과 폐경이 지난 여성을 모두 연구대상으로 하면 일반화의 가능성은 그만큼 높아지지만, 유방암은 폐경 여부에 따라 위험요인이 다르기 때문에 연구결과의 타당도는 문제가 될 수 있다. 비록 적은 수를 대상으로 하는 한이 있더라도 특성이 동질적인 대상을 선정하여 인과론적 판정을 성공적으로 수행하도록 계획하는 것이, 무조건 일반화에만 치중하여 비뚤린 결과를 초래하는 것보다는 훨씬 좋다는 뜻이다.

병원에 찾아와 진단을 받은 환자를 대상으로 하는 환자-대조군연구에서는 질병의 종류에 따라 지역사회로부터 환자가 입원하게 되는 율이 다르다는 사실에 유념해야 하는데, 특히 다른 질병의 이환 여부를 연구가설인 위험요인의 하나로 채택한 경우에 문제가 된다. 이와 같이 질병마다 입원율이 다름으로 해서 연구결과에 비뚤림이 발생하는 것을 이를 'Berkson의 비뚤림'이라 한다.

한편, 경우에 따라서는 연구가설의 노출요인(예를 들어 에스트로겐 복용 여부) 때문에 환자(예: 자궁내막암)를 발견하는 기회가 달라지고, 따라서 연구대상으로 선택되는 확률이 달라져 연구결과에 비뚤림이 발생할 수 있다. 이런 경우 진단 기회에 의한 비뚤림(detection bias)이 발생하였다고 한다.

환자군은 대개 한 질병군으로 하나만 선정하는 것이 일반적이지만, 경우에 따라서는 두 가지 질병 이상의 환자군(multiple-disease case-control study)을 동시에 선정하기도 한다. 이런 경우에는 환자군을 선정하는데 드는 비용을 절약할 수 있으며, 동일 대조군을 사용하기 때문에 통계적 검정력이 증가되는 이점이 있다.

2) 환자군의 선정방법

병원 환자를 대상으로 하는 환자-대조군연구에서는 특정 병원을 방문(외래 및 입원)한 환자 중에서 선정기준에 맞는 모든 환자가 대상이 된다. 예제 9-3과 예제 9-4는 특정 병원을 찾은 환자 중에서 환자군을 선정한 예를 보여주고 있다.

예제 9-4 1988년부터 1992년까지 일본 나고야 아이찌암센터에서 새로이 진단된 여성 대장-직장암 환자 372명의 환자군과 같은 기간동안 동일 병원에 암 진단을 받기 위해 방문한 여성 중 정상이라고 확인되고 설문조사에 응한 나머지 모든 여성 31,061명을 대상으로 대장-직장암과 여성의 월경-출산력의 관련성을 파악하는 동시에 이러한 관련성이 대장의 세부부위별로 차이가 나는지 알아보기 위하여 환자-대조군연구를 수행하였다. 연구에 필요한 정보는 같은 병원을 찾은 최초 방문객이 진단이 내려지기 이전 시점에 외래에서 자기 기입식으로 작성한 설문지에 근거하여 입수하였으며, 병리조직학적 확진 검사와 대장 내 발생 부위 등의 정보는 의무기록지 검색을 통해 확인하였다.

반면, 예제 9-2처럼 특정 지역에 거주하는 주민 등 병원 환자가 아닌 일반 인구집단을 대상으로 일정한 기간 동안 환자군을 선정하는 경우도 가능하다. 일반 지역주민을 대상으로 하는 환자-대조군연구는 병원 환자를 대상으로 하는 연구에 비해 연구결과의 일반화에서 큰 장점을 가지기 때문에 선호된다. 하지만 실제 실행에 옮기는 과정에서는 '환자 확인작업을 어떻게 완벽하게 수행하는가?' 하는 사항이 문제가 된다. 특히, 지역 내 환자 후송과정에서 놓치는 환자가 있어서는 안 되며, 대상의 추적이나 응답 거부의 문제를 사전에 해결하여야 이런 형태의 연구가 가능하다. 암을 대상으로 하는 연구에서 지역암등록사업을 이용하는 것이 좋은 예이다.

새로이 발생한 환자를 선정하는 방법과 이미 발생되어 존재하고 있는 유병 환자를 선정하는 방법이 있다. 유병 환자군(prevalent cases)은 단기간 내 충분한 수의 환자를 확보할 수 있다는 장점이 있는 반면, 단점이 많아 사용할 때 주의하여야 한다. 질병의 임상경과가 짧은 환자는 회복이 되었거나 혹은 사망해 버려서 연구대상으로 잡히질 않게 되고, 따라서 임상경과가 긴 환자들만 남아 과도하게 연구대상으로 선정되는 경향이 있다. 또한 이미 그 지역을 떠나 버렸거나, 주소가 불명확한 경우 접근이 불가능한 단점도 있다. 유병 환자군은 새로이 발생한 환자로 구성된 환자군을 대표할 수도 없다.

반면, 예제 9-4에서 보듯이 새로이 발생한 환자군(incident cases)은 연구에 필요한 충분한 수의 환자를 확보하는데 시간이 많이 걸리는 단점이 있긴 하지만, 여러 가지 장점을 가진다. 과거 위험요인의 노출력에 대한 기억의 정도가 훨씬 정확하며, 병에 걸린 이후 담배를 끊는 경우처럼 발병 후의 노출요인 변화도 없다.

따라서 질병경과에 따라 위험요인의 노출정도가 영향을 받지 않는다는 전제가 충족되지 않는 한, 새로이 발생한 환자를 환자군으로 선정하여야 한다. 시간과 재원이 한정되어 유병 환자군을 부득이 사용할 수밖에 없는 상황이라면, 가능한 한 연구 개시일에 가까운 시점에 진단 받은 유병 환자를 환자군으로 선정하는 것이 바람직하다.

4. 대조군의 정의 및 선정방법

1) 대조군의 정의

환자-대조군연구는 대조군을 선정하는데 특별한 어려움이 있기 때문에 세심한 주의가 필요하다. 코호트연구와는 달리 환자-대조군연구에서는 비교가 되는 집단인 대조군을, 환자군과는 별개의 집단에서 연구자가 임의로 선정하기 때문이다.

대조군은 연구가설상의 질병을 가지지 않는다는 점을 제외하고는 나머지 모든 사항이 환자군과 동일하다는 것을 전제하고 있다. 즉, 연구의 대상이 되는 질병을 최소한 연구시점에는 가지고 있지 않아야 하며(물론 대조군에 속한 개개인도 언젠가는 그 질병을 가질 수 있음), 동시에 그 질병의 원인이라고 예상되는 요인에 관한 노출정보의 측정(또는 제공상태)이 환자군과 동일한 조건에서 이루어져야 하고, 환자군이 뽑힌 잠정적 연구대상 인구집단으로부터 선정되어야 한다.

2) 대조군의 선정대상

앞서 설명한 바와 같이 대조군은 환자군을 배출한 인구집단에서 선정되어야 한다. 다시 말해서 대조군은 연구 가설상의 위험요인에 노출될 가능성이 환자군과 같아야 하며, 그렇지 않을 경우 소위 '선택비뚤림(selection bias)'이 발생할 수 있다. 특수한 경우이기는 하지만 코호트 내에서 환자-대조군연구를 수행하는 경우(nested case-control study within the cohort)에는 환자군과 대조군이 선정되는 인구집단이 서로 동일하다.

가) 지역주민

일반 지역주민을 대상으로 하는 환자-대조군연구에서 환자군은 지역주민에서 발생한 모든 신환이 되기 때문에, 이 경우 대조군은 지역주민으로 해당 질병에 걸리지 않은 사람 중에서 임의로 표본 추출하여 선정하게 된다. 대조군을 뽑는데 비용과 시간이 많이 소요되고 일반적으로 타당성이 높다. 하지만 지역사회 주민을 대상으로 하는 이런 형태의 연구에서도 건강한 사람이 대조군으로 참여하지 않으려는 경향이 있으면 선택비뚤림이 발생될 가능성이 있다.

나) 환자의 친구나 친척(인우)

환자의 친구나 친척처럼 환자와 가까운 사람이 대조군으로 선정되기도 한다. 물론 이 경우에도 환자군과 동일한 지역 내에 거주하는 등, 환자군 선정과정과 비교성이 있는 사람에 국한하는 것이 보통인데, 친구나 친척은 개개 환자와 노출요인이나 기타 특성이 너무 비슷하기 때문에 소위 과잉 짝짓기(over-matching)의 문제가 야기될 수 있음에 주의하여야 한다. 한편, 대조군으로 이웃을 사용하기도 하는데, 이 경우에도 환자와의 유사성 때문에 과잉 짝짓기의 소지가 있다. 더군다나 이들 대조군으로부터 원하는 정보를 입수하기 위해서는 전화 등의 방법으로 미리 접촉을 한 후 만나서 동의를 얻어야 하는 등 연구 수행에 어려움이 있다.

다) 병원환자 대조군

병원환자를 환자군으로 사용하게 되면, 일반적으로 환자가 선정된 모집단을 정의하거나 국한하기가 불가능하다. 왜냐하면 대부분의 병원이 각각 독자적인 진료권역을 가지고 있지 않을 뿐 아니라, 설혹 그것이 가능하다 하더라도 그 지역 내 모든 환자가 그 병원을 선택한다는 보장도 없기 때문이다. 따라서 이런 경우 가장 흔히 이용되는 대조군이 병원환자 대조군이다.

병원환자 대조군은 다음과 같은 몇 가지 장점을 가진다. ① 환자가 병원을 찾는 데는 여러 가지 요인(예를 들어 경제수준, 거주지역 등)이 작용하게 되는데 환자군과 이러한 특성이 동일한 집단에서 대조군을 선정하기 때문에 이런 요인에 의한 영향을 대폭 감소시킬 수 있다. 또한 ② 대상을 고르기가 쉽고, ③ 대개 설문에 협조적이며, ④ 이들 대조군도 타 질병이기는 하지만 환자이기 때문에 과거력의 기억 정도 등이 환자군과 비슷하다. 그러나 무엇보다도 중요한 장점은 ⑤ 대조군의 정의에 입각하여 볼 때 연구 가설상의 질병을 가지지 않고 있음을 직접 확인할 수 있다는 점이다.

반면, 병원환자라는 한정된 집단에서 대조군을 선정하기 때문에 어려운 점도 많다. 특히 주의해야 할 점은 어떤 질병은 연구하고자 하는 질병과 위험요인을 공유하기 때문에 대조군의 노출 정도가 환자군이 배출된 모집단의 노출률과 크게 달라질 수 있다는 사실이다. 예를 들어 유방암과 음주습관과의 관련성을 연구하는데 대조군으로 교통사고로 입원한 환자를 선정하는 경우 이들 사고환자에서는 음주력이 상대적으로 높아 그릇된 결과가 예상된다. 이러한 문제를 피하기 위하여 대조군도 연구가설에 따라 선정기준을 만들어 뽑아야 한다.

일반적으로 환자군과 동일한 병원에 입원한 환자를 대상으로 대조군을 선정하는 연구를 '병원 중심의 환자-대조군연구'라 하며, 예제 9-5에서 보는 바와 같이 환자군이 속한 지역사회 일반주민에서 연구대상을 추가로 선정하여 병원환자 대조군과 일반 지역주민 대조군을 모두 대조군으로 하는 연구를 지역사회 대조군이 있는 병원 중심의 환자-대조군연구(hospital-based case-control study with community control)라 한다. 이 연구방법은 '병원을 찾는 환자로 구성한 환자-대조군이 소위 선택 비뚤림에 영향을 받지 않았나?' 혹은 '일반화의 가능성은 있는가?'를 평가할 목적으로 사용된다. 물론 병원 환자 대조군을 하나 이상 두어 비슷한 결과가 나오는가를 평가하는 방법을 사용하기도 한다. 이에 비해 병원이 아닌 지역주민 전체를 대상으로 하여 환자군과 대조군 모두를 지역주민으로부터 선정하는 연구를 지역사회 중심의 환자-대조군 연구(community-based case-control study)라 한다.

예제 9-5 폐경 여부에 따른 비만과 유방암과의 관련성을 평가할 목적으로 환자-대조군연구를 수행하는 과정에서, 환자군은 1989년부터 1992년까지 서울대학교병원 외과에서 유방암으로 진단받은 환자 162명을 대상으로 하였으나, 대조군은 ① 같은 기간동안 같은 병원 산부인과에 내원하여 암 및 전신질환 없다고 판정받은 여성 150명과 더불어 ② 유방암 환자의 친구 및 동일지역 거주 여성 152명을 대상으로 하였다. 이들에 대해 직접 설문조사 및 의무기록지 검색을 통해 위험요인에 관한 정보를 수집하였다.

3) 대조군의 선정과정

병원 중심의 환자-대조군연구나 지역주민을 대상으로 하는 환자-대조군연구처럼 대상 인구가 유동적일 경우에는 위에서처럼 시점마다 위험인구를 정할 수가 없기 때문에 신환 환자군 1명에 대해 1명 이상의 대조군을 환자군이 속한 집단 속에서 선정한다.

경우에 따라서는 환자 1명에 대해 대조군이 2명 이상이 되도록 선정하기도 한다. 가장 적정한 대조군-환자군 비는 1:1이지만, 대조군의 위험요인 노출 정도가 극히 낮을 것으로 예상되거나, 충분한 수의 환자를 확보하기 어려운 경우 통계적 안정성과 검정력을 확보하기 위해 대조군을 2명 이상 두는 경우도 있다. 하지만 통계적 검정력의 증가에도 한계가 있기 때문에 4배수 이내로 선정한다.

4) 짝짓기

가) 개별 짝짓기

대조군 대상집단이 결정되면 이들 중에서 실제 연구에 포함되어 위험요인 노출에 관한 정보를 수집하게 될 개개인을 선정해야 하는데, 환자 개개인마다 개별적으로 대조군 개개인을 짝지어 선정하는 것을 개별 짝짓기(individual matching)라 한다. 짝짓기에 사용하는 변수를 짝짓기 변수(matching variable)라 하는데, 이 변수는 대부분 연령이나 성별과 같은 교란변수로 제한한다.

제 9-6 '주어진 원래의 기능을 발휘하지 못하는 장기는 암으로 변하기 쉽다'는 Lane-Clayton(1926)의 주장 이래 모유 수유는 유방암 발생에 보호효과가 있는 것으로 알려져 왔다. 그러나 McMahon 등(1970)은 국제공동연구 결과, 모유 수유는 유방암 발생을 억제하는 것이 아니라 만삭분만이 유방암 발생을 억제하는 과정에서 교란변수로 작용하는데 불과하다고 주장하였다. 이후 만삭분만에 의한 교란현상을 통계학적으로 보정하면서 모유 수유의 유방암 보호효과를 증명하는데 성공한 환자-대조군연구가 수행되었다. 유근영 등은 1988년부터 1989년까지 나고야 아이찌암센터에서 새로이 진단된 유방암 환자 521명과 같은 기간 동일 병원에서 정상이라고 확인된 여성을 대상으로 빈도 짝짓기한 521명의 대조군을 선정하여 수행하였다.

교란변수(confounder)란 '연구가설상의 노출요인과 질병발생의 관계'를 교란시킴으로써 실제 관련성을 과장 혹은 과소 평가하게 만드는 제3의 변수를 말한다. 짝짓기의 결과로 교란변수에 관해서는 두 집단이 동일하게 된다. 예제 9-6에서 보는 것처럼 [만삭분만 → 유방암] 과정에서 '모유 수유'나, [경구피임약 → 난소암] 가설에서 '연령', [석면 → 폐암]에서 '흡연', [커피 → 심근경색증] 관계에서 '흡연' 변수들은 모두 교란변수로 작용한 예이다.

짝짓기의 주된 목적은 ① 교란변수의 영향을 자료수집단계에서 효과적으로 통제함과 동시에 ② 자료수집의 용이성이다. 그러나 짝짓기 변수의 수가 너무 많으면 교란변수의 영향은 효과적으로 통제되지만, 짝짓기 조건을 만족하는 대조군을 고르기 위해서 보다 많은 수의 대상이 필요로 하게 되며 따라서 효과적인 짝짓기가 불가능해지는 단점이 있다. 예제 9-3의 여성 질선암 연구에서 보는 것처럼 잠정적 대조군의 수에 비해 환자군의 수는 일반적으로 적다. 반면 대조군을 선정하는데 요구되는 변수(또는 조건)의 수가 많으면, 잠정적 대조군에서 그 조건을 충족하는 대조군을 뽑기가 어렵다. 짝짓기 변수는 보통 2개 내지 3개로 한정하는 것이 보통이며, 연령, 성별 그리고 인종(외국의 경우) 변수가 흔히 사용된다.

나) 빈도 짝짓기

환자군의 교란변수 분포가 동일하도록 대조군을 뽑기는 하지만, 환자 개개인에 대해 개별적으로 짝짓는 것이 아니라 환자군 전체 혹은 어떤 층(예를 들어 20대 연령군)의 교란변수 분포가 대조군과 동일하도록 하는 방법을 빈도 짝짓기(frequency 혹은 group matching)라 한다. 예제 9-6에서 환자군과 대조군은 연령에 관해 빈도 짝짓기를 한 결과 두 군 간의 연령분포가 동일하게 되었는데, 이는 예를 들어, 521명의 환자군을 선정해 놓고 보니 39세 이하 환자가 12.6%, 40～44세 환자가 14.6% 등이었으므로, 자격이 있는 대조군 잠정집단에서 39세 이하가 12.6%, 40～44세가 14.6% 등이 되도록 층화 확률표본추출법(stratified random sampling)을 이용하여 최종 대조군을 선정한 경우이다.

다) 과잉 짝짓기

어떤 특성(요인)에 대해 짝을 지어 대조군을 선정하였으나 그 결과로 오히려 [요인 → 질병] 간의 관련성을 위장시키는 경우가 발생하는데, 이를 과잉짝짓기(over matching)라고 한다. 짝지은 변수가 [요인 → 짝짓기 변수 → 질병]처럼 원인과 결과 사이에 놓이는 간섭변수인 경우 문제가 된다. 예를 들어 [B형간염 → 간암]을 증명하려는 환자-대조군연구에서 대조군을 만성 간질환의 과거력에 따라 짝지어 선정한 경우, 그 인과관계가 [B형간염 → 만성 간질환 → 간암]으로 연결되어 있다면 대조군은 환자군과 만성 간질환에 관해 같은 분포를 보이게 될 것이므로 결국 B형간염과 간암 간의 관련성은 나타나지 않게 된다.

또한 짝짓기 변수가 위험요인하고만 상관성을 보이고 결과변수인 질병과는 관련이 없어 교란변수가 되지 못하는 경우도 과잉 짝짓기에 해당한다. 예를 들어 [흡연 → 폐암]에 관한 환자-대조군연구에서 흡연과 음주는 연관되어 있으나 음주는 폐암과 관련이 없는 것으로 알려져 있다. 하지만 음주에 관해 환자군과 대조군을 짝짓는다면 마찬가지 이유로 과잉 짝짓기에 해당된다. 따라서 짝짓기에 사용하려는 변수가 교란변수로서의 역할이 확실하지 않을 경우에는 무리하게 짝짓기를 시도하지 말고 분석단계에서 통계적 방법으로 해결하는 것이 좋다.

5. 위험요인에 관한 정보수집

연구대상이 결정되면 이들로부터 연구가설을 증명하기 위해 가설상의 위험요인(예를 들어 모유 수유)에 관한 정보를 수집하여야 한다. 일반적으로 위험요인 노출에 관한 정보는, 의무기록지 등 이전 기록이 있는 경우에는 기존 자료를 통해 수집하며, 기존의 자료가 없거나 불완전한 경우에는 면접조사나 설문조사를 통해 수집하게 된다. 즉, 환자-대조군연구에서 필요한 정보는 ① 개인 면접, ② 우편 혹은 전화 설문, ③ 의무기록지 혹은 병록지, ④ 고용기록 등의 개인 기록, 그리고 ⑤ 생물학적 시료를 통해 얻게 된다. 그러나 병록지 같은 기존 자료에는 연구자가 원하는 위험요인 정보 등이 모두 포함되지 않은 것이 일반적이므로 설문조사 방법을 이용하게 된다.

설문조사에는 연구가설상의 두 가지 변수 이 외에도 이들 변수간의 관련성을 비뚤게 할 수 있는 '교란변수로서의 가능성이 있는 변수'도 포함하여야 한다. 뿐만 아니라 환자군과 대조군간 비교 가능성(comparability)을 확인하기 위해서 연구가설과는 전혀 무관한 위장변수(dummy variable)를 설문 문항에 넣어 그 응답결과를 비교하여 환자군과 대조군 사이에 차이가 없음을 확인하는 방법이다. 더불어서 환자군, 대조군 각각 일부 대상자를 선정하여 일부 항목에 대하여 재조사하거나, 면접설문의 상황이나 조건 등을 비교함으로써 환자군-대조군간 비교 가능성을 평가하기도 한다.

환자-대조군연구에서는 연구결과의 내적 타당도를 보장하는 것이 중요하며, 이를 위해서 두 군 간의 비교성에 문제가 없어야 한다. 따라서 연구자료 수집과정의 대원칙은 위험요인에 관한 정보수집방법이 환자군과 대조군 사이에 동일해야 한다는 것이다. 즉, 설문조사나 면접조사의 방법이나 과정도 환자군과 대조군 사이에 동일해야 하며, 면접조사원에 의한 설문의 경우에는 면접조사자가 설문대상이 환자군에 속하는지 대조군에 속하는지 모르게 하는 것이 바람직하다. 이는 측정상의 관측자비뚤림(observer bias)을 일으킬 수 있기 때문이다. 뿐만 아니라 이러한 정보의 수집은 대개 대상자의 기억에 의존해야 하는 경우가 많으므로 기억을 보다 정확히 하고 동시에 환자군과 대조군 사이에 기억의 정도가 서로 다르지 않아야 한다. 따라서 이러한 응답자 비뚤림이 없는 보다 타당성 있는 정보를 얻기 위해서는 가능한 한 질병진단이 내려지기 이전에 노출에 관한 정보를 입수하는 것이 권장된다. 예제 9-4의 연구에서는 병원을 찾는 모든 내원객을 대상으로 외래에서 진찰을 기다리며 대기하는 상태에서 설문조사를 실시하였으므로 진단이 내려지기 이전에 환자군인지 대조군인지 모르는 상태에서 정보를 수집한 예이다.

6. 자료분석

개별 짝짓기를 한 경우와 짝짓기를 하지 않고(빈도 짝짓기 포함) 수행한 경우를 서로 구분하여 분석하여야 한다.

1) 짝짓지 않은 자료

연구 가설상의 노출요인변수를 포함한 여러 변수에 관해 '환자군과 대조군이 각각 몇 명씩 분포하고 있는지?' 빈도를 보여주는 표를 가장 먼저 작성한다. 연구대상의 일반적 사항에 관한 빈도를 두 군 간에 비교해 보면서 기존 연구와 유사성을 발견하기도 하고, 비교 가능성에 문제가 될 만한 변수를 미리 파악하기도 한다.

다음의 표 9.1과 같이 연구결과를 요약한 후 자료를 분석하게 되는데, 환자-대조군연구에서는 질병을 가진 환자군과 질병이 없는 대조군에 근거하여 위험요인 노출 여부를 확인하였기 때문에, 노출군과 비노출군에서 질병의 발생률을 직접 산출하는 것은 불가능하다. 하지만 다음과 같은 대응비(odds)는 산출할 수 있다. 즉, 환자군의 위험요인 노출/비노출 대응비(a/b)와 대조군의 노출/비노출 대응비(c/d)를 직접 구할 수 있으며, 이들 두 대응비의 비를 노출에 대한 대응위험도(odds ratio)라 하여 '대조군의 노출/비노출 대응비에 비해 환자군의 위험요인 노출/비노출 대응비가 몇 배인가?'로 정의된다.

예제 9-7은 유방암 발생에 관여하는 환경인자 대사효소의 유전자 다형성

표 9.1 짝지어지지 않은 환자-대조군연구의 분석

	환자군	대조군
노출	a	b
비노출	c	d
계	n_1	n_0

환자군의 노출 대응비 = a/c

대조군의 노출 대응비 = b/d

대응위험도(OR) = $(a/c)/(b/d) = (ad)/(bc)$

예제 9-7 유방암 발생에 관여하는 환경인자의 체내 대사에는 여러 가지 효소가 작용하는데, 그 중 제2상 대사효소인 GST M1 유전자 다형성이 유방암 발생과 관련이 있는지 평가하기 위하여 수행한 병원 중심의 환자-대조군연구 결과는 다음과 같다.

표 9.2 GST M1 유전자 다형성에 대한 환자-대조군연구 결과

GST M1 유전자 다형성	환자군	대조군	대응위험도(95% 신뢰구간)
특정형 없음	110	95	1.0
특정형 있음	78	86	1.3(0.84～2.06)

에 관한 환자-대조군연구 결과이다. 환자군의 위험요인 노출/비노출 대응비(110/78)와 대조군의 노출/비노출 대응비(95/86)를 직접 구한 후, 대응위험도를 구해 보면 1.28이 된다(표의 대응위험도 1.3은 다른 변수들의 영향을 보정한 값). 즉, '대조군의 노출/비노출 대응비에 비해 환자군의 위험요인 노출/비노출 한비가 1.3배 높다'고 설명하고 간단히 '대응위험도는 1.3배이다'라고 한다.

만약 고정코호트에서 새로이 발생되는 환자를 대상으로 코호트내 환자-대조군연구를 수행한 경우에는 대조군을 선정하는 방법에 따라 연구결과를 상대위험도(risk ratio or rate ratio) 또는 대응위험도로 나타낼 수 있다.

만약 연구대상이 되는 질병의 빈도가 비교적 희귀하다면 환자-대조군연구의 결과로 산출되는 대응위험도(OR)는 코호트연구에서 얻어지는 상대위험도(RR)처럼 해석할 수 있다. 그 이론적 근거는 다음과 같다.

$$OR = ad/bc$$
$$RR = a(b+d)/b(a+c) = (ab+OR*bc)/(ab+bc) = (a+OR*c)/(a+c)$$
$$OR = (a/c)(RR-1)+RR$$

즉, 환자-대조군연구로부터 얻은 OR은 해당 질병의 이환률이 매우 낮아 비교적 희귀한 질병이라 간주할 수 있을 경우에는 'a' 가 'c' 에 비해 매우 작은 값이 되기 때문에(a/c) 는 0에 가까운 값이 된다. 따라서 이러한 경우에는 $OR \doteqdot RR$이 되므로 비록 환자-대조군연구 결과에서 얻은 OR이라 하더라도 그 결과를 해석함에 있어 RR의 경우처럼 해석할 수 있는 이론적 근거는 바로 여기에 있다. 이를 근거로 하면 위의 연구결과는 '요인노출이 없는 경우에 비해 요인노출군의 유방암 발생위험은 1.3배 높다' 라는 해석이 가능하다.

'모유 수유의 정도가 길면 길수록 유방암 보호효과가 직선적으로 증가한다' 와 같이 소위 '양-반응관계' 를 분석하고자 할 때 경향분석법에 해당되는 적절한 통계분석법(Armitage 검정 또는 경향성의 우도비 검정(likelihood ratio test for trend))을 이용한다. 연구가설상의 위험요인 노출 여부를 노출정도로 순위화시킬 수 있는 경우에는 이와 같은 통계분석법이 적극 권장되는데, 통계적 검정력이 좋기 때문이다.

예제 9-7과 예제 9-8 모두에서 대응위험도를 표현함에 있어 보정 대응위

예제 9-8 모유 수유의 유방암 보호 효과를 증명하기 위한 환자-대조군연구 결과가 표 9.3과 같이 얻어졌다. 폐경이전 여성에서는 모유 수유기간이 길어짐에 따라 대응위험도가 낮아지는 경향이 통계적으로 유의하였다.

표 9.3 모유 수유의 영향에 대한 유방암 환자-대조군연구 결과

평균 모유 수유기간(월)	폐경 이전 여성 대응위험도(95% 신뢰구간)	폐경 이후 여성 대응위험도(95% 신뢰구간)
0	1.0	1.0
1~3	0.85(0.39~1.83)	0.54(0.21~1.38)
4~6	0.63(0.27~1.44)	1.19(0.47~3.02)
7~9	0.39(0.15~0.97)	0.75(0.27~2.08)
10~12	0.58(0.27~1.25)	0.74(0.32~1.68)
≥ 13	0.77(0.23~2.54)	0.59(0.23~1.54)
	$\chi^2_{trend} = 5.3(1)$	$\chi^2_{trend} = 0.5(1)$

험도(adjusted OR)를 제시하였다. 이는 가설상의 두 변수 이 외에 가능한 모든 교란변수의 영향을 분석과정에서 보정한 결과라는 뜻이며, 이는 가능한 모든 교란변수의 영향을 배제하고 순수한 노출요인 변수와 질병과의 관련정도를 나타내는 지표를 의미한다.

2) 짝지은 자료

환자-대조군연구에서 개별 짝짓기를 한 경우에는 특별한 분석법을 사용하여야 한다. 환자 1인당 1명씩의 대조군을 1:1로 선정한 경우를 생각해 보면, *N*명의 대상자에 대하여 *N*/2 쌍이 표 9.4에서 보는 바와 같이 분포하게 된다. 제시된 4가지 쌍 중에서 '환자가 위험요인 노출/대조군도 노출'인 *r*쌍과 '환자가 위험요인 비노출/대조군도 비노출' 인 *u*쌍은 연구가설을 증명하는데 도움이 되는 정보를 전혀 제공하지 못하기 때문에 제외하고, 나머지 *s*쌍과 *t*쌍만으로 구성되는 짝지은 자료가 대응위험도 산출 및 분석에 이용된다. 대응위험도는 *s*/*t*로 산출된다. 1:2 이상으로 짝지은 자료의 분석 등은 보다 고급 통계영역에 속한다.

표 9.4 1:1로 짝짓기된 환자-대조군연구 자료분석

	대조군		계
	노출	비노출	
환자군 노출	*r*	*s*	*a*
비노출	*t*	*u*	*b*
계	*c*	*d*	*N*/2 쌍

r: 짝지은 환자-대조가 모두 노출이 있었던 쌍
s: 환자군은 노출이 있었으나 대조군은 노출이 없었던 쌍
t: 환자군은 노출이 없었으나 대조군은 노출이 없었던 쌍
u: 짝지은 환자-대조가 모두 노출이 없었던 쌍

7. 요약 및 장단점

환자-대조군연구의 결과를 해석함에 있어 가장 중요한 사항은 "① 얻어진 연구결과가 환자군과 대조군을 선정하는 과정에서 온 비뚤림은 아닌가? ② 노출에 관한 정보수집과정에서 잘못은 없었는가? 그리고 ③ 교란변수는 적절히 통제되었는가?" 하는 사항을 점검하는 것이다. 이 중 가장 심각한 문제는 환자와 대조군을 선정하는 과정, 그리고 노출요인에 관한 정보를 수집하는 과정에서 비교가능성을 상실하는 경우이다.

만약 위험요인에 노출된 환자군의 응답률이 특별히 낮거나 높다면 연구결과는 선택비뚤림의 영향을 받게 되어 그릇된 결과를 초래할 것이다. 특히 어려운 부분은 대조군을 선정하는 방법이다. 대조군은 환자군이 배출된 인구모집단 중에서 일정한 확률에 의하여 추출되어야 한다. 따라서 병원 중심의 환자-대조군연구에서는 해당 병원으로의 환자 후송체계가 중요하다. 지역주민을 대상으로 하는 환자-대조군연구가 한 해결책이 되지만, 이 경우에도 대조군의 낮은 참여율은 여전히 문제가 된다.

예제 9-9는 병원에 내원한 환자를 중심의 환자-대조군연구를 수행하기 위하여 작성된 연구계획서이다. 환자군으로 정의된 급성 심근경색증, 지주막하 출혈 및 뇌내출혈 환자는 임상적으로 급성 경과를 갖는 환자들로서 대개 응급실을 통해 병원에 입원하게 된다. 물론 병원에 찾아오기 이전에 혹은 응급실에서 사망하는 예도 적지 않다. 하지만 대조군으로 선정된 이비인후과 입원환자는 응급환자는 전혀 아니며 본인이 편한 시간에 병원을 선택하여 수술을 받는 특성을 지닌 환자들로서, 일견해서 환자군과 대조군이 병원을 선택하는(입원하는) 과정이 너무 다르다. 선택비뚤림의 가능성을 강하게 의심할 수 있는 연구계획이며, 실제 면접을 행하는 과정을 미루어 봐도 중환자와 일반환자의 면접환경은 매우 다를 것이 예상되어 정보비뚤림이 작용할 가능성도 있어 보인다.

예제 9-9 뇌혈관질환과 관상동맥성 심장질환의 위험요인에 관한 환자-대조군연구를 수행하기 위해서 연구자들은 1995년 이후 특정 병원에 입원하여 확진된 급성 심근경색증, 지주막하출혈 및 뇌내 출혈환자 각 100명을 환자군으로 하였으며, 동 기간동안 같은 병원 이비인후과에 입원 중인 환자 200명을 대조군으로 하여 설문조사와 의무기록지 검색을 통해 위험요인을 규명하고자 계획하였다.

위험요인에 대한 과거 노출력을 정확하게 그리고 완전하게 알아낸다는 것은 정말 어려운 일이다. 환자는 일반적으로 과거 사실에 대해 그 병이 안 걸린 대조군보다 더 잘 기억하게 된다. 이를 회상(기억)비뚤림(recall bias)이라 하는데, 이를 방지하기 위해서는 의무기록이나 약 처방전을 이용하는 등, 질병발생 여부와는 독립적이고 관련이 없는 방식으로 정보를 수집하는 체계를 확립해야 한다. 진단비뚤림 또한 문제가 된다. 만약 유방암과 경구피임약의 관련성이 관찰되었다고 하더라도, 경구피임약 복용자가 유방암 진단을 위해 의사를 찾는 빈도가 더 잦다면, 관찰된 관련성은 비복용자에 비해 유방암 진단을 받을 기회가 많아져서 그런 것이지 실제 경구피임약에 의해 유방암 발생이 증가되는 것은 아닐 수도 있다. 따라서 복용자와 비복용자에서 유방촬영술 등 조기진단 빈도에 관한 정보를 입수하여 비교하는 것이 해결방안의 하나이다. [에스트로겐 복용 → 자궁내막암]에 관한 환자-대조군연구에서 대조군을 부인과 양성종양 환자로 하는 경우, '에스트로겐 복용을 하게 되면 하혈의 가능성이 높아지며 따라서 병원 방문의 기회가 커지게 됨'에 따라 대조군에서 복용자 분율이 높아진다는 주장도 환자 진단기회에 의한 비뚤림의 좋은 예가 된다.

9-10 선천성 심장기형의 환경성 위험요인에 관한 연구로서 1987년부터 1989년까지 서울대병원 소아과에서 선천성 심장기형으로 확진된 생후 1년 이내 환아의 어머니 320명을 환자군으로 하고, 같은 기간동안 같은 병원 'well-baby clinic'에 내원한 생후 1년 이내의 정상아를 가진 어머니 413명을 대조군으로 하여 환자-대조군연구를 수행하였다. 잘 훈련된 간호사 출신의 면접요원이 대상자들을 직접 면접하여 설문조사를 실시하였다.

예제 9-10은 선천성 심장기형의 환경성 발병요인에 관한 연구를 수행하기 위하여 특정 병원에서 확진된 선천성 심장기형아의 어머니와 소아과 외래에서 예방접종을 받기 위해 내원한 영아의 어머니를 대상으로 한 환자-대조군연구이다. 환자군의 어머니는 어린 아이의 질병으로 인한 죄의식과 더불어 수술에 대한 불안감 등으로 인해 진정한 노출 사실을 회피하거나, 반대로 세세한 기억을 해 낼 가능성이 많으며, 반대로 정상아를 가진 대조군 어머니들은 참값을 일부러 과장하거나 또는 세세한 내용을 기억하지 못할 수 있어 정보비뚤림의 가능성이 매우 높은 연구계획이다. 이런 경우에는 대조군도 환자군과 같은 정서적 불안감을 보이는 집단(예를 들어 성형외과 구개기형 환아)으로 하면 비뚤림의 정도를 낮출 수 있다.

환자-대조군연구는 질병을 가진 사람과 질병을 가지지 않은 사람을 확인하여 대상자로 선정한 후 이들 집단에서 과거 위험요인 노출정도를 비교하는 연구로서 다음의 장 · 단점을 가진다.

주요 장점은 ① 코호트연구에 비해 대상자 규모가 작아 시간과 경비가 절약된다. ② 단일 질병에 대해 여러 가지 위험요인을 동시에 검정할 수 있다. ③ 비교적 희귀한 질환이나 긴 잠복기를 가지는 질병에 적용할 수 있다. ④ 위험요인 노출에 관한 기존 기록이 보관되어 있다면 쉽게 수행할 수 있다. 그리고 마지막으로 ⑤ 이미 발생된 환자를 대상으로 하기 때문에 윤리적인 문제가 없다.

반면에 다음과 같은 단점을 가진다. ① 적절한 대조군을 선정하기 힘든 경우가 많다(선택비뚤림). ② 과거 노출 여부에 대한 바르고 정확한 정보를 수집하기가 쉽지 않다(정보비뚤림). ③ 원인과 결과 발생의 시간적 선후관계를 확립하기 어려운 경우가 많다(reverse causality). 특히 노출요인을 혈청 콜레스테롤 수치와 같이 생체검사결과로 하는 연구에서는 이 문제가 심각하다. 즉 환자군에서 얻어지는 노출요인 정보가 질병 발생 이후의 것 일 수 있기 때문이다. ④ 원인에 노출된 정도가 매우 낮은 질환인 경우 연구가 불가능하다. ⑤ 비노출군 대비 노출군의 위험도를 직접 산출할 수 없다.

참고문헌

1. Herbst AI, Ulfelder H, Poskanzer DC. Adenocarcinoma of the vagina. Association of maternal stilbestrol therapy with tumor appearance in young women. New Eng J Med 1971;284:878-881.
2. Lane-Clayton, JE. A Further report on cancer of the breast, with special reference to its associated antecedent conditions(Reports on Public Health and Medical Subjects No. 32). HMSO;1926.
3. MacMahon B, Cole P, Lin TM, et al. Age at first birth and breast cancer risk. Bull World Health Organ 1970;43:209-221.
4. Mantel N, Haenszel W. Statistical aspects of the analysis of data from retrospective studies of disease. J Natl Cancer Inst 1959;22;719-748.
5. Park SK, Yoo KY, Lee SJ, et al. Alcohol consumption, glutathione S-transferase M1 and T1 genetic polymorphisms and breast cancer risk. Pharmacogenetics 2000;10:301-309.
6. Silva IS. Cancer epidemiology: principles and methods. IARC;1999.
7. Yoo KY, Tajima K, Kuroishi T, et al. Independent protective effect of lactation against breast cancer: a case-control study in Japan. Am J Epidemiol 1992;135:726-733.

10장

코호트연구

Epidemiology

위험요인과 특정 질병 발생과의 인과적 관련성을 인구집단을 대상으로 하여 비실험적으로 규명하는 역학적 연구방법 중 코호트연구(cohort studies)가 있다. 코호트는 로마제국에서 사용한 군대용어의 하나이다. 일개 군단을 10등분한 규모의 부대를 지칭하였으며, 또 다른 의미로 '용사들(warriors)'을 뜻하기도 한다. 그러나 지금은 '어떤 공통된 특성이나 속성, 또는 경험을 가진 집단'을 코호트라고 부른다. 예를 들어 같은 연도에 태어난 집단을 출생코호트라 하며, 서울대학교 졸업생을 '서울대코호트'라고 명명할 수도 있다. 또한 코호트는 '일정 기간 동안 추적조사(follow-up) 또는 추적탐색(trace)하는 대상이 된 특정 인구집단'을 의미하는 용어로 사용하기도 한다.

역학적 연구에서 코호트는 위의 두 가지 의미를 모두 포함하고 있다. 즉, 질병발생의 원인으로 가정한 요인의 노출상태에 따라 연구대상 인구집단을 구성하고, 이들을 일정 기간 동안 추구 또는 추적관찰하여 특정 질병의 발생 여부를 확인하는 형태의 연구를 코호트연구라고 한다. 전체 코호트를 구성하는 개개인은 코호트 구성원(cohort member)이라 한다.

코호트연구는 추적조사연구(follow-up study), 발생연구(incidence study), 또는 전향적 연구(prospective study) 등으로 불리기도 하였는데 최근에는 코호트연구로 통칭하고 있다.

1. 코호트연구 형태

1) 전향적 코호트연구

코호트연구는 연구자가 '요인노출'과 '질병발생'에 대한 연구자료를 어떠한 방법으로 수집하느냐에 따라 전향적(prospective or concurrent) 코호트연구와 후향적(retrospective, historical or reconstructed) 코호트연구로 구분된다. 그러나 '요인노출'이 있었을 당시에 '질병발생'은 아직 일어나지 않았어야 함은 두 가지 연구형태 모두에서 요구되는 필수적인 조건이다.

전향적 코호트연구는 연구를 시작할 때 연구대상인 코호트 구성원으로부터 요인노출에 대한 자료를 수집하고 그 시점 이후부터는 전향적으로 추적조사하면서 해당 질병의 발생여부를 조사하는 형태이다. 물론 필요에 따라서 요인노출에 관한 추가적인 자료도 추적조사 도중 수집할 수 있다. 약물을 복용하기 시작한 시점이라든가, 또는 특정 직업에 종사하기 시작한 시점부터 연구를 시작하는 경우와 같이, 연구시작 시점(연구자료를 구체적으로 수

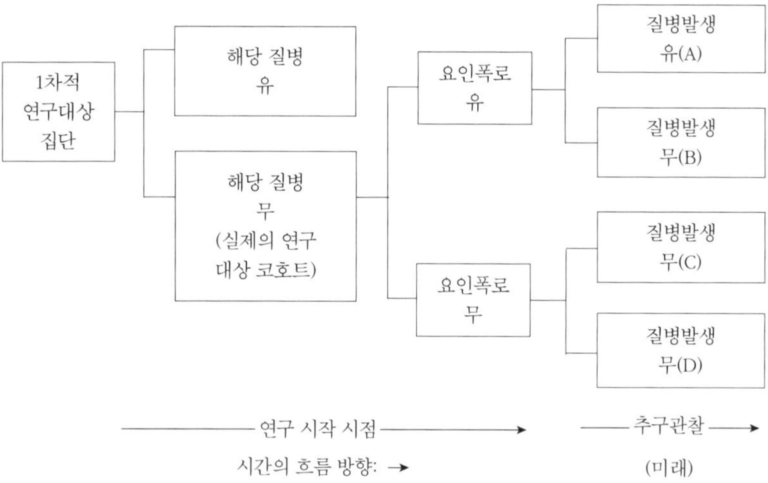

그림 10.1 전향적 코호트연구의 흐름도

집하는 시점)이 연구대상인 코호트가 처음으로 가상적 발병요인에 노출되는 시기와 일치하는 경우가 가끔 있으나, 대부분은 연구를 시작할 때 이미 과거로부터 요인에 노출되어 있다. 그러므로 대부분의 전향적 연구에서 연구를 시작할 때 '요인노출'에 대해서는 과거에서 그때까지의 자료를 수집하게 되고, 해당 질병의 발생 여부는 그 시점이후 파악하는 형태가 된다. 따라서 연구시작시점을 기준으로 할 때, '요인노출'과 '질병발생'과의 관련성을 관찰하는 시기는 연구시작시점 이후가 된다(그림 10.1).

10-1 [전향적 코호트연구의 예]

서울의대 예방의학교실에서는 우리나라 사람에 특징적인 암 발생 위험요인을 주로 생활습관 요인에서 규명하고자 하는 전향적 코호트연구를 수행 중에 있는데, '코호트 구축 연구'를 1992년에 시작하였다. 1992년 현재 만 40~59세로 서울시에 거주하는 남성 14,533명으로 코호트가 구축되었고, 1993년 1월 1일부터 추적조사가 진행 중에 있다.

코호트 구성원의 출처(source population)는 1992년 당시 우리나라 공무원 및 사립학교 교직원 의료보험을 운영하고 있는 의료보험관리공단 서울시 지부의 피보험자(남자 40~59세) 약 55,000명으로 하였다. 공단에서는 1980년부터 2년 간격으로 피보험자 건강진단사업을 시행하고 있어 1990년 및 1992년 건강진단 결과를 이용하여 유질환자를 코호트 구성원에서 제외할 수 있었다.

연구목적에 부합하는 적정한 코호트 규모를 사전에 통계학적으로 산정하였는데, 예를 들어 염장생선 과량 섭취자가 소량 섭취자에 비하여 위암이 발생할 위험도를 2배로 가정하고, 이러한 위험도를 5년 동안 추적조사하여 파악하려면 최소한의 코호트 규모는 약 14,000명으로 산출되었다.

생활습관요인에 대한 자료는 우편설문조사로 수집하였는데, 설문 응답률은 약 50%로 예상하였다. 사전에 일부 소규모 예비조사(pilot study)에서의 응답률을 적용한 것이다. 약 55,000명의 출처 인구집단(source population)에서 군집 층화 확률표본추출을 적용하여 약 30,000명의 설문 대상자를 선정하였다. 약 1년 4개월 동안 반복적 우편설문조사를 실시하여 개개인 생활습관에 관한 자료가 비교적 충실하게 얻어진 사람으로 코호트를 구성하였는데, 최종적으로 14,533명이었다.

14,533명을 '서울남성코호트'라 명명하였고, 1993년 1월 1일부터 질병발생 여부를 추적조사하고 있다. 1998년에는 그 중 일부 집단을 대상으로 생활습관요인에 관한 재조사를 시행하였고 일부 유전자적 자료도 수집하였다. 암 발생 여부는 개인별 수

진자료, 중앙암등록사업 자료, 서울시 지역암등록사업 자료, 그리고 사망원인통계 자료를 이용하여 확인하고 있다.

2) 후향적 코호트연구

연구시작시점을 기준으로 할 때, 전향적 코호트연구에서의 '요인노출'과 '질병발생'과의 관련성 평가시점은 연구시작시점 이후가 된다. 그러나 연구시작시점 훨씬 이전으로 거슬러 올라가 '요인노출'과 '질병발생'과의 관련성을 추적확인(trace)하는 코호트연구를 생각할 수 있는데, 이를 후향적 코호트연구라고 한다. 요인노출이나 질병발생에 대한 객관적이고 신빙성 있는 과거기록이 있는 경우에만 후향적 코호트연구가 가능한데, 관련성을 평가하고자 하는 과거시점에서 해당 질병의 발생이 없었다고 확인할 수 있는 사람만이 코호트 구성원 자격이 있다. 물론 과거의 관찰개시시점에서부터 연구시작시점까지 아직 질병발생이 없었던 코호트 구성원에 대하여는 전향적 연구에서와 같이 이후 계속 추적조사하는 혼합형태도 가능하다. 실제 대부분의 후향적 코호트연구는 이러한 혼합형태로 이루어지고 있다. 후향적 코호트연구는 전향적 연구에 비

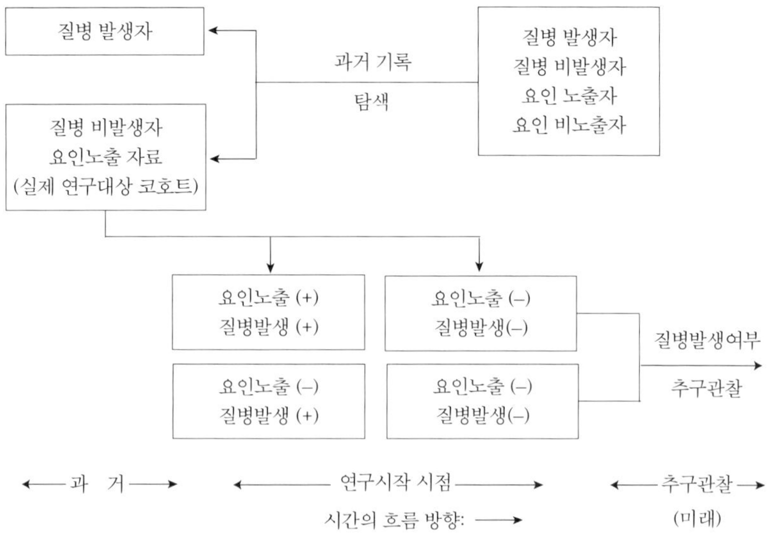

그림 10.2 후향적 코호트연구의 흐름도

하여 추적조사에 소요되는 긴 시간을 효율적으로 단축할 수 있는 장점이 있다 (그림 10.2).

10-2 [후향적 코호트연구의 예]

의료보험공단에서는 1980년부터 2년 간격으로 피보험자에 대한 건강진단사업을 시행하고 있는데 1984년 건강진단사업에서는 전체 피검자를 대상으로 B형간염바이러스 감염에 대한 혈청학적 검사(표면항원(HBsAg) 및 표면항체(anti-HBs))를 시행하였다. 항원과 항체가 모두 음성인 사람에게는 B형간염 예방접종을 받도록 권고하였으며, 1986년 건강진단시에 예방접종 여부를 문진을 통해 확인하였다.

1988년 B형간염바이러스 표지자(HBsAg 및 anti-HBs), 그리고 예방접종 여부에 따른 원발성 간암 발생률을 비교하는 후향적 코호트연구를 시작하였다.
1984년 현재 만 30세 이상 남자 피보험자가 코호트 구성원 출처(source population)였으며, 각종 관련기록에 의하여 1984년, 1986년 건강진단에서 간기능검사의 이상 소견자, 1984년 HBsAg과 anti-HBs 검사결과가 없거나 모두 양성으로 판정된 자, 1984년 이전에 예방접종을 받은 자, 1984~1985년 사이 예방접종 여부에 관한 기록이 없는 사람 등을 제외하고 코호트를 구성하였다. 총 370,285명이었다.

간암 발생 여부는 개인별 수진자료를 근거로 진료기관 의무기록을 직접 열람하여 확인하였는데, 1986~1987년 2년 동안의 간암 발생은 후향적으로 확인하였고, 1988~1989년은 전향적으로 확인하였다. 4년 동안 총 305명의 간암 발생을 확인하였고 코호트 구성원에 대한 총 관찰기간은 1,404,566인-년이었다.

HBsAg과 anti-HBs 모두 음성자의 간암 발생률(13.2명/100,000인-년)을 기준으로 HBsAg 양성자에서의 간암 발생률은 16.4배 높았고, 반대로 anti-HBs 양성자에서의 간암 발생률은 1/3 수준이었으며, 모두 음성자 중 B형간염 예방접종을 한 집단의 발생률은 하지 않은 집단의 발생률에 비하여 59% 수준으로 낮았다는 연구성적을 보고한 바 있다.

2. 코호트의 구성

1) 코호트 구성원의 조건

코호트 구성원이 될 수 있는 자격 조건은 '해당 질병이 발생할 수 있는 잠재성'

이 있는 사람이어야 한다. 자궁암에 대한 코호트연구에서 남자가 그 대상이 될 수 없음은 바로 이러한 이유 때문이다. 감염병의 경우 면역자나 예방접종자 등은 제외하여야 하며 재발 질병이 연구주제가 아니라면 과거에 한 번 걸린 적이 있는 경우도 제외한다. 위절제술을 받아 위가 없는 경우 또는 자궁절제술로 자궁이 없는 경우와 같이 해당 질병이 발생하는 장기나 조직이 없는 사람도 코호트 구성원 자격이 없다. 환자-대조군연구에서 연구대상이 되는 조건인 '과거 요인에 노출될 수 있었던 위험의 잠재성' 이 있어야 한다는 조건과 대조되는 내용이다.

코호트 구성원 모두는 요인노출에 관한 자료를 가지고 있어야 하며, 요인노출시점은 질병 발생보다 시간적으로 앞서야 한다. 요인노출의 내용이 시간경과에 따라 달라지는 경우 연구목적에 따라서는 한 개인이 여러 형태의 노출집단으로 분류될 수 있다. 예를 들어, 어떤 관찰기간 내에서는 노출집단으로 분류되다가 다른 관찰기간에서는 비노출집단으로 분류될 수도 있다.

2) 고정 코호트와 들고나는 코호트(fixed and dynamic cohort)

코호트는 구성 형태에 따라 '고정 코호트(fixed cohort)'와 '들고나는 코호트(dynamic cohort)'로 구분되기도 한다. 모든 코호트 구성원이 한 시점에서 입적(入籍)되고, 요인노출 상태도 입적시에 정해져 이후 질병 발생에 대한 추적조사 기간 동안에 변동이 없는 코호트를 '고정 코호트' 라고 한다. 질병 발생은 시간 조건적(time-dependent)이기 때문에 관찰기간이 길수록 그 발생 확률이 증가하는데 고정 코호트에서는 코호트 구성원 중 중도탈락이 없는 한, 구성원 개개인이 모두 동일한 관찰기간을 갖게 되어 시간변수가 고정된다. 그러므로 질병발생률을 추정함에 있어 분모, 분자에 사람 수를 사용할 수 있다. 즉, 누적발생률을 빈도의 측도로 이용할 수 있다.

'들고나는 코호트' 는 코호트 구성원으로의 입적(入籍) 시점이 제각기 다르고 또한 탈적(脫籍)시점도 다르다. 따라서 질병 발생을 관찰하는 기간도 제각기 다르다. 이 경우 발생률의 분모는 사람 수가 아니고 관찰기간의 총 합(예를 들어 인-년)이 된다. 즉, 평균 발생률을 빈도의 측도로 사용하여야 한다.

3) 코호트 구성원의 출처

미국의 유명한 Framingham Heart Study(1951년)와 같이 일정 지역에 거주하는 인구집단을 코호트 구성원으로 할 수 있다. 이 경우 코호트 집단은 일반 인구집단을 어느 정도 대표할 수 있기 때문에 연구결과를 일반화하는데 장점을 가지지만, '들고나는 코호트'가 되어 중도탈락의 문제가 심각하며, 또한 일부 위험요인(직업성 화학물질 등)은 일반인에서 노출 정도가 약하거나 드문 경우가 많아 연구의 효율성이 낮은 단점이 있다. 바꾸어 말하면 요인과 질병 간에 실제 인과성이 존재하는 데도 노출 정도가 약하기 때문에 연구에서 잘 밝혀지지 않게 된다.

코호트 구성원의 입적(入籍) 기준(inclusion criteria)은 연구의 효율성을 고려하여 정한다. 예를 들어 요인노출 정도에 있어서 노출군과 비노출군의 규모가 거의 비슷할수록 효율성이 높다. 또한 대상 질병의 발생이 많을수록 효율도 높아지기 때문에 발생수준을 고려하여 전체 연령층보다는 한정된 연령층으로 제한한다. 생활습관요인과 암 발생과의 관련성을 밝히는 '서울남성코호트'에서 연령층을 40~59세로 한정하였는데 40세 미만은 암 발생수준이 낮기 때문에 제외하였다.

특정 직업 종사자 또는 요인노출가 많은 집단으로 코호트를 구성하는 경우가 흔하다. 추적조사가 비교적 용이하고 중도탈락률도 상대적으로 낮아서 연구수행에 유리하다. 그러나 코호트 구성원 모두가 특정 요인에 노출된 상태로 소위 자체내 비교집단(비노출군 또는 저노출군)이 없는 경우가 있다. 이 경우 별도의 비교 코호트를 설정하거나 아니면 비교 코호트 없이 표준(전국) 발생수준을 비교자료로 이용하거나 한다.

3. 연구자료의 수집

요인노출 자료와 질병발생 자료가 수집되어야 하는데 전향적, 후향적 코호트 연구의 자료수집방법은 약간 다르다.

1) 요인노출 여부에 관한 자료수집

일반 인구를 대상으로 하는 전향적 코호트연구에서는 코호트 구성시에 요인노출에 대한 자료가 수집된다. 주로 설문지와 임상검사 또는 건강진단을 이용하여 수집한다. 1992년에 구축된 '서울남성코호트'는 2년여의 준비기간을 거친 끝에 의료보험관리공단 서울지부의 40~59세의 건강한(1990년도 건강진단에서 정상으로 판정된 자) 남자 피보험자를 대상집단(target population)으로 규정하고 이들 중 무작위로 선정된 약 30,000명의 표본(study population)에게 평소의 생활습관과 과거 병력에 관한 16쪽의 설문지 조사를 1991년 11월부터 실시하였다. 1993년 9월까지 약 15,000명으로부터 설문응답을 받았으며 응답 내용이 불충분한 경우는 추가조사를 시행하였다. 동시에 이들의 1990년 및 1992년의 건강진단 결과를 찾아 설문조사결과와 함께 코호트 구성원 개개인별 요인노출 자료를 구축하였다. 이때 수집한 자료는 1992년 이전의 요인노출에 관한 내용이며, 1992년 이후의 요인노출 자료수집에 대하여는 별도의 계획이 있어야 한다.

특정 직업환경과 같은 특수 상황에서 요인노출에 관한 자료는 과거 기록을 탐색하여 수집할 수 있다. 예를 들어 원자력발전소의 전리방사선 피폭자료, 방사선과 의사의 방사선 피폭자료 등은 근무기록을 통하여 비교적 정확하게 수집될 수 있기 때문에 후향적 코호트연구가 가능하다.

요인노출의 정도가 추적조사 기간동안 변동될 수 있다. 더욱 문제가 되는 것은 요인노출에 관하여 자료를 수집한다는 사실 자체가 이후 요인노출에 영향을 주는 경우이다. 예를 들어 흡연에 관한 질문에 응답하는 것이 계기가 되어 금연을 하게 되는 경우이다. 연구 자체가 원인이 되어 연구결과에 영향을 미치는 경우를 소위 Hawthorne 효과라고 한다. 역학연구에서는 이러한 변화를 연구자가 통제하지 못한다. 다만, 그러한 변동사항에 대한 자료를 가급적 세세히 확보하는 노력을 하여야 하며, 분석시에 이를 반영하도록 한다.

2) 질병발생 여부에 대한 자료수집

질병발생 여부에 관한 자료 또한 여러 가지 방법으로 수집할 수 있는데, 어떤 방법을 이용하든 간에 요인노출군과 비노출군의 질병발생 수준 간에 '비교성(comparability)'이 있도록 보장하여야 하며, 가능한 한 요인노출자료 수집방법과는 무관한 별도의 방법을 사용하도록 한다. 예를 들어 흡연 여부에 관한 자료를 본인에게 물어서 수집하였다면 폐암발생 여부는 본인이나 가족을 통하지 않고 의무기록이나, 사망진단서 또는 암등록사업 자료로부터 수집하도록 한다.

해당 질병이 입원치료를 해야 하는 경우는 병원기록이나 의료보험 자료를 단서로 하여 질병발생 여부에 관한 자료를 수집하게 된다. 서울남성코호트에서는 암질환이 해당 질병이었는데 의료보험관리공단의 입원 진료비 급여기록으로부터 암환자일 가능성이 있는 코호트 구성원을 골라내고 이들의 병원 진료기록이나 병리소견 등을 추가로 검색하여 암 발생 여부를 확인하고 있으며, 동시에 중앙암등록사업자료, 서울시 지역암등록사업자료, 그리고 사망원인통계 자료 등을 활용하여 암 발생 여부를 파악하고 있다.

요인노출군과 비노출군 간의 질병 발생률이 비교될 수 있으려면 질병발생 확인과정이 두 집단에서 동일하여야 한다. 즉, 사전에 명확한 진단기준을 설정하여야 한다. 해당 질병의 발생이 추적조사의 종료시점(end points for the disease)이 되는 경우, 병원기록이나 각종 임상검사 소견 등을 기준으로 하여 비교적 일관성 있는 자료를 수집할 수 있으나, 종료시점이 사망인 경우에는 사망진단서의 사망원인을 자료로 사용할 수밖에 없는데 사망원인의 진단은 정확성에 가변성이 많아 문제가 된다. 질병진단의 정확성이나 일관성이 낮게 되면 통상 연구결과(요인노출과 질병발생의 관련성)에서 관련성이 없다는 쪽으로 나오는 경향이 있다. 다시 말하면, 연구의 효율성이 낮아 진다.

요인노출 자체가 진단기준의 하나가 되는 경우도 있는데 연구목적에 따라서는 이러한 요인노출을 진단기준에서 제외하여야 하는 경우도 있다. 예를 들어 통풍의 진단기준에 혈청의 요산농도 증가(hyperuricemia)가 포함되는데, 만약 혈청 요산 농도에 따른 통풍 발생 확률을 추정, 비교하고자 하는 연구라면 통풍의 진단기준에 요산 농도 증가는 제외하여야 한다.

3) 교란변수에 대한 자료수집

요인과 질병 발생의 인과적 관련성을 교란하는 제3의 변수, 즉 교란변수는 요인노출 정도와 상관관계를 가지며 동시에 해당 질병의 발생에도 인과적으로 관여하는 변수이다. 교란변수를 감안하지 않고는 요인노출과 질병발생의 인과성을 충분히 논증할 수 없다. 따라서 교란변수에 관한 자료수집은 요인노출자료수집과 동등하게 이루어지도록 한다. 특히 코호트연구에서는 요인노출 자료를 질병발생 이전에 수집하기 때문에 교란변수에 대한 자료를 처음부터 수집하지 않으면 나중에 추가로 수집할 수 있는 가능성은 매우 낮다.

4. 연구자료의 분석 및 해석

1) 연구자료의 분석

가) 노출군과 비노출군의 발생지표 분석

코호트연구에서 얻은 연구자료는 표 10.1, 10.2의 형태로 나타낼 수 있다. 표에서, 노출군의 발생률을 I_1(고정 코호트의 경우 누적발생률 = A/N_1) 또는 R_1(들고나는 코호트에서는 평균발생률 = A/T_1)이라 하고, 비노출군의 발생률을 I_0(= B/N_0) 또는 R_0(= B/T_0)라고 하면, 요인노출에 의한 질병 발생의 상대위험도는 I_1/I_0(risk ratio) 또는 R_1/R_0(rate ratio)으로 추정된다.

절대위험도는 I_1-I_0(risk difference, *RD*) 또는 R_1-R_0(rate difference, *RD*)로 추정되는데 노출군에서 발생한 해당 질병 중 노출요인이 원인이라고 생각되는 부분, 즉 노출군의 원인 점유율(etiologic fraction among exposed, EF_e 또는 attributable risk, *AR*)은 $(I_1-I_0)/I_1$ 또는 $(R_1-R_0)/R_1$로 추정된다. 이는 일반 인구집단에서 요인노출에 의한 질병발생 기여위험도(population attributable risk, *PAR*)와는 구분하여야 한다.

표 10.1 고정 코호트연구에서의 연구자료

질병 발생 여부	요인노출 여부*	
	있음*	없음*
발생	A	B
발생하지 않음	C	D
계	N_1	N_0

*노출군만 있는 코호트인 경우 비노출군 코호트를 별도로 구성

노출군에서의 질병 발생률: A/N_1
질병 대응비: A/C

비노출군에서의 질병 발생률: B/N_0
질병 대응비: B/D

표 10.2 들고나는 코호트연구에서의 연구자료

질병 발생 여부	요인노출		요인비노출	
	숫자	관찰기간	숫자	관찰기간
발생	A	T_A^*	B	T_B^*
발생하지 않음	C	T_C^*	D	T_D^*
계	N_1	T_1^*	N_0	T_0^*

*인-년

노출군에서의 질병 발생률: A/T_1
질병 대응비: T_A/T_C

비노출군에서의 질병 발생률: B/T_0
질병 대응비: T_B/T_D

한편, 전체 인구에서의 발생률을 I 또는 R이라 하면(코호트연구에서 산출되기도 하고 별도의 기존 표준율을 이용하기도 한다) 일반 인구집단에서 요인노출에 의한 추가위험도(excess risk, *ER*)는 $I-I_0$으로 추정하고, 인구집단에서의 요인노출 기여위험도(population attributable risk, *PAR*)는 $(I-I_0)/I$로 추정한다.

표 10.3의 예로부터 각종 자료분석 결과와 지표들에 대한 이해를 정확히 하도록 한다.

나) 환자-대조군 형태분석

코호트연구의 자료분석은 바꾸어 말하면 소수의 질병 발생 예와 다수의 비발생 예를 비교하는 작업이다. 그러므로 전체 코호트에서 얻어진 자료 모두를 이용하지 않고 발생 예 전부와 비발생 예 일부(확률표본)로도 자료분석이 가능하다. 이러한 분석방법을 'nested' 환자-대조군 분석이라 한다. 'nested'에 대해서는 아직 정확한 역학적 번역은 없으나 '용도, 규격에 맞도록 짜 맞춘 한 벌

표 10.3 흡연량에 따른 폐암 사망률: 1951~1961년 영국 의사를 대상으로 한 코호트연구 결과

흡연량	사망률*	상대위험도 (*RR*)	위험도 차이 (*RD*)	기여위험도 (*AR*)	인구집단 기여 위험도(*PAR*)
없음	0.07	1.0			
1~14	0.57	88.1	0.50	87.7%	
15~24	1.39	19.9	1.32	95.0%	
25개피 이상	2.27	32.4	2.20	97.0%	
전체	0.65	인구집단에서 추가위험도(ER)		0.58	89.2%
		인구집단 기여위험도(PAR)		89.2	

*1000인-년당

의'라고 사전적으로 번역할 수 있다.

Nested 환자-대조군연구는 '제2단계 코호트연구(second stage of a cohort study)'라고도 부른다. 코호트연구를 시작할 때는 미처 발생 위험요인으로 생각하지 못하여 자료수집을 하지 않았던 요인에 대하여 차후 질병 발생과의 관련성이 의심되어 분석할 필요가 있을 때, 코호트 구성원 전체에서 해당 자료를 수집하지 않고, 대신 발병 예 전원과 비발병 예 중 일부에서만 2단계로 자료를 수집한다는 의미에서 붙여진 이름이다. 제2단계 코호트연구에서는 대조군을 확률표본으로서 선정하는데, 발병 예에 대한 짝짓기 등으로 선정한다. 대조군 선정방법에 따라서 두 종류로 구분하는데, 짝짓기 변수(matching variable)를 교란변수로 정하는 경우(고전적 짝짓기)와 주요 요인노출 여부를 짝짓기 변수로 하는 경우(counter-matching, balanced sample)이다. 예를 들어 발생 예 한 명에 대조 예 3명(1:3)으로 짝짓기한다고 한다면, 발생 예가 노출군에서 나왔다면 여기에 대응하는 대조 예 3명 중 1명은 노출군에서 선정하고, 2명은 비노출군에서 선정함으로써 자료분석 결과의 통계적 효율성을 높일 수 있다.

한편, 대조군이 되는 집단을 처음부터 미리 선정하여 놓을 수도 있다. 'sub-cohort sample'이라고 하는데, 발생 예 전부는 환자군이 되고 'sub-cohort sample'을 대조군으로 한다. 이를 환자-코호트연구(case-cohort study)라고 한다. 'sub-cohort sample'에서 환자가 발생하면 그 발생 이전까

지는 대조군이 되고 발병 후에는 환자군이 되므로 그 사람의 자료는 양쪽에 모두 포함될 수 있다.

Nested 환자-대조군연구의 용도는 대개 세 가지 정도이다. ① 생화학적 또는 유전자 검사자료나 음식 섭취에 관한 자료를 추가로 수집 또는 분석하고자 할 때, 자료분석의 경비나 노력을 절약하기 위하여 코호트 전체를 이용하지 않고 발생 예(case) 전부를 환자군으로, 비발생 예 중 일부를 표본추출하여 대조군으로 활용하는 경우이다. ② 요인노출에 관한 자료를 후향적으로 얻을 수 있는 경우이다. 예를 들어 '흡연'과 같이 회상비뚤림이 없이 과거 경험을 알 수 있거나, 유전적 정보처럼 혈액을 미리 확보해 놓고 나중에라도 검사를 시행하여 얻을 수 있는 경우이다. ③ 연구자료를 본격적으로 분석하기 전에 예비분석의 한 방법으로 적용한다. 관련성이 있나 없나를 미리 알아 보고자 하는 경우이다.

2) 분석결과의 해석

연구성적 해석의 주된 초점은 요인노출과 질병발생과의 인과적 관련성을 추론하는 것이다. 코호트연구의 결과가 인과성을 논증하는 기준(causal criteria)에 합당한가를 논의하는 것이 결과의 해석에 해당한다.

관련성의 강도가 높을수록 인과적일 가능성이 높은데, 즉 요인노출집단의 질병발생 상대위험도가 높을수록 결과의 인과적 해석에 유리하다. 양-반응관계는 노출 정도가 심할수록 상대위험도도 높아지는가를 평가하는 것인데, 양-반응관계가 있다면 인과성의 가능성이 한층 높아진다. 영국 의사를 대상으로 한 코호트연구결과(표 10.3)에 따르면 흡연에 의한 폐암의 상대위험도가 매우 높고 또한 흡연량이 많을수록 상대위험도도 증가하고 있다.

코호트연구에서 관련성의 특이성은 요인노출와 다른 질병과의 관련성을 검토함으로서 가능하다. 위의 예에서도 흡연과 다른 기타 암 사망률과의 관련성을 분석하였다.

코호트연구에서 요인과 질병발생과의 시간적 선후관계는 다른 연구형태, 즉 환자-대조군연구나 단면적 연구와는 달리 거의 대부분의 경우에 성립하므로 인과성을 규명하는데 유리하다.

이외 기준인 관련성의 일관성, 기존 지식과의 일치 정도, 예방 가능성 등은 타 연구성적을 인용하여 논의하게 되는데, 경우에 따라서 새로운 연구주제를 제안하거나 하는 내용으로 논의가 이루어지기도 한다.

코호트연구에서도 연구설계나 수행과정상의 잘못 때문에 실제의 관련성과 비뚤어진 연구결과가 나올 수 있다. 연구결과의 비뚤림에 관하여는 15장에서 보다 자세하게 설명하겠지만, 코호트연구에서는 추적조사 소실(loss to follow-up)이 어떠한 특징을 보일 때 연구결과의 비뚤림이 흔히 발생한다. 대표적인 예가 추적조사가 건강한 사람에게 편중되는 경향(건강근로자 효과, healthy worker effect)이다. 특정 직업요인에 노출된 집단을 코호트로 하는 연구에서는 해당 질병의 발생률이 일반 인구의 발생률과 차이가 없거나 오히려 낮게 나타나는 경우가 있는데, 이때 주의할 점 중 하나가 건강근로자 효과이다. 건강하지 않거나 해당 질병에 취약한 사람은 고용 당시부터 제외됨은 물론 추적조사 과정에서도 중도탈락의 가능성이 건강한 사람보다 높기 때문에 끝까지 추적조사가 이루어지지 않는 경향이 있다. 결과적으로 계속 그 직종에 근무하는 건강한 사람이 추적조사의 대상으로 남게 되고 질병 발생률도 낮게 나타나는 것이다. 이와 같이 코호트를 구성할 때부터 어떤 특성을 지닌 집단이 코호트 구성원에 많이 포함된다거나, 추적조사 과정에서 질병 발생 또는 질병 진단에 따른 차등적 탈락이 일어났을 때 연구결과에 비뚤림이 발생하게 된다. 요컨대, 질병발생 여부를 추적조사함에 있어 코호트 구성원에 입적된 집단과 입적되지 않은 집단 간에, 그리고 중도탈락자와 계속 관찰되는 사람 간에 차이가 생기는 경우에는 연구결과의 비뚤림이 발생하므로 인과성을 논증하기 이전에 이에 대한 논의가 있어야 한다.

5. 코호트연구의 장단점

연구의 장·단점은 대부분 상대적이다. 따라서 코호트연구의 장단점도 환자-대조군연구나 단시적 연구와의 비교를 통한 상대적인 평가이다.

1) 장점

환자-대조군 연구에 비하여 코호트연구가 가지는 주요한 장점은 다음과 같다.

첫째, 특정 요인과 관련된 것으로 연구가설에서 제시된 특정 질병뿐 아니라 여러 다른 질병과의 관련성도 파악할 수 있다.

둘째, 기억력 등에 의한 비뚤림(information bias)이나 선택비뚤림의 가능성이 낮다.

셋째, 특정 요인에의 노출 정도가 일반 인구에서 매우 낮고, 노출군에서의 원인 점유율 (attributable risk, *AR*, EF_e)도 낮은 경우 환자-대조군연구에 비하여 코호트연구가 인과관계를 밝히는데 효율적이다. 예를 들어 특정 직업요인과 질병과의 인과성을 찾고자 할 때 일반 인구집단에서는 그런 요인에의 노출가 거의 없고 또한 해당 질병의 원인 중 특정 직업요인의 원인점유율이 낮은 경우라면, 환자-대조군 연구에서는 그 관련성을 밝히기가 어렵다. 그러나 원인 점유율이 높은 경우에는 환자-대조군 연구로도 효율적인 연구결과를 기대할 수 있다.

넷째, 질병발생 전의 생화학적 자료수집이 가능하다. 예를 들어 미세영양소와 질병과의 관련성 연구에서와 같이 생화학적 방법으로 얻어지는 자료는 코호트연구 형태로 얻어지는 것이 바람직하다. 환자-대조군연구 형태에서 얻어지는 생화학적 자료는 질병이 일어난 이후에 측정된다는 제한점이 있다.

다섯째, 요인노출 자료가 후향적 또는 간접적으로 얻어지면 그 신빙성이 문제가 될 때는 코호트연구에서와 같이 직접 수집한 자료만이 유용하다. 예를 들어 특정 직업환경요인에의 노출 정도를 측정하고자 할 때 과거 근무기록 등에 의한 간접적 방법보다는 직접적인 환경 측정이나 개인별 피폭 농도 측정이 선호된다.

여섯째, 요인노출에 대한 반복조사 또는 측정이 가능하다.

일곱째, 상대위험도뿐 아니라 절대위험도, 기여위험도와 같은 절대적 수준에 관한 지표들을 직접적으로 추정할 수 있다.

2) 단점

환자-대조군연구에 비하여 코호트연구가 가지는 주요한 단점은 다음과 같다.

첫째, 전향적 코호트연구에서는 연구개시로부터 연구결과가 나오기까지는 몇 년 또는 십수 년이 걸리게 된다. 이러한 제약점은 특히 연구비를 얻는데 장애요소가 된다.

둘째, 후향적 코호트연구에서는 시간이 단축되어 앞의 단점이 해당되지 않으나 관련 특성에 대한 과거 기록이 편중되어 있거나 일부만 있거나 하는 경우에는 비뚤림이 발생할 소지가 있다.

셋째, 해당 질병의 발생률 자체가 낮은 경우에는 대규모 코호트가 필요하다. 코호트 구성원의 수가 크던가, 관찰기간이 길던가 하여야 한다.

넷째, 요인노출 집단만이 코호트가 되는 경우에는 인구집단 기여위험도를 직접 추정하기 곤란하다.

다섯째, 추적조사 기간 동안에 일어나는 중도탈락이 너무 많거나 또는 선택적으로 특정한 집단에서 주로 일어나는 경우에는 연구성적의 비뚤림이 심각하다.

참고문헌

1. 김대성 · 구혜원 · 김동현 · 배종면 · 신명희 · 이무송 · 이충민 · 안윤옥. 서울시 중년남성에서 육체적 활동량이 총 사망률에 미치는 영향에 관한 코호트 연구. 예방의학회지 1998;31(4):604-615.
2. 김대성 · 구혜원 · 김동현 · 배종면 · 신명희 · 이무송 · 이충민 · 안윤옥. 암과 식이요인의 관련성 파악에서 가능한 바이아스 - 서울코호트의 예를 중심으로. J Korean Association Cancer Prevention 2001;6(3):172-180.
3. 김동현 · 안윤옥 · 박성우 · 최문기 · 김대성 · 이무송 · 신명희 · 배종면. 우리나라 성인 남성 당뇨병의 발생양상과 위험요인에 관한 전향적 코호트 연구. 예방의학회지 1999;32(4):526-537.
4. 김미경 · 이상선 · 안윤옥. 자기기록식 반정량 식이섭취 빈도조사의 신뢰도 및 타당도 연구 - 서울지역 중년 남성을 대상으로. Korean J Community Nutrition 1996;1(3):376-394.

5. 박훈기. 한국인 중년 남성에서 심혈관 질환의 발생 위험요인에 관한 전향적 코호트 연구 – 혈청 콜레스테롤과 신체활동량을 중심으로. 서울대학교 대학원 의학박사학위 논문. 1999. 2.
6. 배종면 · 박병주 · 이무송 · 김동현 · 신명희 · 안윤옥. 건강한 한국 성인남성의 자가약물복용력에 따른 간기능 장애 발생여부 조사. 예방의학회지 1996;29(4):801–14.
7. 배종면 · 안윤옥. 중년 남성에서 고정상혈압에 의한 고혈압 발생 위험 규명을 위한 코호트내 환자–대조군 연구. 예방의학회지 1999;32(4):513–525.
8. 서울대학교 의과대학 예방의학교실. 한국인 암질환 예방을 위한 코호트 구축 연구. 1994.
9. 안윤진 · 백희영 · 안윤옥. 한국 중년 남성을 대상으로 한 식품섭취빈도 조사에서 나타난 식품섭취빈도의 상관성 분석. 한국영양학회지 2000;33(2):202–215.
10. 이무송 · 강위창 · 김동현 · 배종면 · 신명희 · 이영조 · 안윤옥. 위암 위험요인에 대한 코호트 연구의 방법론적 고찰: 추적조사 불완전성을 중심으로. 한국역학회지 1997;19(2):152.
11. 이무송 · 김대성 · 김동현 · 배종면 · 신명희 · 안윤옥. 만성간질환 위험요인에 관한 코호트 연구:잠재적 발병자 집단을 감안한 분석전략. 예방의학회지 1999;32(4):452–458.
12. 이충민 · 김대성 · 김동현 · 신명희 · 이무송 · 배종면 · 안윤옥. 한국인 건강한 중년 남성에서 흡연습관과 다른 생활습관과의 관련성. 대한임상건강증진학회지 2003;3(1):6–17.
13. 이형기. 혈청 총콜레스테롤과 심혈관계 질환에 의한 사망 및 총 사망의 연관성에 대한 전향적 코호트 연구. 서울대학교 대학원 의학박사학위 논문. 1998. 2.
14. 홍혜걸. 중년 남성의 생활습관이 조기 사망에 미치는 영향: 코호트 연구. 서울대학교 대학원 의학박사학위 논문. 2005. 2.
15. Benichou J, Byrne G, Gail M. An approach to estimating exposure–specific rates of breast cancer from a two–stage case–control study within a cohort. Statistics in Medicine 1997; 16:133–51.
16. Cologne JB. Counterintuitive matching. Epidemiology 1997; 8:227–9.
17. Cook, D. The impact of the Hawthorne effect in experimental designs in educational research. U.S. Office of Education. No. 0726, June, 1967.
18. Cook, TD and Campbell DT. Quasi–Experimentation: Design & Analysis Issues for Field Settings. Houghton Mifflin Company. Boston. 1979.
19. David A. Savitz. Interpreting Epidemiologic Evidence – Strategies for Study Design and Analysis. Oxford University Press, New York. 2003.
20. Dae–Sung Kim, Moo–Song Lee, Dong–Hyun Kim, Jong–Myon Bae, Myung–Hee Shin, Chung–Min Lee, Hye–Won Koo, Weechang Kang, Yoon–Ok Ahn. Evaluation of the Completeness of Cancer Case Ascertainment in the Seoul Male Cohort Study: Application of the Capture–Recapture Method. J Epidemiol 1999;9:146–154.
21. Dawber TR, Moore FE, Mann GV II. Coronary heart disease in the Framingham study, Am J Public Health 1957;47:4–24.
22. Doll, R & Hill, A.B. Mortality in relation to smoking: ten years' observations of British doctors. BMJ 1964; i:1399–1410.
23. Doll, R & Hill, A.B. Mortality in relation to smoking: 20 years' observations of British doctors. BMJ 1976; ii:1525–36.
24. Jennifer L. Kelsey, W. Douglas Thompson, Alfred S. Evans. Methods in Observational Epidemiology. Oxford University Press, New York. 1986.

25. J Mark Elwood. Causal Relationships in Medicine: A Practical System for Critical Appraisal. Oxford University Press, New York 1988.
26. J. Mark Elwood. Critical appraisal of epidemiological studies and clinical trials, Oxford University Press, New York. 1998.
27. Kenneth J. Rothman, Sander Greenland. Modern Epidemiology. 2nd edition, Lippincott-Raven. 1998.
28. Jong-Hyon Bae, Yoon-Ok Ahn. A Nested Case-Control Study on the High-Normal Blood Pressure as a Risk Factor of Hypertension in Korean Middle-Aged Men. J Korean Med Sci 2002;17:328-336.
29. John M. Last. A Dictionary of Epidemiology, 4th edition, Oxford University Press. New York. 2001.
30. Langholz B, Borgan O. Counter-matching: A stratified nested case-control sampling method. Biometrika 1995; 82:69-79.
31. Langholz B, Goldstein L. Risk set sampling in epidemiological cohort studies. Stat Sci 1996; 11:35-53.
32. Langholz B, Thomas DC. Nested case-control and case-cohort methods of sampling from a cohort: a critical comparison. Am J Epidemiol 1990;131:169-176.
33. Moo-Song Lee, Dong-Hyun Kim, Heon Kim, Hyo-Suk Lee, Chung-Yong Kim, Tae-Soo Park, Keun-Young Yoo, Byung-Joo Park, Yoon-Ok Ahn. Hepatitis B vaccination and reduced risk of primary liver cancer among male adults: a cohort study in Korea. Int J Epidemiol 1998;27:316-319.
34. N.E. Breslow & N.E. Day. Statistical Methods in Cancer Research. Volume II - The Design and Analysis of Cohort Studies. IARC Scientific Publication No. 82, International Agency for Research on Cancer, Lyon, 1987.
35. Olli S. Miettinen. Theoretical Epidemiology: Principles of Occurrence Research in Medicine. Jon Wiley & Son, New York. 1985.
36. Prentice RL. A case-cohort design for epidemiologic cohort studies and disease prevention trials. Biometrika 1986;73:1-11.
37. Steenland K, Deddens JA. Increased precision using counter-matching in nested case-control studies. Epidemiology 1997; 8:238-42.
38. Walter SD. The estimation and interpretation of attributable fraction in health research. Biometrics 1976;32:829-49.
39. Watson L and Venn A. Selecting controls for the second stage of a cohort study using countermatching in a nested case-control study. Australasian Epidemiologist 1999; 6:2-4.

11장

집단발병 역학조사

Epidemiology

감염병과 같은 급성질환의 집단발병(epidemic)이 있을 경우, 또는 암 등 만성질환(다양한 원인에 의하여 긴 잠복기를 가지고 희귀하게 발생하는)이 특정 지역, 특정 시기에 집단발병 양상을 보인다고 의심되는 경우에 그 원인을 규명하고, 예방대책을 강구하기 위하여 해당 지역 대상자를 중심으로 체계적인 '집단발병 역학조사(epidemic investigation)'를 수행하게 된다. 여기서 집단발병 역학조사란 예상치 못한 지역적 보건문제가 발생하여, 즉각적인 조치가 요구되는 상황이며, 문제 해결을 위하여 역학자가 해당 지역을 방문해야 하고, 주어진 시간 내에 제한된 조사를 수행하면서 해당 보건문제를 해결해야 할 경우 적용하는 역학적 연구방법이라 할 수 있다(Gregg, 1996).

1. 집단발병의 정의

집단발병 역학조사를 수행하는 주요 동기는 집단발병이 의심되는 경우이다. 집단발병 또는 유행(epidemic)이란 어느 질병이 특정 지역, 일정 시점에 평상시 기대되는 수준 이상으로 발생하는 경우로 정의한다(Last, 1988). 따라서 집단발병 역학조사를 집단발병조사(epidemic survey, epidemic investigation)라고도 한다.

집단발병은 원인요인에 노출된 성질과 기간, 질병의 전파양상 및 집단발병의 지속기간 등에 따라 아래와 같이 공통노출에 의한 유행, 시점 유행, 진행성 유행, 혼합형 유행 등으로 구분할 수 있다(Kelsey, 1996).

1) 공통노출에 의한 유행(common source outbreak)

감수성을 가진 인구집단이 공통의 병원체에 노출되면서 발생하는 집단발병을 일컫는다. 단일한 오염원에 모든 사람이 동시에 노출된 경우는 질병이 폭발적으로 발생하겠지만, 포장된 음식, 병이나 깡통에 든 음료, 약물 등과 같이 단일 매개체가 오염되더라도 노출되는 시점이 다른 경우에는 발병양상이 달라질 수 있다.

2) 시점 유행(point epidemic)

단일한 공통 병원체에 감수성자가 동시에 노출된 결과로 짧은 기간 동안의 첨예한 유행곡선(epidemic curve)을 나타낸다. 곡선의 형태는 병원체의 양과 독성, 노출된 기간, 노출된 사람에서의 반응 정도에 의하여 결정된다.

3) 진행성 유행(propagative, or progressive epidemic)

병원체가 한 환자로부터 다른 사람으로 계속 전파하면서 발생하는 유행의 양상으로 병원체가 환자나 중간숙주 또는 병원소 내에서 발육 증식하여 분비되기 때문에 나타나는 현상이다. 대부분은 세균성 이질처럼 감염병 발병에서 볼 수 있으며, 젊은 연령층에서 마약중독의 전파양상도 이와 같은 양상을 보일 수 있다.

4) 혼합형 유행(mixed epidemic)

단일한 공통 병원체에 의한 집단발병이 발생하면서 동시에 이차적인 진행성 유행이 발생하는 양상을 복합적으로 보이는 경우로서, 살모넬라증, 장티푸스 등에 의한 식중독, 결핵 같은 공기매개성 전염병의 경우에 이와 같은 양상을 볼 수 있다.

특정한 인구집단에서 어느 질병이 집단으로 발생하기 위해서는 세 가지 필수조건이 갖추어져야 한다. 첫째 병원체나 독성물질이 외부로부터 도입되거나, 그 양이 증가하여야 하는데, 그 출처는 감염된 환자나 동물 및 매개곤충뿐 아니라, 공기, 물, 토양, 음식, 약물 등의 환경적 요인일 수 있다. 둘째는 적절한 수만큼의 원인적 요인에 노출된 사람과 감수성자가 있어야 한다. 셋째는 병원체 혹은 원인물질을 감염원으로부터 감수성자에게 전파할 수 있는 효과적인 전달수단이 존재하여야 한다.

한편, 집단발병이 발생하는 공통적인 상황은, 첫째 병원체의 양이나 독성이 갑자기 증가하였거나, 둘째 이전에 없었던 병원체가 외부로부터 유입되었거나, 셋째 감수성자에 대한 병원체의 전파가 촉진되었거나, 넷째 병원체에 대한 인구집단의 감수성이 감소되었거나, 마지막으로 문화적이나 행태학적 요인이 바뀌어 원인적 요인에 대한 노출기회가 증가한 경우 등을 들 수 있다.

2. 집단발병 역학조사의 특징

집단발병의 해결을 위하여 시행하는 집단발병 역학조사는, 세심한 계획을 수립하지 못하였다 하더라도 단기간에 성공적으로 수행하라는 압력을 받게 된다. 따라서 사전에 충분한 연구계획을 수립하여 시행하는 일반적인 역학연구와는 다음과 같이 차이가 있다.

첫째, 집단발병 역학조사는 사전에 명백한 가설 설정 없이 시작하게 되므로, 가설 설정을 위한 기술적 역학연구와, 가설 검정을 위한 분석역학연구를 동시에 수행하기도 한다.

둘째, 집단발병 역학조사의 주요 목적은 조기에 집단발병을 막고, 즉각적으로 더 이상의 파급을 억제하고자 하는 것이다. 이러한 긴급한 요청에 부응

표 11.1 집단발병 역학조사 수행 5단계

1. 집단발병 여부 확인 조사
2. 자료수집: 기술역학연구
3. 역학적 가설의 설정
4. 가설의 검정: 분석역학연구
5. 집단발병의 관리 및 예방대책 제시

하여, 연구자는 연구에 필요한 자료수집과 분석보다는 보건대책 수립과 예방조치 강구에 더 많은 노력을 할 경우도 있다.

셋째, 원인 규명에 필요한 자료를 수집하기 이전에, 어떤 예방조치를 취할 것인가를 결정하기 위한 자료를 수집하는데 더 초점을 둔다.

3. 집단발병 역학조사 수행단계

집단발병 역학조사를 수행하는 과정은 표 11.1처럼 크게 다섯 단계로 나눌 수 있다(Kelsey 등, 1996). 그러나 빠른 시간 내에 집단발병인지 확인하고, 그 원인을 규명하여 전파차단과 예방조치를 하여야 하는 상황에서 이들 단계는 거의 동시다발적으로 이루어지는 것이 대부분이다(안윤옥 등, 1993).

1) 집단발병 여부 확인 조사

집단으로 발생한 질병에 관한 과거 기록을 지역별, 시간별로 파악하여 조사대상 인구집단에서 평상시 기대되는 발생 수준(기대치)을 추정하고 이를 현재의 발생 수준과 비교하여, 현재 발생 수준이 기대치보다 유의하게 높은지 비교 분석함으로써 집단발병 여부를 확인할 수 있다. 그러나 환자 발생 양상이 폭발적이거나, 그 지역에서 전혀 나타나지 않았던 질병이 다수 발생하였다면 이와 같은 분석 없이도 집단발병으로 판단할 수 있다.

가) 현지조사를 위한 준비작업

집단발병이 의심되는 현지로 출발하기 전에, 조사목표와 조사계획을 정하고 조사원의 역할을 규정한다. 조사에 필요한 준비물을 확보하는 등 사전준비가 철저하면 할수록 집단발병 역학조사가 성공적으로 수행될 가능성은 높아진다. 사전 준비물에 해당하는 자료로는 전국 인구구조, 사망원인 통계, 해당 질병의 전국 발생률 및 사망률 등 전국인구 및 해당 지역주민의 각종 생정통계자료, 1:25,000 축적의 현지 세밀 지도, 현지 보건의료 구조(의료기관, 의료인력 등)를 알 수 있는 통계정보 및 역사적, 사회 문화적 배경, 산업구조와 경제활동 내용 등이 있으며 가능한 많은 정보를 확보토록 한다(박병주 등, 1994).

나) 집단발병자 확인조사

'집단발병이 의심된다' 는 문제가 제기되었을 때, 우선은 발생된 환자가 실제 해당 질병 환자인지를 확인하는 것이 가장 중요하다. 집단 발병한 것으로 보고된 환자들의 진단을 정확히 내려서 단일 질병군인지를 파악하는 것은 집단발병 역학조사에서 가장 선행되어야 할 중요 단계이다.

먼저 원인적 진단을 위하여 가능한 검사법을 모두 동원하여야 한다. 예를 들어 환자로부터 병원체 분리 및 독성물질을 검출하기 위하여 필요한 혈액, 대소변 등 가검물과 음식이나 상하수 등의 시료를 채취하여 검사시설로 보내서 검사하도록 한다. 검사항목에 따라서는 국립보건원 등의 국립기관이나 의과대학 부속병원 등 3차 의료기관의 협조를 얻어야 한다. 집단발병 역학조사에서는 많은 경우 원인을 즉각적으로 알 수 없는 데, 이때는 발생한 환자들의 역학적 특성을 면밀히 파악하여, 그 특성에 따라 실행적 정의(working definition)를 내린 다음, 그 정의에 근거하여 환자를 파악하고 집단발병 역학조사를 수행한다.

암 같은 만성 질환인 경우는 해당 질병 환자인지 확인하는 작업이 반드시 필요하다. 만성 질환은 주로 고령층에서 발생하는데, 노인에서는 다른 만성 질환에 의한 증상과 구별하기 힘들어, 진단의 오류 등이 개입할 가능성이 높기 때문이다. 특히, 암환자의 집단발병이 의심되면 무엇보다도 먼저 발생된 환자의 진단명을 정확히 확인할 필요가 있다. 예를 들면, 폐암과 만성호흡기계 질환, 위암과 만성소화기계 질환, 간암과 간경변증 등 유사 증상을 가진 질환들이 혼재하므로, 병원에서 확진을 받지 않은 경우 자칫 암으로 잘못 진단 내릴 수 있기 때문이다.

집단발병에 해당하는 질병의 발생자 혹은 사망자로 알려진 사람에 대해서는 사회인구학적 내용(연령, 성별, 직업 등)뿐만 아니라 확진여부 및 확진내용을 알아낼 필요가 있다. 발생 및 사망자를 확인하는 방법으로는 ① 행정체계 이용, ② 면접방문과 설문조사, ③ 진료받았던 병원의 의무기록 조사, ④ 질병등록자료의 확인 등이 있으며 이는 서로 보완적으로 사용된다.

(1) 행정체계 이용

질병 사망자 현황을 가장 신속하게 알 수 있는 방법으로 현지 사망신고자료를 이용할 수 있다. 그러나 해당지역 행정체계를 이용하여 사망자료를 확보하기는 실제로는 쉽지 않다. 예를 들면, 해당지역 면사무소를 방문하면, 사망집계표만 있고 사망신고서 사본은 보관되어 있지 않다. 해당 광역자치기관의 보건담당국의 통계 담당 부서를 찾아가더라도, 중앙 행정기관에 사망신고서를 모두 발송하고 사본을 갖고 있지 않다. 해당 지역의 법원에는 사망신고서 사본이 있으나 기밀로 취급하여 공개를 하지 않으므로 정보를 이용할 수 없는 실정이다. 즉, 해당 지역에서 사망자 숫자는 확인할 수 있지만, 사망신고자료를 이용하여 해당 질병에 의한 사망 여부를 확인하는 것은 거의 불가능한 실정이다. 한편, 통계청에서 연구목적으로 제공하는 사망신고 등록자 전산자료를 사용할 수 있다. 그러나 최근 1～2년 이전의 사망자들에 대하여만 사망원인을 확인할 수 있다는 점에서, 급성 질환에 대한 집단발병 역학조사에는 활용할 수 없다.

질병의 발생 여부를 확인할 수 있는 주요 자료원으로 국민건강보험공단의 수진 자료가 있다. 이는 전체 국민을 대상으로 특정 질병에 의한 의료기관 방문 여부를 알아낼 수 있다는 장점이 있으나, 의료보험 청구 자료이기 때문에 수진 내역이 불확실하며, 따라서 타당한 연구 자료로 활용하기 위해서는 반드시 의무기록을 확인해 보아야 한다. 그리고 세균성 이질과 같이 경증의 비특이적 임상증상을 보이는 환자가 많은 경우는 의료기관을 방문하지 않고 환자가 자가 약물치료를 하게 되므로 해당 질병 발생자를 모두 찾아낼 수 없는 한계를 가지고 있다.

(2) 방문면접 및 설문조사

보건소 등의 지역 행정력을 동원하여 정해진 기간 동안의 특정 질병 발생 및 사망자의 명단을 확보할 수는 있다. 그러나 문제가 되는 질병의 특성에 따라서는 보건소의 질병 환자 관리명단에 누락될 가능성이 있음을 항상 염두에 두어야 한다. 예를 들어 법정 전염병 환자라도 해당 의료기관에서 신고를 하지 않았다면 누락될 수 있으며, 노인 암 사망자의 사망신고서류에 인우증명만 첨부되었다면 '노환' 또는 '노쇠'로 사망하였다고 잘못 보고될 가능성이 있기 때문이다. 그러므로 현지 집단발병 역학조사 연구진이 질병 발생 및 사망 여부를 직접 확인하여야 한다.

발생 및 사망률의 분모에 해당하는 대상자(지역 상주인구, 특정 노출군 등)를 조사할 때는, 유사한 증상을 가진 질병의 발생 및 사망자를 같이 조사하여 기존 명단에서 누락된 질병 환자를 추가로 확인할 수 있다. 그러나 이들의 진단명 또한 반드시 확인할 필요가 있다.

현지에서 시행한 질병 환자 확인과정에서 해당 대상자가 살아있다면 연구진에 포함되어 있는 의사가 본인을 직접 방문하여 면접하면서 그 동안의 임상경과, 진단받은 시기와 병원, 치료과정 및 환자의 상태 등을 확인하는 것이 중요하다. 그러나 여기에도 기억의 오류, 자신의 질병에 대한 인지부족 등이 있을 수 있으므로 반드시 진료받았던 병원의 의무기록 확인과정을 동반해야 한다.

본인이 사망하였다면 배우자, 친척, 혹은 접촉 가능한 이웃 사람을 통해 간접적으로 사망 직전의 환자 상태를 비롯한 임상적 사항 등을 파악하여 사망원인을 추정하고, 이를 확인하기 위하여 생전에 병원을 방문한 적이 있으면 진료를 받았던 병원을 방문하여 의무기록 조사를 병행하여야 한다.

(3) 병원 방문 및 의무기록 확인조사

면접을 통해 알아낸 진단받은 병원을 방문하여 의무기록에서 환자의 최종 진단명, 진단 시기 및 병리조직학적 소견 등을 확인한다. 진료받았던 병원이 여러 곳이라면, 최종 진단을 받은 병원을 찾아 조직검사소견 등을 근거로 최종 진단명을 확인하여야 한다. 만약 사망자가 생전에 이용하였던 병원을 파악하기 어려울 경우에는, 그 지역에서 해당 질병이 발생할 때 주민들의 의료기관 이용 양상을 살펴보는 것이 중요하다. 해당 지역주민들에서 발생한 질병을 진단할 수 있는 인근의 2차 또는 3차 병원을 방문하여 일정한 기간 동안 그 병원에서 진료받았던 질병 환자 및 사망자의 거주 지역을 확인해 볼 수 있다. 혹은 지역 내에서 특정 질병을 다루는 병원이 있다면, 의무기록 확인에 도움이 될 수 있다.

만약, 의무기록 확인과정에서 진단방사선 검사결과, 임상병리 검사결과, 해부병리 조직보고서 등을 통한 진단명 확진을 하지 못하고, 단지 '특정 질병으로 추정' 된다는 기록만 있을 경우는 당시 환자의 임상소견 등을 종합하여 임상적으로 판단하여야 할 경우도 있다. 또한 해당 질병이 아니더라도 임상적으로 비슷한 증상을 가진 다른 질병에 대해서도 의무기록을 조사하여 해당 질병이 아님을 규명하는 것이 중요하다. 병원에 따라서는 환자 개개인의 진찰권 번호가 체계적으로 부여되지 않았거나, 의무기록 보관이 중앙집중식으로 되지 않고 각 과 외래에 분산되어 있는 등 환자의 의무기록 관리 체계에 문제점이 있을 수 있는데, 이런 경우에는 의무기록을 찾기 위하여 병원 방문일이나 환자 이름을 이용하여 접근해야 될 경우도 있다.

(4) 질병등록자료 조사

법정전염병은 1999년부터 국립보건원에서 운영하는 전염병 정보망(http://dis.mohw.go.kr)을 이용하여 주요 전염병 발생자를 알아볼 수 있다. 또한 지역 병의원에 해당 전염병의 주요 증상으로 방문한 환자수의 추세를 보아서 지역 주민의 집단발병 여부와 잠정적 환자명단을 확보할 수 있다. 이와 상응하여 초중고교 혹은 직장에 있어 집단발병을 조사할 경우에는, 양호실 방문기록지가 도움이 될 수 있다. 특정 기간 내에 복통과 설사로 양호실을 이용한 학생 또는 직장인 숫자의 추세를 살펴보면 예를 들어 세균성 이질의 집단발병 가능성 등을 파악할 수 있기 때문이다(배종면 등, 2001).

암질환은 전국 수련종합병원을 중심으로 한국중앙암등록사업을 하고 있기 때문에, 진료권이 다른 지역에서 진단을 받았더라도 전국 암등록 자료를 이용하여, 해당 지역주민이 포함되어 있는가를 확인하여 볼 수 있다. 또한 지역암등록사업을 하고 있는 지역의 주민이라면, 암 발생자 명단을 구할 수 있다.

이상의 암 발생 및 사망자를 확인하는 과정에서 항상 고려해야 할 것은 실제 대상자가 조사에서 누락될 가능성이 있는지 여부이다. 경증의 비특이적 임상 증상을 보이는 감염병이나, 발생 및 사망률이 낮은 암인 경우는 환자 본인의 호소가 없을 경우 일회적 사건으로 묻혀버릴 수가 있으며, 질병명을 알지 못한 채 사망(노환)하거나, 실종 등에 의하여 누락될 가능성이 있기 때문이다. 이러한 경우에 대해서는 다음 단계의 상주인구조사를 하면서, 정해진 기간 내에 일어난 모든 질환자 및 사망자를 조사하거나 설문지에 기입하도록 하여 해당 질병이 의심되는 경우는 모두 확인하는 것이 중요하다.

다) 상주인구조사

이상의 질병 발생 환자 및 사망자 확인과 함께, 그 발생률 또는 사망률을 구함으로써 집단발생 여부를 확인한다. 이를 위해서는 해당 지역의 특정 기간 내 연령별, 성별 인구구조 등의 자료를 확보하여야 하며, 해당 질병의 연령별, 성별 발생률, 사망률을 직접 산출할 수 있을지 확인해야 한다. 또한 그 지역의 발생률 및 사망률의 수준을 비교하기 위해서는 그 지역에서 산출된 발생률 및 사망률을 표준화할 필요가 있는데, 이때는 인구센서스 자료인 전국 성별, 연령별 인구구조, 사망통계자료 및 지역암등록사업 자료 등을 확보해야 한다.

해당지역의 질병 발생률 및 사망률을 적절히 산출하기 위해서는 그 지역에서 실제 거주하고 있는 상주인구의 연령별, 성별 구조를 알아내는 것이 중요한데, 우리나라의 기존 행정자료가 특히 시골인 경우 부정확하기 때문에, 정확한 값을 알아내기 위해서는 시간과 인력이 많이 든다. 만약 기존 행정자료로서 구해진 인구구조 자료를 이용한다면, 실제 상주인구와 차이가 날 수 있다는 사실을 염두에 두어야 한다. 해당지역이 주소지로 등재되어 있으나 실제 다른 지역에서 사는 사람, 이동인구에 대한 전출입 신고 등의 행정기록 미정리, 출생 및 사망자 신고가 제때 이루어지지 않은 경우 등으로 인해 차이가 생길 수 있기 때문이다. 대부분의 경우 실제 상주인구에 대한 조사가 불가피한데, 조사지역의 넓이와 연구진의 인력을 고려하여 이루어져야 한다. 연구진이 많거나 좁은 지역이라면 해당지역 주민을 가가호호 방문할 수 있으나, 그렇지 않은 경우라면 가구별로 미리 작성된 설문지를 배부하여 상주인구를 기입하게 하는 설문지 방법을 이용할 수 있다. 그러나 가구별 설문지 조사 때 고령이나 문맹 등의 이유로 직접 설문지를 기록할 수 없는 가구원만 사는 경우에는 이때는 이웃이나 해당 지역 반장(또는 이장)이 기록하도록 한다. 설문지도 반장이 취합하여 일차로 누락 여부를 확인 보완토록 하고, 이를 다시 반별로 미회수 여부를 확인케 하는 동시에, 현지 사정을 잘 아는 주민과 함께 가장 최근에 정리된 전출입 명부를 기초로 실제 상주하는 사람을 일일이 확인하는 과정을 병행한다면 상주인구조사 결과의 신뢰성을 높일 수 있다.

따라서 효율적인 상주인구조사가 이루어지려면 해당지역의 행정력 동원과 주민의 협조가 필수적이다. 주민의 협조를 구하기 위해 연구시작 전, 본 조사의 필요성을 홍보하고, 구체적인 협조사항을 알리기 위해서 주민과의 대화모임을 갖는 것이 좋다. 이때 주민들이 가지고 있는 질병과 그 원인에 대한 선입견 등을 인식할 수 있으며, 이를 연구진행시 참조가 되도록 하는 것이 중요하다. 또한 조사가 끝나고 현지를 떠나기 전에 중간 연구결과를 요약하여 주민들에게 알리는 것도 필요하다. 한편 행정력의 동원은 중앙정부에서 지방 행정기관으로 적극적인 사전협조가 이루어지도록 하는 선행조치가 필요하지만, 실제 조사를 성공적으로 수행하기 위해서는 현지의 최소 기본 행정단위인 반장과 이장의 적극적인 협조가 필수적이다.

2) 자료수집: 기술적 역학연구

기본적인 기술적 역학연구는 인적특성별, 장소, 시간별 특성을 살펴보는 것이다. 이에 대하여는 7장을 참조한다. 이 장에서는 집단발병 역학조사에 해당하는 것만을 언급한다.

가) 유행곡선(epidemic curve)

날짜를 가로축으로, 발병자 수를 세로축으로 하는 유행곡선은 병원체의 종류,

세대기(generation time), 전파 양식, 노출의 형태 및 기간에 의하여 그 형태가 결정되며, 잠복기(incubation period)와 감수성자의 수에 따라 변형된다. 따라서 특히 감염병의 경우 유행곡선과 잠복기를 이용하여 질병 발생 또는 원인노출이 시작된 날짜를 유추할 수 있고, 발병 원인을 규명하는 기초자료로 활용하며, 향후 어떤 양상으로 전개될 것인가를 예상할 수 있다.

하나의 봉우리를 보이는 유행곡선은 단일 병원체에 의하여 모든 사람이 동시에 노출된 경우에 나타나는 유행곡선으로서, 그 모양은 감염된 사람(숙주)에서의 반응 정도와 질병의 잠복기에 의하여 결정된다. 전형적인 예로서 집단식중독의 유행곡선을 들 수 있다. 만약 병원체나 음식, 물, 공기 같은 환경매개체, 또는 오염된 약물, 의료기기 등 공통 원인에 의한 노출가 지속적이거나 단속적일 수 있는데, 이때는 유행곡선이 무디면서 길게 퍼진 봉우리의 모양을 나타낸다. 이러한 곡선은 잠복기가 길거나, 간염 바이러스에 의하여 상수도가 오염된 경우처럼 병원체의 양이 적은 경우에도 나타난다. 유행이 계속 진행할 경우는 불규칙적인 모양의 유행곡선을 나타나며, 혼합형 유행의 경우는 하나의 큰 봉우리를 보인 뒤에 연속적인 작은 봉우리들이 나타나

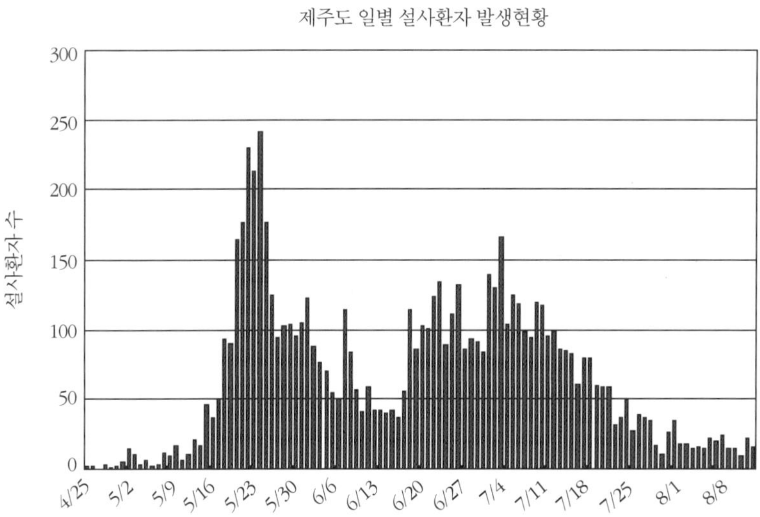

그림 11.1 2000년 제주도 일별 설사 발생자 분포

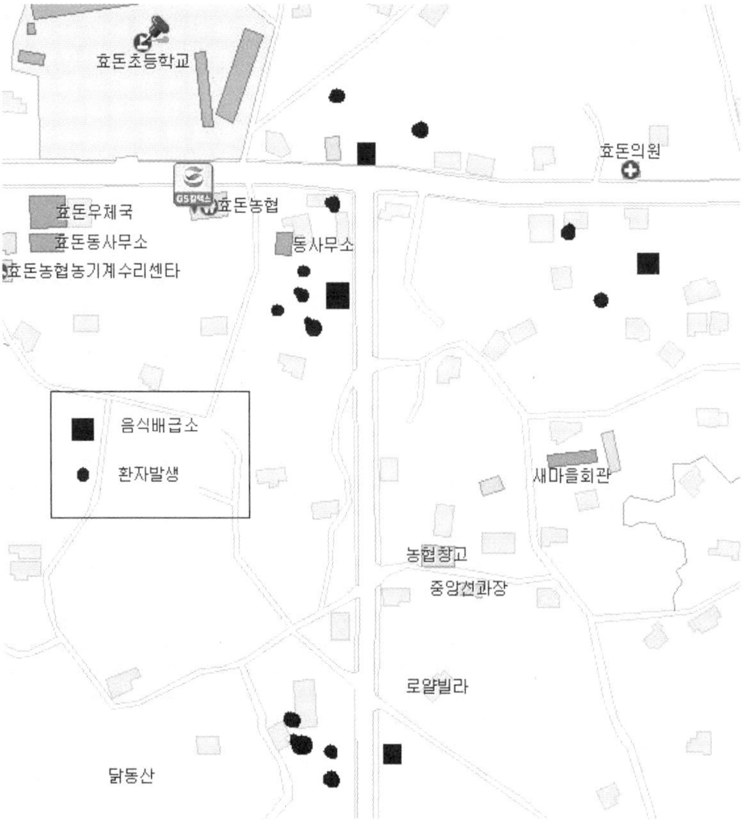

그림 11.2 2000년 제주도 서귀포시 세균성 이질환자 분포도(■ - 음식배급소 ●- 환자발생)

게 된다. 그림 11.1은 2000년 제주도민의 일별 설사환자 발생현황을 나타낸 유행곡선으로 5월 중순의 큰 봉우리가 있은 뒤, 7월 초 2차 전파에 의한 또 하나의 봉우리를 보이고 있다(배종면 등, 2001).

나) 발생환자 분포도(spot map)

질병 발생환자를 지도에 표시하고, 의심되는 원인 물질의 지리적 분포와 같이 살펴본다면 해당 질병의 원인 규명에 큰 도움이 된다. 예를 들어 식수가 원인이 된다고 의심이 들 때, 상수도 배급지역과 질병 환자를 같은 지도에 그려보고 그 일치도를 확인한다. 그림 11.2는 2000년 제주도 서귀포시 세균성이질 환자 분포가 음식 배급이 이루어진 집을 중심으로 모여 있음을 보여주고 있다(배종면 등, 2001).

다) 질병발생 및 사망수준 제시

조사대상 지역의 상주인구 조사와 환자의 확인이 끝나면, 해당 질병의 발생 및 사망수준이 어느 정도인지 비교, 분석한다.

(1) 비례사망률의 비교

연구대상 지역주민에서 해당 질병 사망자의 수가 급증하였는지 여부를 간접적으로 손쉽게 평가할 수 있는 방법으로, 비례사망률(proportional mortality rate, PMR)을 산출하여 다른 지역과 비교하는 방법이 있다. 그 지역에서 특정한 기간동안 사망한 전체 사망자 중 특정 질병에 의한 사망자가 차지하는 분율인 비례사망률을 산출하여 다른 지역 주민에서 산출한 값과 비교한다.

(2) 포아송 분포를 이용한 비교

일반적으로 암과 같이 발생률이 매우 낮은 질환인 경우, 발생한 환자 수와 상주인구 수만을 가지고, 포아송 분포표(표 11.2)를 이용하여 본격적인 조사시행 이전에 현장에서 암의 집단발병 여부를 간편하게 판단할 수 있다.

예를 들어 특정 지역주민(1,000명)의 전체 암 발생률이 연간 10만 명당 40명이라고 한다면, 5년 동안 발생할 것으로 예상되는 암환자 수는 2명(= 1,000명 × 5 × 40/100,000인-년)이다. 그 지역에서 최근 5년간 암환자가 8명(= x) 발생하였을 때, 표 11.2에서 $x = 8$일 때 예상 환자 수의 95% 신뢰구간을 구하면 3.45명(= 8/2.32)에서 15.8명(= 8/0.508)이다. 이렇게 구해진 신뢰구간에 기존 발생률로 계산한 발생 예상환자 2명이 포함되지 않으므로, 이 지역에서의 최근 5년간 암환자 발생은 평상시의 발생수준과 다르며, 집단발병의 가능성이 있다고 잠정적으로 추론할 수 있다.

(3) 표준화법을 이용한 비교

질병 환자와 지역주민의 성별, 연령별 분포와 해당 지역의 발생률 또는 사망률

표 11.2 포아송 분포에 의한 SMR의 95% 및 99% 신뢰구간

x^*	95%		99%		x	95%		99%	
	SMR_U^{**}	SMR_L	SMR_U	SMR_L		SMR_U	SMR_L	SMR_U	SMR_L
1	.180	39.53	.135	199.6	60	.777	1.31	.723	1.43
2	.277	8.26	.216	19.42	70	.791	1.28	.740	1.39
3	.342	4.85	.273	8.88	80	.803	1.26	.754	1.36
4	.391	3.67	.318	5.95	90	.814	1.24	.766	1.33
5	.428	3.09	.353	4.63	100	.822	1.23	.777	1.31
6	.450	2.73	.383	3.00	120	.836	1.21	.794	1.28
7	.485	2.49	.409	3.43	140	.847	1.19	.807	1.26
8	.508	2.32	.431	3.11	160	.857	1.17	.818	1.24
9	.527	2.18	.450	2.88	180	.864	1.16	.827	1.22
10	.544	2.08	.467	2.69	200	.871	1.15	.835	1.21
11	.559	2.00	.483	2.55	250	.883	1.13	.851	1.18
12	.573	1.94	.497	2.43	300	.893	1.12	.863	1.16
13	.585	1.88	.510	2.33	350	.901	1.11	.873	1.15
14	.596	1.83	.522	2.25	400	.907	1.10	.880	1.14
15	.606	1.79	.533	2.18	450	.912	1.10	.887	1.13
16	.616	1.75	.543	2.11	500	.916	1.09	.892	1.12
17	.625	1.72	.552	2.06	600	.923	1.08	.901	1.11
18	.633	1.69	.561	2.01	700	.929	1.08	.908	1.11
19	.640	1.66	.569	1.97	800	.993	1.07	.913	1.09
20	.647	1.64	.577	1.93	900	.937	1.07	.918	1.09
21	.654	1.62	.584	1.90	1,000	.940	1.06	.992	1.08
22	.660	1.60	.591	1.87	1,200	.945	1.06	.929	1.08
23	.666	1.58	.598	1.84	1,400	.949	1.05	.934	1.07
24	.672	1.56	.604	1.81	1,600	.952	1.05	.938	1.06
25	.678	1.55	.610	1.79	1,800	.955	1.05	.941	1.06
26	.682	1.53	.615	1.76	2,000	.957	1.04	.944	1.06
27	.687	1.52	.621	1.74	2,500	.962	1.04	.950	1.05
28	.692	1.50	.626	1.72	3,000	.965	1.04	.954	1.05
29	.696	1.49	.631	1.71	3,500	.967	1.03	.958	1.04
30	.700	1.48	.635	1.69	4,000	.969	1.03	.960	1.04
35	.719	1.44	.656	1.62	5,000	.973	1.03	.964	1.03
40	.734	1.40	.674	1.56	6,000	.975	1.02	.967	1.03
45	.747	1.37	.689	1.52	7,000	.977	1.02	.970	1.03
50	.758	1.35	.702	1.40	8,000	.978	1.02	.972	1.03

x^*: 관찰된 수

SMR**: 표준화 사망비(또는 발생비)

주) 표에 의한 기대수 산출은 x/SMR이 된다.

예: 관찰된 수 = 10이라면 기대되는 수의 95% 신뢰구간은(10/2.08, 10/0.544)이다.

이 알려져 있다면 직접 표준화법을 이용하여 발생 및 사망수준을 비교할 수 있다. 그러나 대부분의 집단발병 역학조사에서는 해당지역의 발생률 및 사망률이 알려져 있지 않은 경우가 많아서, 전국의 발생률 또는 사망률을 이용한 간접 표준화 방법을 이용한다. 특히 암질환 같이 발생률이 낮은 경우에는 5~10년간의 발생수준을 묶어서 비교하는 것이 유용한데, 이때는 누적발생률을 이용한 식 11-1(5년을 예로 들 때)에 따라 표준화발생비(standard incidence ratio, SIR) 혹은 표준화사망비(standard mortality ratio, SMR)를 구할 수 있다(Parkin 등, 1997). 다음은 표준화사망비의 예이다.

$$SMR = \frac{N}{E} = \frac{\Sigma D_i}{\Sigma L_i C_i + \Sigma D_i C_i} \qquad \text{(식 11-1)}$$

단 N: 과거 5년 간 총 사망자 수
E: 전국 표준율에 의하여 산출된 과거 5년간 사망 예상자의 총 수
D_i: i번째 연령군에서 과거 5년간 사망자 수
L_i: i번째 연령군에서 현재 거주자 수
C_i: i번째 연령군에서 과거 5년간 전국표준율의 누적발생률

그 95% 신뢰구간은 Vandenbrouche의 공식으로 구한다(Vandenbrouche, 1984).

$$\frac{[\sqrt{\text{관찰 사망자 수}} \pm 1.96 \times 0.5]^2}{\text{기대 사망자 수}}$$

이상의 공식을 이용하여, 표 11.3과 같이, 인구 1,000명의 지역에서 지난 5년간 암환자의 발생이 8명이었다고 가상한 집단에서의 표준화발생비를 구하는 과정은 다음과 같다.

표준인구의 연령별 발생률에 관찰기간을 곱하여 해당 연령군의 발생률을 구한 다음, 이전 연령군의 누적발생률을 더하여 각 연령군까지의 누적발생률(C_i)을 구한다. 예를 들어 1~4세군은 발생률에 4배를 하여 누적발생률을 구한다. 5~9세부터는 해당 연령별 발생률에 5배를 한 다음, 앞의 누적발생

표 11.3 누적발생률에 의한 표준화발생비 산출의 예

나이	표준인구 발생률 (/10만, 5년간)	누적발생률 (/10만, 5년간) (C_i)	현 주민 수 (L_i)	발생자 수 (D_i)	$L_i \times C_i$	$D_i \times C_i$
1～4	1.00	4.000	25	0	0.001	0
5～9	0.005	4.025	40	0	0.00161	0
10～14	0.01	4.075	75	0	0.00306	0
15～19	0.20	5.075	90	0	0.00457	0
20～24	0.535	7.750	110	0	0.00852	0
25～29	1.2	13.75	85	0	0.012	0
30～34	3.05	29.00	70	0	0.020	0
35～39	7.2	65.00	65	0	0.042	0
40～44	15.3	141.5	60	0	0.085	0
45～49	25.3	268.0	65	1	0.174	0.003
50～54	34.2	439.0	65	0	0.285	0
55～59	50.7	692.5	50	3	0.346	0.021
60～64	68.3	1034	60	2	0.620	0.021
65～69	75.9	1413.5	50	1	0.707	0.014
70세 이상	97.1	1899	90	1	1.709	0.019
계			1000	8	4.019	0.078

률을 더하여 구한다(= 0.005×5 + 4). 70세 이상의 노령군은 4년이나 5년으로 정의된 다른 연령군과 달리, '포함되는 연령 구간을 얼마로 할 것인가?' 라는 문제가 생긴다. 여기서는 관찰기간(또는 연령구간)을 5년으로 하여 누적발생률(C_i)을 구하였다. 물론, 발생자 중 최고령자의 나이를 기준으로 하여 정할 수도 있고, 조사지역의 생존자 중 최고령자를 기준으로 할 수도 있다. 이렇게 구한 연령군별 누적발생률을 현재 거주자 수(L_i)와 관찰기간 중 해당 연령별 발생자 수(D_i)에 각각 곱하여 얻어진 값은 각각 4.019와 0.078이다.

한편, 원칙적으로는 해당지역에서 관찰기간 중 예상 발생자를 구하려면 관찰기간 시작 당시의 연령별 주민현황을 알아야 하지만, 현재 가지고 있는 자료는 조사 당시에 살아있는 대상자와 사망자의 명수만을 알고 있다는 점에서 이 두 군을 합친 집단에 대하여 추적조사를 했다고 가정할 수밖에 없다. 따라서 앞서 구한 현재 거주자와 발생자의 연령군별 누적 발생률을 더한 값을 예상 발생자 수 (E = 4.097)로 삼으면서, 이를 관찰기간 중의 전체 발생자 수에 나누어서 표준화발생비를 구하게 된다. 제시한 공식을 이용하면 8/4.097 = 1.953이 된다. 그리고 이렇게 구한 표준화발생비의 95% 신뢰구간은 Vandenbrouche의 공식에 의하여 $\frac{[\sqrt{8} \pm (1.96 \times 0.5)]^2}{4.079}$ = (0.83, 3.55)이 되어 1을 포함하므로, 기준이 되는 평상시 발생률에 비하여 유의한 발생수준이 아니라고 판단하게 된다.

국내 현실상 아직까지 노인층에서는 병원이용률이 낮아 암질환과 같이 노인 인구에서 많이 발생하는 만성질환인 경우에는 병원에서 확진을 받는 율이 낮고, 사망원인의 경우에도 '노환' 등 원인미상으로 처리되는 경우가 많아서, 75세 이상의 대상자를 제외한 연령층에서의 발생률이나 사망률(truncated rates)을 산출하여 발생 및 사망수준을 비교분석하는 것이 보다 타당한 결론을 내릴 수 있다.

3) 역학적 가설의 설정

집단발병 역학조사의 궁극적인 목적이 발생원인을 규명하여 향후 질병발생을 예방하는 것이므로, 발생 및 사망 수준을 비교하여 기존의 수준에 비해 유의한 차이가 있다면, 해당 질병의 원인을 규명하도록 해야 한다. 물론, 발생 및 사망 수준을 확인하는 과정에서 예비적으로 원인 규명을 동시에 할 수도 있다.

원인규명을 위한 가설은 우선 해당 질병에 대한 의학적 지식뿐 아니라 그 지역의 특이한 환경조건, 생업 등을 고려하여 설정된다. 혹은 주민들이 특정 질병에 대한 선입감 등을 갖고 있다면 이를 규명하기 위한 가설설정도 고려해 볼 수 있다. 이때 환자의 성별, 연령별 분포뿐 아니라 지역별 분포를 지도에 표시하여 본다면 원인규명의 실마리를 찾을 수도 있다. 표 11.4와 그림 11.3의 예에서와 같이, 성별로 발생 차이가 뚜렷하여, 여성에서 환자의 발생이 없었고, 지역별로 밀집된 환자분포를 보이지 않는 양상 등이 나타날 때는, 식수, 식품 등 공통적 환경요인이 원인으로 작용했을 가능성이 낮다고 생각할 수 있다(안윤옥 등, 1993).

가설설정에 필요한 요소는 첫째는 그 가설이 적용되는 인구집단이 규정되

표 11.4 발생 및 사망자의 성별 연령분포

연령	발생		사망	
	남	여	남	여
45~49	1	0	0	0
50~54	0	0	0	0
55~59	2	0	1	0
60~64	1	0	1	0
65~69	1	0	0	0
70세 이상	1	0	0	0
계	6	0	2	0

그림 11.3 암환자의 지역 분포도

어야 하고, 둘째는 추정되는 원인적 요인의 특성, 셋째는 결과로 나타나리라 예측되는 현상의 특성, 넷째는 원인적 요인의 양과 예측되는 결과 간의 양-반응관계, 다섯째는 원인적 요인의 노출로부터 결과 관찰까지의 기간 등이 기술되어야 한다.

좋은 가설은 이상의 요소를 모두 갖춘 것으로서 현재까지 축적된 기존 지식수준에 따라 구체적으로 표현된 것이다. 예를 들어 "흡연은 폐암을 유발할 것이다."라는 단순한 형태의 가설보다는 "담배를 하루에 20개비 이상 20년을 피운 사람은 담배를 피우지 않는 사람보다 폐암에 10배 더 많이 걸리며, 담배를 피우는 사람들 중에서 흡연량이 많을수록 폐암 발생률이 더 높다."라는 가설은 위의 요소를 모두 갖추어 보다 나은 가설이 된다.

가설 설정에 도움이 되는 경우는 다음과 같다.

첫째, 다양한 측면의 관찰이 새로운 가설 설정에 도움이 된다. 예를 들어, 1847년 비엔나의 산과 의사 젬멜바이스는 산욕열을 연구하면서 의대생이 분만을 도운 산모의 산욕열 발생률이 조산원이 분만을 도운 산모의 발생률보다 높다는 사실을 파악하여, 의대생이 분만을 돕는 과정을 주의 깊게 관찰한 결과, 의대생이 부검 실습으로 오염된 손으로 분만을 도운 것이 원인이라는 가설을 세운 뒤 이를 입증하였다. 따라서 부검 후 손을 철저히 소독하도록 조치하여 산욕열의 발생률을 현저히 감소시킬 수 있었다.

둘째, 질병과 원인으로 추정되는 위험요인 간의 관련성의 정도가 강할수록 강력한 가설을 만들 수 있다. 통계적 유의성만을 의미하는 것은 아니다. 예를 들어, 흡연과 폐암 간의 관련성은 흡연과 심혈관질환 간의 관련성보다 더 강하다.

셋째, 시간경과에 따라 질병 발생빈도가 변할 때, 특히 이러한 현상이 짧은 기간동안 관찰되면 유용한 가설을 수립할 수 있다. 예를 들어, 1961년 원인 모를 선천성 심장질환의 대량 발생은, 같은 시기 산모들에서 탈리도마이드의 복용이 증가한 현상과 일치하므로, 짧은 시간 내에 가설을 설정하여 원인적 관련성을 규명할 수 있었다.

넷째, 주로 외부에서 유입된 병원체에 의한 집단발병의 경우처럼 전혀 처음 보는 독특한 환자가 관찰될 때 가설 설정에 도움이 된다. 예를 들어, 1980년 우리나라의 목포, 신안 등지에서 발생한 콜레라의 집단발병에서는 외항선원에 의한 콜레라균의 유입으로 가설이 설정된 바 있었다.

다섯째, 서로 모순되어 보이고 설명이 잘 안 되는 이상한 소견이 관찰될 때 가설을 세우기 유리하다. 예를 들어, 펠라그라는 초기에 감염성 질환으로 의심하였으나 고아원의 고아에서 발생률이 높고, 같은 고아원의 간호원 등 보조 인력에서는 발병률이 낮게 나타나서 감염성으로는 설명이 되지 않아 음식 섭취와 관련성으로 가설을 수립하여 원인을 파악하게 되었다.

구체적으로 가설을 설정하는 방법이 공식처럼 명백히 확립되어 있지는 않지만, 1856년 밀의 저서 "A system of logic"에서 인과관계를 추정할 수 있도록 고안한 논리적 전략인 밀의 법칙 5개 중 3개와 그외 유사성의 법칙에 의거하여 가설을 수립할 수 있다.

(1) 상이성(차이성) 법칙(method of difference)

연구대상 사건이 발생한 집단과 발생하지 않은 집단을 비교할 때, 모든 다른 상황은 두 집단에서 공통적으로 존재하고 한 가지 상황만 다를 때 이 한 가지 상황이 그 사건발생의 원인이라는 가설을 세운다. 예를 들어, 폐암에 걸린 집단과 폐암에 걸리지 않은 집단을 비교한 결과, 성, 연령, 종족, 거주지역, 직업, 결혼 상태, 사회경제적 수준 및 생활습관 등에서는 유의한 차이가 나타나지 않고, 흡연습관에서만 유의한 차이가 나타날 때 흡연이 폐암발생의 원인으로 작용할 것이라는 가설을 세울 수 있다.

(2) 일치성, 공통성 법칙(method of agreement)

조사하는 현상(질병)의 2개 혹은 그 이상의 예에서 특정 단일요인이 공통적으로 존재할 때, 그 요인이 원인일 가능성이 있다는 가설을 세운다. 예를 들어, 자궁경부암 환자의 특성을 파악한 결과 기혼여성이 미혼여성보다, 결혼연령이 낮은 여성이 결혼연령이 높은 여성보다, 출산을 많이 한 여성이 출산을 적게 한 여성보다, 배우자가 많은 여성이 단일 배우자를 가진 여성보다 유의하게 많았다면, 공통적인 요인인 여성의 성생활(sexual activity)과 관련된 무엇인가가 자궁경부암의 원인으로 작용하였다는 가설을 세울 수 있다.

(3) 동시변화성 법칙(method of concomitant variation)

어떤 현상이 다른 현상의 변동에 따라 같이 변화할 때, 또는 어떤 현상의 정도가 증가할 때 다른 현상의 양도 함께 증가 또는 감소하는 현상을 관찰할 때, 유력한 가설을 세울 수 있다. 생태학적 연구를 통하여 관찰된 결과로부터 인과적 가설을 수립하는 경우에 해당된다. 예를 들어, 심혈관질환 발생률의 변화가 식이내용의 변화와 상관관계가 있음을 관찰하여, 음식 중 지방질의 섭취가 심혈관질환의 원인이라는 가설을 세울 수 있다. 또한 상수에서의 불소 농도를 지역별로 조사한 결과 지역별 충치 발생빈도와 반비례하는 것을 관찰하여 불소의 충치 예방효과에 관한 가설을 세울 수 있다.

(4) 동류성(유사성) 법칙(method of analogy)
원인이 알려지지 않은 어떤 질병의 자연사와 그 질병의 병리학적 소견 및 역학적 특성이, 이미 원인이 잘 알려진 질병과 비슷할 때는 이 질병의 원인도 기존에 잘 알려진 질병의 원인과 비슷할 것이라는 추론이 가능하다. 예를 들어 1950년대에 알려진 한국형유행성출혈열(Korean hemorrhagic fever, KHF)의 경우, 그 원인이 발견되기 전에는 그 자연사가 Rocky Mountain Spotted Fever와 매우 유사하다는 점을 관찰하여 진드기(mite)가 전파하는 리케차가 원인일 것이라는 가설과, Russian Spring Hemorrhagic Fever와 매우 비슷하므로 들쥐에 기생하는 진드기일 것이라는 가설이 설정된 바 있다.

4) 가설의 검정: 분석역학연구

집단발병 원인에 관한 가설이 설정되면 그 가설을 검정하기 위하여 필요한 자료를 수집한다. 이와 같은 조사연구는 이미 발생된 사건에 대하여 이루어지기 때문에 과거(질병 원인이 작용하였을 것이라 추정되는) 한 시점에서 원인적 요인에의 노출 여부를 파악하여 질병발생과의 인과관계를 파악하는 후향적 코호트연구나, 환자-대조군연구를 수행하게 된다. 질병발생 원인을 규명하기 위한 역학적 연구에는 여러 가지 형태가 있으나, 긴급한 방역을 요하는 감염병이나 발생률이 낮은 암질환의 경우 환자-대조군연구가 매우 효율적이다.

가) 후향적 코호트연구
집단발병 역학조사는 집단발병이 의심될 때 수행되기 때문에 거의 대부분 후향적인 조사이다. 후향적 코호트연구는 급성 감염병이나 식중독과 같이 발생 원인의 단일 공동노출로 인해 발생하는 집단발병을 조사하는데 유리한 연구방법이다. 예를 들면, 스노우(1855)가 런던에서 콜레라가 집단 발생하였을 때 그 원인이 상수의 오염으로 인한 것이라는 가설을 세운 후 이를 검정하기 위하여, 당시 런던에 상수를 보급하고 있던 두 회사(Southwark사와 Vauxhall, Lambeth사)의 상수 공급대상 가구를 파악하고 동시에 가구별 콜레라 사망률을 조사하였다. 회사에 따른 상수 공급지역별 콜레라 사망률은 S사 지역에서는 인구 10,000명당 315명, L사 지역에서는 인구 10,000명당 37명이었으며, 런던의 다른 지역에서는 인구 10,000명당 59명으로 나타나, S사에 의하여 공급되는 상수의 오염이 원인인 것으로 확인되었다.

나) 환자-대조군연구

환자-대조군연구는 급성 질환뿐 아니라, 만성 비전염성 질환에도 유용하게 적용할 수 있는 연구방법으로, 환자군과 그와 유사한 특성을 가진 대조군을 선정하고, 두 군에서 추정되는 위험요인에의 과거 노출 정도가 어떠한지를 파악함으로써 원인적 관련성을 규명한다. 예를 들어, 특정 지역 주민에서 식중독 환자가 다수 발생하였고, 수일 전 동네 초상집에서의 음식섭취가 원인인 것으로 추정된다면, 식중독 환자와 그 동네에 사는 같은 연령대 건강한 사람을 짝지은 뒤 상가에 가서 음식을 먹었는지 파악하여 비교함으로써 원인적 관련성을 파악할 수 있다. 만성 질환인 암이나 심혈관질환 환자가 다수 발생하였다면 원인적 요인에 노출된 시점이 불명확하거나 매우 오래 전인 경우가 많기 때문에 특히 환자-대조군연구 형태가 유용하다. 특정 지역에서 만성 질환자가 다수 발생하여 문제가 된 경우에는 먼저 진단의 정확성을 확인하고, 연령별 발생률을 파악하여 다른 지역과 차이가 있는지 비교하며, 만약 유의하게 높은 것으로 확인되었다면, 환자-대조군연구를 수행하여 원인적 요인을 파악하여야 한다. 이때 적절한 대조군의 선정이 매우 중요하며, 구체적인 내용은 9장을 참조한다.

(1) 대조군의 선정

대조군은 주로 이웃의 건강한 주민 중에서 선정한다. 지역주민 중 건강한 사람을 대조군으로 선정할 경우에는 대조군의 질병 이환 여부를 확인하기 위하여 필요한 임상검사를 시행하여야 한다. 직접적인 임상검사의 시행이 현실적으로 불가능한 경우에는, 집단발병 역학조사에 참여한 의사가 사전에 작성한 임상증상 설문지로 본인을 직접 면접하여 해당 질환 여부를 판단하여야 한다.

대조군은 같은 지역에 거주하는 주민 가운데 건강한 사람을 모두 선정하거나, 성별, 연령 등의 빈도가 환자군과 비슷하게 하여 뽑는 빈도 짝짓기, 또는 환자 개개인에 대해 성별, 연령 등의 변수가 동일하게 1:1로 짝짓는 개별 짝짓기 등으로 선정한다. 환자 수가 많지 않은 경우 짝짓기 비를 1:3 내지 1:4까지 올려서 통계적 검정력을 높이는 방법을 고려할 수도 있다.

(2) 자료수집을 위한 설문조사

환자-대조군연구의 설문지에는 개인별 생활습관, 음용수, 식품 등의 환경요인이 포함된다. 설문조사법에는 미리 작성한 설문지를 통해 방문면접으로 조사하는 방법, 자기기입식으로 주민이 직접 작성하도록 하는 방법 등이 있다. 자기기입식 설문지는 조사팀 인력이 부족한 경우에 이용할 수 있으나, 주민들이 질문을 정확히 이해하여 응답할 수 없으므로 신뢰도가 떨어지는 자료를 모을 가능성이 있고, 행정력의 적극적 협조 없이는 제대로 수행하기가 어려운 단점이 있다. 반면 방문면접은 인력과 시간이 많이 투입되지만, 조사 자료의 신뢰도를 높일 수 있고, 선정된 대조군이 실제 건강한지 역학조사자가 직접 확인해 볼 수 있다는 장점이 있다. 또한 주민과 직접 대화함으로써 주민의 긍정적인 협조를 얻어낼 수 있다.

(3) 자료분석

수집된 자료는 통계적 분석을 시행할 수 있도록 데이터베이스나 각종 워드프로세서를 이용하여 전산자료화한 다음, SAS, SPSS, GLIM, EGRET 등 흔히 사용되는 통계 소프트웨어를 이용하여 적절히 분석한다. 통계적 분석과정은 통계분석 전문가에 따라 다양하지만, 우선 원인적 요인으로 추정되는 각 변수와 질병발생 간의 통계적 관련성을 일변량 분석으로 파악하고, 유의한 변수들이 나타나면 이 변수를 중심으로 다변량 분석을 시행하여 최종적인 결론을 얻게 된다. 다변량 분석은 특정 변수와 질병 간의 독립적인 관련성을 파악하기 위하여, 즉 다른 변수에 의한 교란효과를 배제시키기 위하여 통계적 모델을 이용한다. 일반적으로 대조군을 짝짓기하지 않고 선정한 경우 비조건부 로지스틱 분석(unconditional logistic regression)을, 짝짓기가 된 경우에는 조건부 로지스틱 분석모델을 사용한다.

(4) 환경적 요인과의 관련성

환경적 요인과의 관련성을 규명하기 위해서 수질 및 식수검사, 식품검사 등을 수행한다. 수질검사는 우선 지역주민의 주요 식수원을 알아내어 상수를 채취하는 것이 중요하며, 하수는 지역환경에 따라 채취장소를 결정하여야 한다. 이때 간이상수원의 상수 공급지도를 참조할 수 있다. 채취한 시료의 검사는 국립보건원 수질과에 의뢰할 수 있다. 한편, 식품검사는 환자-대조군연구를 시행하는 과정에서 환자가 발생한 가정과 대조군으로 선정된 주민의 가정에서 특정 식품을 채취하여 발암성 물질을 함유하는지 여부를 국립보건원과 해당 연구기관에 검사를 의뢰하여 분석해 볼 수 있다. 혹 조사지역에서 연구대상 질병과 관련된 건강 유해 노출이 역사적으로 있었다면 환경적 요인과의 관련성을 규명하는데 큰 도움이 된다. 예를 들면, 영국에서 소아 백혈병의 집단적 발생이 있는 인근지역에 원자력발전소가 있었던 사실이 원인 규명에 중요한 단서가 된 적이 있었다.

5) 집단발병의 관리 및 예방대책 제시

집단발병 조사연구의 실질적 목적은 현재 진행되고 있는 집단발병 상황을 조기에 종식시키고, 나아가 앞으로 동일한 질병의 집단발병을 예방하기 위한 대책을 수립하는 것이다. 집단발병을 종식시키는 방법은 세 가지 측면에서 고려할 수 있다. 첫째는 원인적 요인을 제거하는 방법으로서, 오염원을 제거하든지, 원인적 요인에 노출될 수 있는 사람들을 피신시킨다든지, 병원체를 소독한다든지, 환자를 격리시키는 방법을 사용할 수 있다. 둘째는 질병의 전파를 차단하는 방법으로서, 음료수나 우유와 같이 병원체를 전파시키는 매개체를 소독하거나, 파리나 모기 같은 위생곤충을 제거하고, 개인위생상태를 개선하도록 하는 것이다. 셋째는 원인적 요인에 노출된 사람의 반응을 바꾸어 주는 것으로서 해당 질병에 대한 감수성을 가진 사람에게 예방접종을 한다든지, 예방적 약물요법을 시행할 수 있다.

집단발병 현상을 보건당국에 보고하여 다른 지역에 통보함으로써 동일한 집단발병에 대한 대책을 사전에 마련하게 하고, 역학조사 결과로 알게 된 질병의 자연사, 전파방법 및 관리대책에 관한 정보를 향후 발생하는 집단발병 시에 활용할 수 있다. 비록 특정한 시점에 발생한 집단발병을 적절히 관리하지 못하였다 할지라도, 최종보고서를 작성해 두거나 환자들로부터 채취한 가검물을 보관하는 것은 매우 중요하다. 의학의 발전으로 인한 새로운 진단기술의 개발로 과거에 알지 못하였던 원인을 밝힐 수 있기 때문이다. 1957년에 원인을 알지 못하는 폐렴 환자가 집단으로 발생하였을 때, 환자의 혈청을 냉동보관해 두었는데, 25년 후에 레기오넬라증(legionellosis)이라는 혈청학적 진단이 가능하였던 예가 있다.

4. 역학조사의 장애물

집단발병이라는 급성적인 문제를 해결해야 하는 연구자로서 여러 측면에서 연구수행에 어려움을 겪게 된다(Gregg, 1996).

1) 제한된 자료원

단시간에 집단발병의 원인과 예방대책을 강구해야 하는 집단발병 역학조사에서는 당장 자료원으로 삼을 수 있는 것은 대부분 이차 자료이다. 이들 자료는 만들어진 목적에 따라 자료의 완전성과 정확성이 크게 다르며, 그 내용을 다시 확인하는 과정이 반드시 필요하다. 오히려 표준화된 설문조사자료보다 그 질이 떨어질 수 있음을 염두에 두어야 한다. 또한 해당 자료가 만들어져 있다고 하더라도, 연구자가 이용하려면 행정적으로 많은 어려움이 있다.

2) 소수의 조사대상자

통계적 검정력을 감안할 때 통계적 유의성을 찾아내기 위하여 상당 규모의 연구대상자가 필요하지만, 집단발병의 경우 가용한 대상자 수가 상대적으로 적어, 통계분석에 상당한 제약이 있다. 이런 제약은 역학연구로써 결과를 추론하고 원인을 규명하는데 제한적인 요소이다.

3) 검체수집의 어려움

집단발병 역학조사는 집단발병 이후 시작되므로 원인과 전파과정 규명에 필요한 검체를 확보하기가 불가능한 경우가 많다. 예를 들어 의심되는 음식물을 이미 폐기처분했을 수 있고, 감염성 병원체, 예를 들어 세균성 이질균의 보균자로 의심되는 환자가 이미 항생제 등을 복용하였다면 적절한 검체를 수집할 수 없을 것이다. 이런 상황에서 연구자는 발병 환자를 처음 발견하여 보고한 보건의료인의 판단이나 환자 자신, 친척, 지역 주민의 기억에 의존할 수밖에 없다.

4) 지역 언론의 부정적 역할

집단발병은 해당 지역사회의 지대한 관심을 끌게 되며, 여론을 형성한다. 이때 지역 언론들은 연구자에게 정보를 제공해 주고, 환자를 확인시켜 주며, 지역주민 홍보를 통하여 지역주민의 적극적인 협조를 얻어내게 해주는 등의 긍정적인 역할을 하게 된다. 반면 지역내 환자와 주민에게 집단발병의 원인에 대한 선입견을 주게 되어 자료수집 및 가설검정단계에서 오류가 생기게 되고, 원인 규명을 방해하는 부정적 역할을 할 수도 있다.

5) 지역 구성원의 연구참여 거부

성공적으로 역학연구가 수행되려면 지역 구성원의 자발적 참여가 절대 필요하다. 그렇지만 생계가 위협받는 경우에는 연구참여가 자발적으로 이루어지지 않을 가능성이 높다. 예를 들어 그 지역 특산물에 의한 식품매개성 감염병 집단발병이 있었다면, 지역경제를 위하여 지역주민들이 연구수행을 거부할 수도 있다. 또한 무증상인 지역 주민이 세균성이질 보균자로 나올 경우 최소 3일 이상의 격리조치를 받게 되어 가족생계에 문제가 생길 것을 두려워하여, 검체를 제공하지 않으려고 할 수도 있다. 이렇게 되면 필요한 자료의 수집이 어려워지고, 수집된 자료의 질 또한 떨어지게 된다.

6) 유행확산 방지를 위한 압력

집단발병의 규모가 계속 커져가고, 이로 인한 사망자가 발생하는 상황이라면, 연구자는 그 원인을 찾는 노력보다는 당장 어떤 조치라도 해서 집단발병이 확산되지 않도록 하기를 요구받게 된다. 이런 압력 속에 우선적으로 예방조치를 취할 경우 집단발병의 궁극적인 원인을 찾지 못할 가능성이 높아지며, 만약 시행한 예방조치가 별 효력이 없다면 연구자로서는 큰 곤경에 빠지게 된다. 따라서 연구자로서는 이런 상황에 직면하여 최소한의 과학적인 근거가 마련될 수 있는 역학조사가 되도록 노력해야만 한다.

참고문헌

1. 김정순. 역학각론: 감염병. 신광출판사;1991.
2. 박병주 · 배종면 · 안윤옥 등. 암의 집단발병에 관한 역학조사방법. 예방의학회지 1994;27(3):411-423.
3. 배종면 · 이상원 · 양병국 등. 2000년 상반기 제주도 세균성 이질 역학조사. 한국역학회지 2001;23(1):80-96.
4. 안윤옥 · 박병주 · 배종면 등. 북제주군 판포리 지역 암발생에 관한 역학 기초조사. 한국역학회지 1993;15(2):185-195.
5. Gregg MB. Field Epidemiology. Oxford University Press;1996.
6. Kelsey JL, Whittemore AS, Evans AS, et al. Methods in observational epidemiology. 2nd ed. Oxford University Press;1996.
7. Last JM. Dictionary of Epidemiology. 2nd ed. Oxford University Press;1988.
8. Nelder JA. Queries and notes: Significance factors for the ratio of a

Poisson variable to its expectation. Biometrics 1964;20:639–643.
9. Parkin DM, Whelan SL, Ferlay J, et al. Cancer incidence in five continents. Volume VII. IARC Scientific Publication No. 143. IARC;1997:66–68.
10. Vandenbrouche JP. A shortcut method for calculating the 95 per cent confidence interval of the standardized mortality ratio. Am J Epidemiol 1984;115:303–304.

12장

임상역학

Epidemiology

역학이 인구집단에서 발생하는 건강-질병현상의 분포를 관찰하고, 발병과 관련된 위험요인을 규명하여 예방대책을 수립하기 위한 연구라고 한다면, 임상역학(clinical epidemiology)은 이러한 역학적 연구방법과 인과론적인 개념을 임상에 적용하는 연구분야라고 할 수 있다. 예를 들어, 임상역학에서는 임상에서 환자를 진단하기 위한 각종 진단법의 타당도와 신뢰도를 평가하여 환자의 진단에 도움을 주고, 각종 치료법의 효능과 안전성을 평가하여 효과적인 환자 진료에 기여할 수 있다. 임상역학은 연구대상과 질병에 따라 모든 의학분야를 포함하는 것으로 분류할 수 있지만, 현재 활발히 연구가 수행되고 있는 임상역학 분야는 암 역학, 심혈관질환 역학, AIDS 역학, 노인성질환 역학 및 약물역학 등을 들 수 있다. 환자의 예후에 영향을 미치는 가장 중요한 요인은 질병의 진단법 및 치료법이기 때문에, 임상역학에서 다루는 주된 내용은 새로 개발된 진단법의 신뢰도와 타당도, 치료법의 효능과 안전성을 기존의 방법과 비교평가하는 것이 되고, 이러한 평가결과는 직접 환자 진료에 영향을 미치게 된다. 본 장에서는 질병 진단법의 타당도와 효능의 평가, 치료법의 효능 및 안전성 평가, 그리고 질병의 자연사에 관한 연구 등에 관한 내용을 소개한다.

1. 진단법의 평가

1) 진단법의 타당도 및 신뢰도

진단법의 타당도는 제3장에서 설명한 민감도와 특이도로 평가할 수 있다. 간략하게 설명하면, 민감도는 특정한 진단법에 의하여 진짜 환자를 양성으로 판정해 낼 수 있는 능력을 나타내는 지표이며, 특이도는 환자가 아닌 사람을 진단결과 음성으로 판정해 줄 수 있는 능력을 나타내는 지표이다. 이러한 지표들을 산출하는 구체적인 방법과 적용 예는 제3장을 참조하기 바란다.

진단법의 신뢰도는 특정한 진단법에 의한 측정결과가 얼마나 재현 가능한지를 나타내는 지표로서, 이는 특정 진단법으로 반복하여 측정한 결과에서 변동량의 크기로 평가한다. 진단결과의 변동(variation)은 피검자 및 검사자에 의한 변동과 진단기기에 의한 변동으로 구성된다. 신뢰도를 평가하기 위해서, 측정값의 척도가 순위척도인 경우 카파 값이나, 스피어만의 순위상관계수, 감마 값, 켄달(Kendall) 계수 등의 지표를 사용할 수 있고, 측정값이 연속변수인 경우에는 피어슨의 상관계수를 이용할 수 있다.

2) 진단법의 효능

질병에 의한 합병증을 감소시키는데 진단법(diagnostic or screening test)이 기여하는 정도를 진단법의 효능이라고 정의할 수 있다. 그러한 효능을 평가하는 방법은 두 단계 접근법과 한 단계 접근법의 두 가지 방법이 있다.

가) 두 단계 접근법

우선 연구대상이 되는 진단법이 일정 수준 이상의 높은 예측도를 가지는지 파악한 다음, 높은 예측도를 가진다면 다음 단계로 진단법 양성인 인구집단에서의 치료 효능을 평가한다. 예를 들어 고혈압을 진단함으로써 심혈관질환으로 인한 사망률을 낮출 수 있을 것인가를 평가하고자 한다. 첫번째 단계는 혈압계에 의하여 측정된 혈압의 정도에 따라 심혈관질환 사망률의 예측도를 파악하는 것으로, 고혈압인 군에서 고혈압이 아닌 사람에 비하여 심혈관질환 사망률이 높게 나타나는 것을 관찰하였다(코호트연구). 다음 단계로 고혈압 환자를 대상으로 혈압강하제를 투여한 치료군과 비치료군에서의 심혈관질환 사망률을 비교평가한다(임상시험). 만약 첫번째 단계에서 혈압수준이 심혈관질환 사망위험도에 대한 예측도가 높고, 두 번째 단계에서 고혈압에 대한 치료가 심혈관질환 사망률을 유의하게 감소시키는 것으로 나타났다면, 혈압을 측정하는 것이 심혈관질환 사망위험도를 낮추는데 효과적이라는 결론을 내릴 수 있다. 이와 같은 두 단계 접근법은 대개 수백 명에서 수천 명의 연구대상자를 필요로 한다.

나) 한 단계 접근법

진단 및 치료를 받은 인구집단에서의 질병 합병증 발생률을 진단받지 않은(따라서 치료도 받지 않은) 인구집단에서의 합병증 발생률과 비교하는 방법이다. 예를 들어, 고혈압을 진단받아 치료받고 있는 환자에서의 심혈관질환 사망률을 혈압검사를 받지 않은 인구집단의 사망률과 비교하여 고혈압 진단의 효능을 평가하는 방법으로서, 대개 수천 명에서 수십만 명의 연구대상자를 필요로 한다.

실제 연구를 수행하는 측면에서는 두 단계 접근법이 훨씬 유리하지만, 유방암에 대한 유방조영술이나 자궁경부암에 대한 'Pap smear'와 같이 조기진단에 의한 치료효과가 뚜렷한 경우에는 치료받지 않는 대조군을 설정하는 두 번째 단계가 비윤리적이기 때문에 두 단계 접근법을 적용할 수 없게 된다.

2. 치료법의 효능과 안전성 평가

1) 실험적 연구: 임상시험(randomized controlled trials, RCT)

18세기 중엽 영국의사 린드(Lind)가 당시 선원들에서 자주 발생하였던 괴혈병의 치료에 오렌지와 레몬이 효과가 있음을 판정하였던 실험을 임상시험의 효시로 들고 있다. 1834년 루이스(Louis)는 치료효과의 판정에 수학적 방법을 사용할 것을 주장하면서, 치료를 시작하기 전에 대상 질병의 정의를 명확하게 내리고, 치료결과를 정확하게 관찰할 것이며, 치료를 하지 않은 대조군에서 질병경과에 관한 자연사를 파악하여야 하고, 치료 후 기대하지 않았던 부작용이 나타나는지를 세밀히 관찰하여야 할 것을 주장하고, 그 당시 뛰어난 치료법으로 인정받으면서 널리 적용되고 있던 '방혈요법(放血療法, bleeding)' 에 효과가 없음을 과학적으로 입증함으로써, 과학적인 임상역학 연구의 토대를 마련하였다.

1926년 피셔(Fisher)가 농작물의 재배에 관한 연구를 수행하면서 처음으로 실험적 처치방법을 무작위배정(random allocation)하였고, 이러한 개념을 1931년 앰버슨(Amberson)이 폐결핵에 대한 sanocrysin의 치료효과를 판정하려는 연구에서 동전던지기 결과에 따라 치료법을 무작위로 배정함으로써 의학연구에 무작위배정을 최초로 도입하였다. 1948년 영국 의학연구원(British Medical Research Council)에서는 최초로 난수표(random number)를 사용하여 치료법을 무작위로 배정하였다.

또한, 치료효과의 판정을 객관적으로 하기 위한 눈가림법(blinding)은 앰버슨의 연구에서 환자를 약물 치료군과 증류수를 주입하는 대조군으로 배정하면서 자신이 어느 치료를 받는지 모르게 하였고, 1936년 디일(Diehl) 등이 감기 백신에 대한 임상시험에서 대조군에게 생리식염수를 위약으로 투여하였다.

미국에서는 1900년대 초까지도 약물의 생산 및 판매에 관하여 정부에서 직접 개입을 하지 않고 무방비 상태로 방치하고 있다가 1937년 설파닐아마이드(sulfanilamide)에 의하여 신부전증이 발생한 약화사건과 1950년대의 클로람페니콜(chloramphenicol)에 의한 재생불량성 빈혈환자의 발생으로 약물의 안전성에 관한 관심이 고조되었다. 특히 1961년 유럽에서 탈리도마이드(thalidmomide)에 의한 선천성 사지결손증이 발생한 대규모 약화사건이 발생한 이후 1962년에 Kefauver-Harrison Amendmants을 통과시켜, 새로 개발된 약물이 미국 식약청(FDA)의 승인을 받기 위해서는 반드시 그 약물의 안전성과 유효성을 확인하기 위한 임상시험을 거치도록 제도를 강화하게 되었다. 유럽 각국에서도 약물에 의한 건강장애에 관한 경각심을 높이게 되어 윤리적이고 과학적인 임상시험연구로 발전하게 되었다.

가) 임상시험의 정의

프리드만 등(Friedman 등, 1981)은 임상시험을 '사람을 대상으로 하여 각종 치료법의 효과와 임상적 가치를 대조군과 비교 평가하는 전향적 연구'로 정의하였고, 포콕(Pocock, 1983)은 '특정 질병을 가지게 될 장래의 환자에게 가장 적절한 치료법을 가려내기 위하여 설계된 모든 형태의 실험적 연구'로 정의하였다. 마이너트 등(Meinert 등, 1986)은 '사람을 대상으로 동일한 기간동안 연구대상으로 선정된 환자를 새로운 치료법과 대조 치료법으로 구분하여 치료한 다음 추적관찰하여 그 결과를 비교 평가함으로써 특정 치료법의 효과를 평가하기 위한 계획된 실험적 연구'로 정의한 바 있다. 보다 확장된 정의로 '특정 질병에 걸릴 위험이 큰 인구집단을 해당 질병으로부터 보호하고, 특정 질병에 걸릴 환자를 조기에 발견하여 적절히 치료할 수 있는, 가장 적절한 진단, 치료 및 예방법을 찾기 위하여 수행하는 사전에 잘 계획된 실험적 연구' 등도 있다.

나) 임상시험의 분류

(1) 치료효과 판정 임상시험(therapeutic trial)

특정 치료법에 의한 질병의 임상적 증상, 증세의 완화 여부나 생존기간의 증진 여부 등을 평가하기 위한 임상시험이다. 예를 들어, 새로 개발된 항암제에 의하여 치료 대상인 암 환자의 생존율이 기존의 표준 치료법에 비하여 유의하게 연장되는지 평가하는 연구 등이다.

(2) 예방효과 판정 임상시험(prevention trial)

특정 처치법이 대상 질병의 발생을 예방하거나 발생 위험도를 의미 있게 낮추는지 평가하기 위한 임상시험이다. 예를 들어 '베타카로틴의 장기 복용이 암 발생을 예방할 것인가? 또는 신체적 운동이 심근경색증의 발생 위험도를 유의하게 낮출 것인가?' 등의 가설을 검정하는 연구가 된다.

다) 의약품의 안전성 및 효능을 평가하는 임상시험의 단계

(1) 제1상 임상시험

제약회사 연구소 등에서 신약 후보물질을 개발하여 동물실험 등의 모든 실험실적 연구과정을 거쳐 안전성이 확인된 경우 소수의 건강한 자원자를 대상으로 인체에서의 약물역동학적 성상과 독성을 파악하여 안전하게 투여할 수 있는 용량의 범위를 추정하는 연구과정이다. 주로 임상약리학을 전공으로 하는 전문가가 연구대상자를 밀접하게 관찰하면서 수행한다.

(2) 제2상 임상시험

제1상 임상시험 결과 안전성이 인정되고, 그 효능이 어느 정도 파악되면, 이를 근거로 보통 50명에서 100명 정도의 해당 질환 환자를 대상으로 주로 치료효능을 추정하고 제1상에서 나온 안전성에 관한 사항을 재차 확인하는 과정이다. 제2상 임상시험을 흔히 전기 2상과 후기 2상으로 구분하고 있는데, 전기 2상은 치료 대상이 되는 단일 환자군을 대상으로 신약을 투여하면서 안전성과 효능을 평가하고, 치료에 사용할 적정 약물용량을 결정하게 된다. 전기 2상에서 신약의 치료효과가 어느 정도 인정되면, 비교 대조군을 추가 연구대상으로 선정하여 그 효과를 비교하는 후기 2상으로 들어가게 된다. 2상 연구결과 비교대상이 된 표준 치료제에 비하여 효능이 떨어지지 않은 것이 인정되면 제3상 임상시험으로 연결된다.

(3) 제3상 임상시험

정부로부터 신약의 시판을 허가받기 위한 마지막 단계의 임상시험으로서, 500명에서 3,000명 정도의 환자를 대상으로 치료군과 대조군으로 무작위배정한 뒤 유효 약물용량, 치료효능 및 안전성 등을 최종 확인하게 된다. 제3상 임상시험은 윤리성과 과학성을 최대한 고려하여 수행되어야 하고, 기존 표준 치료제가 시판되어 처방되고 있는 경우에는 그러한 약물을 대조군에 투여하여 결과를 비교하는 것이 윤리적이며, 표준 치료제가 없는 경우에는 위약을 대조군에 투여할 수 있다. 이때 3,000명이라는 연구대상 수는 심각한 부작용이 1,000명당 1명꼴로 발생하는 것을 95% 정도의 확률로 파악할 수 있기 위하여 제안된 숫자이다. 신약의 효능을 보다 빨리 평가하여 환자들에게 혜택을 줄 수 있도록

연구대상 확보를 촉진하여 연구기간을 단축하기 위하여 여러 기관이 공동으로 임상시험을 수행하는 경우가 늘어가고 있다.

(4) 제4상 임상시험

신약이 시판 허가된 후 장기간의 효능과 안전성에 관한 사항을 파악하는 연구로서, 시판후조사연구(postmarketing surveillance study, PMS)에 속한다. 시판 전 임상시험에서 파악되지 않았던 희귀한 부작용과 장기간의 복용으로 나타나는 부작용, 임상시험 대상에서 제외되었던 소아, 노인, 임산부 등에서의 효능 및 부작용, 다른 약물과의 상호작용 및 새로운 적응증 등을 발견하는 것이 주된 목적이다. 제3상 임상시험의 연구기간이 길어지면 실제 신약으로부터 혜택을 받을 수 있는 환자가 그 혜택을 받지 못하게 되므로, 그 기간을 단축하기 위하여 미국에서는 제4상 임상시험자료를 제출하는 조건으로 조기에 시판을 승인해 주는 경향으로 정책이 바뀌었다. 시판 전 임상시험에서는 제한된 연구대상, 한정된 연구규모와 관찰기간으로 인하여 안전성이 충분히 검토되지 못하므로, 대규모 인구집단을 대상으로 시판되고 있는 약물들과 부작용 간의 인과관계를 집중적으로 연구하는 연구분야인 약물역학(pharmacoepidemiology) 분야가 근래 활발히 발전하고 있다.

라) 임상시험 계획에서의 윤리적 고려사항(ethical issues)

임상시험은 사람을 대상으로 하는 실험적 연구이기 때문에 항상 윤리적인 문제가 뒤따르게 된다. 임상시험이 윤리적인 측면에서 문제가 없으려면, 훌륭한 연구로 수행되고 그 결과로서 환자의 진료에 직접적인 보탬이 되어야 한다는 것이 전제조건이다. 또한 새로 개발된 치료법이 기존의 표준 치료법에 비하여 그 치료효과가 우수한지 아닌지 여부를 해당 전문가집단이 판단할 수 없는 경우, 즉 임상적 동등성(clinical equipoise)이 인정되는 경우에만 임상시험의 대상으로 삼을 수 있다. 즉, 특정 질병에 대하여 치료효과가 인정된 기존의 표준치료법이 존재하는 경우에는 새로운 치료법의 치료효과를 입증하기 위하여 대조군에게 아무런 치료를 하지 않거나 위약을 투여하는 것은 비윤리적이다. 따라서, 새로운 치료법이 기존의 치료법보다 더 이롭거나 또는 해롭다고 심증적으로 믿고 있는 의사는 임상시험에 참여하지 않아야 윤리적이다.

연구대상으로 어린이나 임신이 가능한 여성을 포함하여서는 안 되며, 특별한 경우가 아니면 노인을 대상으로 하여서도 안 된다. 환자를 인격적으로 존중하여야 하고, 연구대상자를 선정하기 전에 반드시 본인에게 어떤 내용의 연구를 어떤 목적으로 수행하는지, 연구대상이 되는 경우에 그 연구를 통하여 어떤 이익과 손실을 받을 수 있는지에 대하여 충분히 알린 뒤 자발적인 승낙(informed consent)을 받아야 한다. 연구대상 선정을 위한 동의서에는 어떤 위험이 있는지, 무엇인가 잘못되어지고 있다고 느낄 때 누구에게 문의해야 하는지, 언제든지 원할 때는 연구대상에서 빠질 수 있다는 사실, 그리고 연구대상에서 빠지더라도 어떤 형태의 불이익도 받지 않는다는 것들이 분명히 기록되어야 한다.

새로운 치료법이 주는 이득 또는 손실이 모든 연구참여 대상자에게 가급적 동등한 기회로 주어져야 하는 것이 윤리적이기 때문에, 치료법의 배정은 의사의 주관에 의하지 않고 무작위로 하는 것이 바람직하다. 임상시험 과정에서 비록 사전에 계획한 만큼 충분한 수의 연구대상을 확보하기 전이라도, 새로운 치료법이 기존 치료법에 비하여 우수하거나 또는 해롭다는 판정이 가능한 경우는 즉시 실험을 중지하고 어느 것이든 간에 더 좋은 치료법을 향후 모든 환자에게 즉각 사용하여야 한다. 따라서, 연구진행과정에서 연구결과를 계속 모니터하여 새로운 치료법의 효과판정을 신속히 내릴 수 있도록 하여야 한다. 새로운 치료법이 뚜렷하게 더 좋은 결과가 나타나지 않을 때나, 오히려 더 나쁜 결과 또는 부작용이 나타날 때는 즉시 연구를 중지하여야 한다.

의료기관마다 자체적인 임상시험심사위원회(Institutional Review Board, IRB)를 구성하여 연구계획을 사전에 심사함으로써 연구의 비윤리적인 요소들을 사전에 제거할 수 있어야 하며, 또한 연구자도 연구를 계획하는 단계에서 연구수행 중에 야기될 수 있는 비윤리적인 요소에 대해 의견을 나누고 자문을 구하는 등 위원회로부터 도움을 받도록 하여야 한다.

마) 임상시험 설계시 과학적 고려사항

임상시험을 연구설계할 때 고려하여야 할 사항으로, 첫째, 연구대상 선정시의 고려사항으로 연구결과를 다른 환자들에게 일반화할 수 있도록 대표성 있는 연구대상을 선정하는 것이 바람직하다. 둘째, 연구목적을 달성하는데 필요한 적절한 대조군을 설정하여야 한다. 셋째, 치료군에 대한 환자의 배정을 무작위로 하여 비교하고자 하는 집단 간의 비교성을 최대한 보장하여야 한다. 넷째, 치료에 대한 순응도(compliance)가 높고 추적조사의 가능성이 높은 연구대상을 선정하여야 한다. 다섯째, 치료내용을 결정할 때 연구결과를 유사한 다른 치료방법에 대하여 일반화할 수 있도록 하고, 치료효과를 객관적으로 확인을 할 수 있는 가능성을 최대한 높일 수 있도록 노력하여야 한다. 여섯째, 치료법의 적용 및 결과 관찰과정을 환자뿐 아니라 의료진에게도 비밀로 하여, 객관적이고 정확한 정보를 수집하여 연구의 타당도를 최대한 높이도록 한다. 일곱째, 치료 결과(endpoints)의 판정을 언제, 어떤 기준으로 할 것인지 신중하게 결정하여야 한다. 여덟째, 치료효과를 충분히 관찰할 수 있는 시기까지 추적조사하여 생존여부를 확인함으로써 치료효과를 가장 확실히 평가할 수 있지만, 경우에 따라서는 중간결과(intermediate outcome)로 평가할 수도 있는데, 이때 어떤 상태를 중간결과로 삼을 것인지를 신중히 고려하여야 하며, 그 결과의 해석에도 세심한 주의를 하여야 한다. 아홉째, 연구자료의 수집과 데이터베이스의 구축은 어떤 방법으로 할 것인지 결정해 두어야 한다. 열 번째, 연구자료의 통계적 분석은 어떤 내용을 어떤 방법으로 분석할 것인지 사전에 구체적으로 결정해 두어야 한다. 끝으로 환자당 필요한 연구비가 최소화하도록 하여야 한다.

바) 연구대상 수 결정(sample size determination)

임상시험 시행 전에 필요한 환자 수를 미리 결정한 뒤, 선정되는 환자 수가 그 숫자에 도달할 때까지 연구를 진행하는 설계를 고정환자수설계(fixed sample size design)라 하고, 개별 짝짓기 등으로 대상을 선정해 나가면서 중간분석 결과 치료효과가 유의하게 나타날 때까지 연구를 진행하는 설계를 연속설계(sequential design)라고 한다. 연속설계는 일반적으로 고정환자수설계보다 적은 규모의 피험자 수로 연구가 종료되나, 연구결과가 효과가 있거나 없거나 어느 한쪽으로 쉽게 판정되지 않는 경우에는 장기간 동안 계속해야 할 수도 있다.

연구대상 환자 수를 결정할 때 고려하여야 할 사항은 치료군과 대조군의 비, 결과관찰항목의 척도, 추적조사기간, 중도탈락률, 교란변수의 영향 등이며, 기본적으로 필요한 전제조건은 α-오류, β-오류 또는 통계적 검정력의 크기 및 인정할 수 있는 치료효과 차이의 정도 등이다. 필요한 대상 환자 수를 산출하는 방법은 연구목적에 따라 이미 작성되어 있는 산출공식을 이용하게 되는데, 가장 흔히 이용하는 방법은 정규분포를 근거로 한 z-검정법이고, 연구내용에 따라 t-분포, 카이제곱 분포, 또는 포아송 분포를 이용하거나, 피셔의 정확검정 등으로 산출한다. 구체적인 계산방법과 적용 예는 관련되는 참고문헌을 참조하기 바란다.

사) 연구설계의 형태

임상시험의 설계 중 환자를 치료군과 비교 대조군에 무작위 배정하여 치료 효과를 비교하는데 흔히 이용되는 두 가지 연구설계는 평행설계(parallel design)와 교차설계(crossover design)이며, 비교적 최근에 개발되어 특히 제2상 임상시험에서 그 활용도가 큰 설계 형태인 연속설계를 비롯하여 많은 변형들이 임상시험연구에서 활용되고 있다.

(1) 평행설계

평행설계는 대부분의 실험적 연구에 적합한 연구형태로서, 연구대상은 치료군과 비교 대조군 가운데 한 군으로 무작위배정되며, 전체 임상시험 기간 동안 한 종류의 치료법만을 적용받는다. 평행설계는 임상시험의 구체적인 목적과 연구내용에 따라 여러 가지 형태로 구성할 수 있는데, 전형적인 설계형태를 그림 12.1에 제시하였다.

첫번째 형태는 연구대상에 대한 기초자료를 얻은 뒤 치료 효과를 비교하고자 하는 두 가지 또는 세 가지 약물 치료군으로 무작위로 배정한 다음 연구가 종료될 때까지 동일한 치료군에 속하게 하여 치료효과를 평가하는 형태로서 가장 흔히 사용되고 있다. 연구대상인 새로운 약물을 투여하는 군과 이에 대한 비교 대조군으로 위약을 투여하거나 또는 기존의 표준 치료제를 투여하는 군을 설정하는 설계가 가장 단순한 형태이다(A). 만약 대조군으로 위약과 표준 치료제를 투여하는 두 가지 군을 모두 설정하고자 하면 세 군을 사용하는 형태가 된다(B). 두 번째 형태는 두 가지 약물의 효과를 비교하고, 각 약물에서의 용량을 증감하여 용량-반응 관계까지 평가하고자 할 때 유용

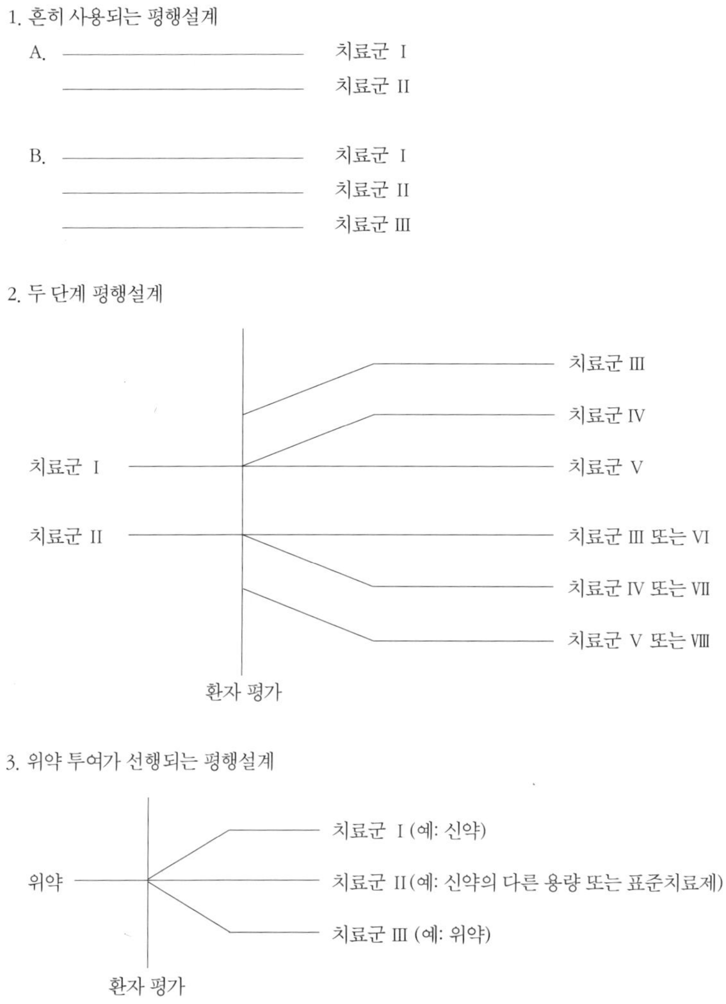

그림 12.1 평행설계의 전형적 형태

한 형태이다. 세 번째는 위약(placebo)에 의한 효과를 평가한 뒤 신약 투여군과 위약 투여군, 표준 치료제 투여군 또는 신약의 용량을 달리하여 투여하는 군을 설정하여 치료효과를 비교하는 형태이다. 이러한 형태는 임상시험에 참여하는 환자들의 순응도를 높이기 위하여 연구에 참여하기로 동의한 환자들을 각 치료군에 무작위배정하기 전 일정기간(run-in period) 위약을 투여하면서 순응도를 평가하고, 순응도가 일정수준 이상 되는 환자만을 최종 연구대상으로 선정하기 위한 용도로도 이용되고 있다.

이 외에도 임상시험을 수행하는 도중에 일정 기간동안 위약에 대한 효과를 평가하는 기간을 삽입하거나, 비교하고자 하는 각 치료군의 약물 용량을 달리하여 일정 기간동안 투여하면서 용량-반응관계를 파악할 수 있도록 고안할 수도 있고, 두 가지 약물을 함께 투여하는 경우의 치료효과를 평가하기 위하여 먼저 환자에게 치료 내용을 비밀로 하면서 치료효과를 평가한 다음, (환자와 의사에게 비밀로 하는) 양측 눈가림법을 적용하고, 치료군을 각각의 약물을 투여하는 군과 두 가지 약물을 동시에 투여하는 군 및 위약을 투여하는 군 등의 넷으로 나누어 약물의 상호작용 효과를 평가할 수 있게 설계할 수도 있다.

(2) 교차설계

교차설계는 무작위배정법의 특수한 형태로서, 각 연구대상 환자가 자신의 대조군 역할을 하도록 하는 연구설계이다. 교차설계의 형태도 연구의 구체적인 목적과 연구내용에 따라 그림 12.2와 같이 다양하다. 첫 번째 두 기간 교차설계(two-period cross-over design)는 가장 단순한 형태로서 선정된 환자의 절반씩 무작위로 배정하여 치료법 A나 치료법 B를 적용하여 치료하다가 일정한 기간이 경과한 후에 각각 치료법 B와 치료법 A로 변경하여 치료하는 형태이다. 두 번째는 전형적인 두 기간 교차설계로서, 처음 연구대상 환자들에게 무작위로 치료법을 배정하여 일정한 기간동안 치료를 시행한 후, 치료방법을 바꾸기 전에 환자의 체내로부터 먼저 투여하였던 약물의 영향이 완전히 소실될 때까지 일정한 휴약기간(세척기간, washout period)이 경과한 다음, 교차된 약물을 투여하는 형태이다. 약물을 교차하기 전에 이와 같은 기간을 두는 것은 먼저 시행한 치료 약물의 잔류효과(carryover effect)가 다음에 투여하게 될 약물 효과에 영향을 미치는 것을 막기 위한 방법으로서 교차설계의 단점이 될 수 있는 약물의 체내 잔류로 인한 상호작용 효과의 발생을 막아주는 장치이다. 이러한 기본 형태를 응용하여 두 번의 약물군이 교차하는 네 기간 교차설계형태라든지, 네 기간 교차설계이면서 치료법을 교차하는 시점마다 일정기간의 휴약

그림 12.2 교차설계의 전형적 형태

간을 두는 형태가 있고, 두 기간 교차설계의 형태이면서 두 번째 치료 기간을 두 배 이상 연장하여 관찰하는 형태도 가능하다.

교차설계는 동일한 환자에서 치료하기 전후의 상태를 비교하기 때문에, 완전히 다른 환자들로부터의 치료결과를 비교하는 평행설계에 비하여 관찰된 치료효과의 변동폭이 적어진다. 통계적인 용어로 표현하면, 치료결과를 평가할 때 분산의 크기가 감소하므로 동일한 치료효과의 차이를 규명하는데 필요한 연구대상자의 수가 감소한다. 그러나 전반부의 치료효과가 후반부에 영향을 미치지 않아야 한다는 상당히 엄격한 가정이 전제되어야 하므로, 일반적으로 치료법의 교차적용 전에 첫번째 치료 약물이 체내에서 완전히 소실될 때까지 일정한 휴약기간 경과 후에, 두 번째 치료법을 적용하도록 한다. 만약, 처음 배정된 약물의 치료효과가 두 번째 치료기간까지 지속되는 소위 잔류효과를 가지거나, 환자의 상태가 주기적으로 호전되었다가 악화되는 순환상태를 계속하는 질병에 대하여는 이러한 설계를 적용하기 어렵다.

일반적으로 장기간에 걸쳐 변화가 거의 없는 우울증 등의 정신질환이나 만성적인 상태를 나타내는 피부질환에 대한 치료약물 효과를 판정하는데 매우 유용하다. 그러나 암 환자의 경우 이런 가정을 만족시키기 어려운 경우가 많다. 즉, 전반부와 후반부에서 병리적 병변의 변화, 처음 배정하였던 약물의 치료효과 지속 및 치료효과와 반응 수준간의 관련성 등으로 인하여 치료 시기와 치료법 간에 상호작용효과가 있으면 이러한 설계는 적용하기 어렵다.

(3) 요인설계(factorial design)

치료효과가 서로 독립적으로 나타나는 두 가지 이상의 치료법을 동시에 비교하고자 할 때 유용하며 가장 간단한 형태인 2×2 요인설계의 예를 도식화하면 그림 12.3과 같다.

*a*는 *X*, *Y* 두 가지 치료를 모두 받은 환자 수이고, *b*는 *Y* 치료법만 시행한 환자 수, *c*는 *X* 치료법만 시행한 환자 수이며, *d*는 아무런 치료법도 시행하지 않은 순수 대조군의 숫자이다. *X* 치료법의 효능을 평가하기 위해서는 $(a+c)$와 $(b+d)$ 간의 차이를 비교하고, *Y* 치료법의 효능을 평가하기 위해서는 $(a+b)$와 $(c+d)$ 간의 차이를 검정하면 된다.

이러한 연구설계의 장점은 치료법 간 상호작용효과가 없는 경우에 각 치료법의 주된 효과를 평가하는데 동일한 통계적 검정력을 유지하면서 절반의 환자 수로 수행이 가능하고, *X* 치료군, *Y* 치료군 및 대조군의 세 군으로 연구하는 경우에 비하여도 2/3의 환자 수로 연구가 가능하다는 점이다. 반면 치료법 간에 상호작용 효과가 있는 경우는 검정력이 감소하게 되고, 연구설계가 복잡하여 연구수행이 힘들며, 연구대상을 선정하고 치료법을 배정하는 과정에서 환자의 순응도가 떨어지기 쉽고, 복합요법에 의한 유해반응의 가

	치료법 *X*	대조 처치
치료법 *Y*	*a*	*b*
대조 처치	*c*	*d*

a: *X* + *Y*
b: *Y* + 대조 처치 1
c: *X* + 대조 처치 2
d: 대조 처치 1 + 대조 처치 2

그림 12.3 요인설계

능성이 있다는 점 등이 단점이다.

아) 연구대상의 선정

(1) 대상 환자의 선정

개별환자가 특정 임상시험의 대상으로 적합하다는 판정을 받아 연구대상이 되기까지 거치는 일반적인 과정은 다음과 같다. 먼저 그 환자가 효과를 파악하고자 하는 치료법을 적용할 수 있는 대상 질병을 앓고 있으며, 임상시험 연구목적에 따라 정해진 환자선정기준(eligibility and/or exclusion criteria)에 적합하고, 환자로부터 자발적으로 연구에 참여하겠다는 동의를 받아야 공식적으로 연구대상으로 확정된다.

(2) 치료군과 대조군의 설정 원칙

이론적으로 두 집단은 치료방법을 제외하고는 모든 것이 같도록 하여야 하나, 살아 있는 사람을 대상으로 하는 연구에서 현실적으로 그러한 상황을 만족시키기는 거의 불가능하다. 시험약물(방법)의 효과나 효능을 타당하게 비교하기 위한 비교성(comparability)을 보장하기 위하여 몇 가지 기본 특성이나 변수의 분포가 양쪽 집단에서 같도록 하는 방법을 사용한다. 연구대상의 동질성을 최대한 보장할 수 있도록 환자 선정기준을 엄격히 하거나, 주요한 특성의 분포가 유사하도록 개인별로 또는 집단으로 짝을 지어 주거나, 무작위배정에 의하여 측정 가능한 변수뿐 아니라 측정할 수 없는 특성까지도 유사하게 해주는 방법 등을 사용한다.

(3) 대조 처치(control treatment)

새로운 치료법의 효과를 판정하고자 할 때, 비교의 기준이 되는 대조군에 대하여는 아무런 실질적인 처치를 하지 않거나 위약이나 가짜 수술(sham operation)을 시행할 수 있고, 기존의 표준 치료 방법을 적용할 수 있으며, 또한 같은 약물(방법)이지만 투여량이나 과정을 달리하여 대조 치료로 삼을 수 있다.

(4) 과거 대조군(historical control)의 이용

새로운 치료법의 치료결과를 과거에 표준 치료를 받았던 환자군의 치료결과와 비교하는 연구설계로서, 비록 기존의 의무기록이나 컴퓨터 데이터베이스를 이용하여 짧은 시간 내에 적은 연구비로 연구결과를 얻을 수 있고 대조군 설정에 대한 윤리적인 문제를 덜 수 있는 장점이 있긴 하지만, 무작위배정법을 적용하지도 않고, 같은 시기에서의 비교도 아니며, 시간의 경과에 따라 대상 인구의 특성이 변하고, 의료수준의 향상이나 진단기준의 변화로 인하여도 변하기 때문에 치료군과 대조군 간의 비교성이 떨어지고, 대조군에 대한 과거기록이 불완전하고 부정확한 경우가 많기 때문에 연구결과에 오류를 범할 가능성이 크다. 따라서 진단기준이 명확히 설정되어 있고, 예후가 잘 알려져 있거나 또는 치명률이 매우 높은 질병 등 몇 가지 특수한 경우에만 이러한 대조군이 유용하다. 예를 들면, 페니실린이 개발되기 이전에는 노인 인구에서 폐렴에 의한 치명률이 80% 이상이었는데, 페니실린이 개발된 후 노인 폐렴 환자를 페니실린으로 치료한 경우 치명률이 현저히 감소하는 것을 관찰함으로써 치료효과를 인정하게 된 경우라면 이러한 과거대조군이 매우 유용하다.

자) 무작위배정(random allocation, randomization)

무작위배정법은 치료 방법을 연구자의 의지가 개입되지 않도록 무작위로(by chance) 배정하는 방법으로서, 단순(simple), 블록(묶음단위, block), 계층화(stratified) 무작위배정 등이 있다. 단순 무작위배정은 주사위나 난수표를 이용하여 뽑혀진 숫자에 의하여 환자를 배정하는 방법으로서 매우 쉽고, 다음 환자에 대한 치료법의 배정을 예측하기가 불가능하고, 확률 이론에 따르면 장기적으로는 각 치료군에 배정되는 환자 수가 비슷해질 것으로 기대할 수 있는 점 등이 장점이지만, 연구대상자의 수가 많지 않은 경우 연구가 진행됨에 따라 비교대상 치료군 간의 환자 수에 불균형을 초래하는 경우가 생기는 점이 단점이다.

치료군간 환자 수의 불균형 문제를 보정하기 위한 방법이 개발되었는데, 연구를 시작하기 전에 미리 설정해 둔 기준보다 불균형이 더 심해지는 경우 무작위배정표를 다시 작성하여 기존의 무작위배정표와 대체하여 사용하는 방법(replaced randomization), 미리 일정한 수의 블록을 만들어 각 블록 내

에서의 무작위배정표를 만들어 사용함으로써 환자 수의 불균형을 최소화하는 방법(블록 무작위배정), 각 치료법에 환자를 배정할 때마다 비교군의 환자 수에 따라 배정확률을 조정하여 주는 방법(biased coin method) 등이 있다. 기존의 임상시험 연구결과로 치료효과 또는 예후에 영향을 많이 미치는 변수가 알려져 있는 경우에는, 유의성이 큰 예후변수을 선정하여 그 변수에 따라 층(strata)을 나눈 다음, 각 층별로 블록 무작위배정법을 시행하는 층화 블록 무작위배정을 적용하여, 보다 적은 수의 환자로서 타당한 결론을 내릴 수 있다. 이 경우 예후요인의 수는 3개 이내가 적당하며 그 수가 많아질수록 층의 수가 급격히 늘게 되어 연구수행이 어렵게 되고, 오히려 더 심한 불균형을 초래할 수도 있다. 예를 들어, 4개의 예후변수을 선정하고, 각 변수별로

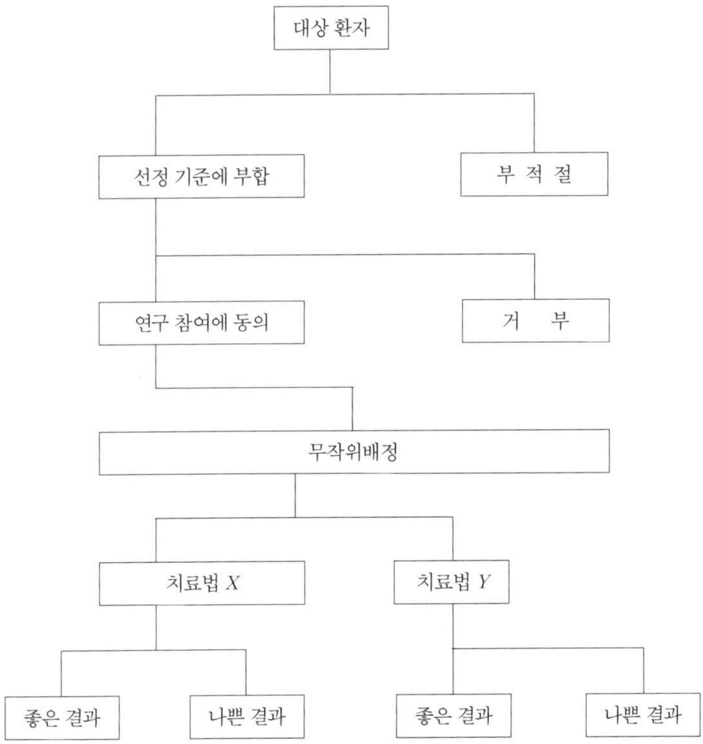

그림 12.4 무작위배정에 의한 전형적인 연구설계

세 층으로 나눈다면 모두 3×3×3×3× = 81개의 층이 생긴다.

그 외에도 임상시험의 내용에 따라 많은 형태의 무작위배정이 개발되어 활용되고 있다. 이러한 무작위배정의 장점은 비교군에의 배정에 있어 예후에 영향을 미치는 요인들의 균형을 이루게 해 줌으로써 비교성이 증대되고 따라서 선택비뚤림 등의 가능성이 최소화된다는 점과 결과측정에 대한 모든 통계적 처리가 확률 이론에 바탕을 두고 있기 때문에 논리적으로도 합당하다. 무작위배정법에 의한 임상시험의 전형적인 설계모형은 그림 12.4와 같다.

차) 연구자료 수집

(1) 기초자료(baseline data) 수집

기초자료란 임상시험에서 특정한 처치를 하기 전의 환자상태에 관한 정보로서, 우편 설문조사나 직접 면접조사, 또는 이학적 검사 및 각종 임상검사에 의하여 자료를 수집하게 되며, 치료군과 대조군의 자료를 분석함으로써 인구학적 및 사회경제적 특성, 과거력, 가족력 등 예후요인에 대한 비교성을 검토할 수 있고, 한두 개의 주요 예후변수가 무작위배정에도 불구하고 균형을 이루지 않아 비교성이 없어졌을 때는, 자료분석시 이러한 요인에 대한 층화분석을 실시한다. 또한 임상시험 결과 전체적으로 시험처치의 효과가 인정될 때, 그 처치에 의해 가장 큰 효과 또는 피해를 받은 특정 소집단을 확인하고, 그 효과의 작용기전을 규명할 수 있게 된다. 또한 이 정보를 근거로 하여 특정 치료의 효과를 분석할 뿐 아니라, 기초자료를 이용하여 연구의 민감도를 향상시킬 수 있다. 예를 들어 새로운 고혈압 치료제 평가시, 일정시간 경과 후 기초자료 값으로부터의 혈압의 평균 변동량을 비교한다면, 연구 종료시점에서의 두 집단 간 혈압 평균치를 비교하는 것보다 결과변수의 변동폭을 감소시키기 때문에 통계적 검정력이 커진다. 따라서 연구대상 수를 줄이거나, 더욱 작은 차이를 유의하게 검정할 수 있게 된다. 그리고 다른 임상시험의 연구결과와 비교하고자 할 때 연구대상 간 비교성을 검토하는 근거를 제시하기도 한다.

(2) 결과(outcome) 관찰항목의 선정 원칙

결과항목은 첫째, 직접적인 임상상의 변화를 파악하는 항목으로서, 사망, 심근경색증 발생, 질병 재발, 종괴 축소 여부 등이며, 둘째 간접적인 내용을 파악하는 항목으로서, 혈압의 변동, 혈청 콜레스테롤을 비롯한 각종 혈액성분의 혈청 농도 변화 및 심리학적 검사상의 득점의 변화 등이다.

결과항목을 결정할 때 고려되어야 할 점은 먼저 관찰이 쉽고 측정이 객관적이며 오차 발생이 적어야 하며, 결과항목으로 선정된 내용이 대상 환자들을 치료군과 대조군으로 배정하는 과정이나 결과에 영향을 주지 않아야 한다. 연구가 개시되어 구체적 자료가 수집되기 전에 미리 결과항목의 관측방법, 측정기준, 평가기준 등에 대한 명확하고 구체적인 내용이 정해져 연구계획서에 기술되어 있어야 한다.

카) 눈가림법(blind method)

특정한 처치에 의하여 기대되는 결과가 임상 증세나 증상의 변화(완화 또는 호전)로서 관찰되는 경우, 치료의 내용을 아는 것(open label)이 결과의 판정에 영향을 미칠 수 있다. 이때는 대상 환자나 처치를 담당한 의사의 선입견 등에 의한 비뚤림 때문에 결과의 신뢰성이 낮아지는 것을 막기 위하여 소위 '눈가림법'을 적용한다. 눈가림법의 고전적인 정의는 다음과 같다.

(1) 단독 눈가림법(single blinding)

대상자인 환자 자신이 어떤 처치를 받고 있는지, 즉 치료군과 대조군 중 어디에 속하여 있는지 모르게 하는 방법이다. 주로 대조군에 속한 환자들이 자신이 대조 처치(예를 들어 위약, sham operation)를 받고 있다는 것을 알지 못하게 하는 것이 필요하기 때문이다.

(2) 양측 눈가림법(full double blind method)

전통적 개념의 양측 눈가림법에서는 환자와 의사에게 치료방법의 내용을 비밀로 하여 객관적인 치료효과의 판정이 보장될 수 있도록 하였는데, 실제 병원 환경에는 의사 외에도 여러 직종의 의료인들, 예를 들면 간호사, 약사, 임상병리사, 의료기사 등이 환자와 직접 접촉하게 되므로, 이러한 의료인들에 의하여도 환자나 의사에게 치료내용이 알려질 수 있다. 따라서 의사뿐 아니라 간호사를 포함한 병원직원 등 환자와 직접 접촉하는 모든 의료인에게 치료법의 배정 내용을 비밀로 하여야 환자와 의사에게 완전한 비밀을 유지할 수 있다. 이러한 개념을 양측 눈가림법이라 한다.

(3) 삼측 눈가림법(full triple blind method)

환자뿐 아니라 의사와 직접 접촉하는 모든 사람, 예를 들면 연구수행과 자료분석을 맡고 있는 역학 및 통계학자, 임상시험을 모니터하는 요원, 병원의 다른 의료진 등에게 치료내용을 비밀로 하는 방법이다. 이러한 정의는 연구를 모니터하는 자나 통계분석자 등의 특정인만을 국한하여 비밀을 유지하는 재래의 삼자 눈가림법에 비하여 보다 발전된 개념이고, 동시에 임상시험에 참여하는 사람들 간의 관계를 정립하는 데도 매우 유용하다.

(4) 전체 눈가림법(total clinical trial blind method)

환자, 연구자, 통계분석자뿐 아니라, 임상시험과 관련되는 각종 위원회의 위원들과 연구비를 대는 스폰서 측에게도 임상시험이 종료되어 연구결론이 내려질 때까지 치료내용을 비밀로 유지하는 방법이다. 무작위배정 내용의 코드는 임상시험에 참여하지 않는 제3자가 보관하고 있다가, 연구자료의 통계적 분석과 결과해석이 끝난 다음에 공개하도록 하여, 최대한 객관적이고 타당한 결론을 내리도록 하는 것이 목적이다.

타) 결과분석

특정 치료법의 치료효과를 타당하게 분석하기 위해서는 결과평가항목을 무엇으로 정할 것인지가 매우 중요하다. 즉, 치료의 효과를 직접적으로 반영하여야 하고, 그 측정이 객관적이고, 신뢰도와 타당도가 높아야 한다. 이런 측면에서 가장 확실한 결과관측항목은 환자의 사망 여부가 된다. 따라서 각 비교군에서 환자의 생존양상을 비교하여 그 생존율이 통계적으로 유의하게 높은 치료법이 더 우수한 것으로 판정하게 되고, 동시에 환자의 예후에 유의한 영향을 미치는 요인도 파악하게 된다. 이러한 통계적 분석방법을 생존분석이라고 하는데, 구체적인 분석방법으로서 각 환자군에서의 생존율을 파악하는 방법으로는 생명표법과 카플란 마이어(Kaplan-Meier)법이 흔히 사용되고 있고, 두 집단 간의 생존율을 비교하기 위하여 흔히 사용하는 방법으로는 로그순위법(log-rank

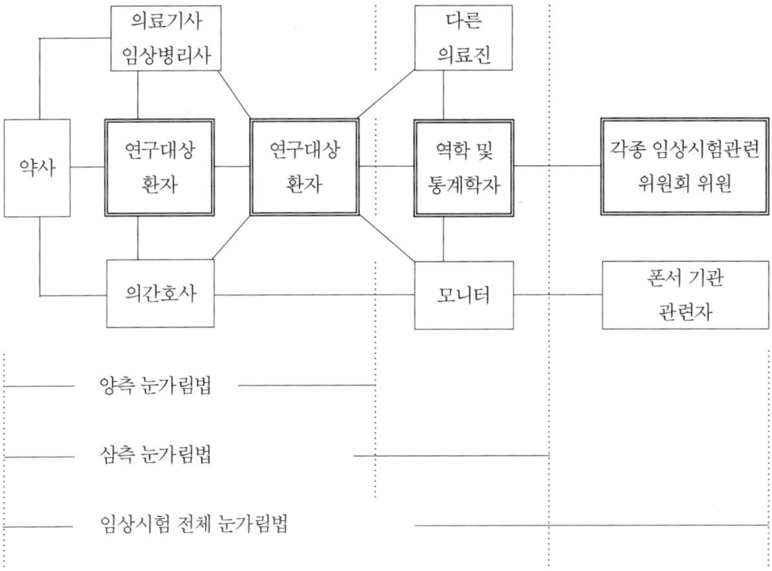

그림 12.5 눈가림법의 새로운 개념

test)과 Gehan의 일반화 윌콕슨법이 있으며, 교란변수의 영향을 보정한 뒤 진정한 효과의 차이를 비교분석하기 위하여 콕스(Cox)의 비례위험모델을 이용한 다변량분석법이 주로 사용된다.

파) 중간결과 평가항목을 이용한 치료효과 분석

치료법의 궁극적인 효과를 비교하기 위해서는 사망 여부를 관찰하여야 하나, 일반적으로 관찰기간이 길어지므로, 단기간에 치료법의 치료효능을 평가하기 위하여 중간결과(intermediate outcome) 평가항목을 이용하여 결과를 비교분석하는 경우가 많다. 이러한 경우 연구결과를 짧은 시간 내에 쉽게 얻을 수 있는 장점은 있으나, 결과항목으로 선정된 중간결과가 최종 결과를 직접적으로 반영해 주지 못하는 경우에는 잘못된 결론을 내릴 수 있기 때문에 주의하여야 한다. 예를 들어, 부정맥치료제인 encainide와 flecainide의 치료효능을 파악하기 위하여 심근경색증이 발생한 환자 중 한 시간에 6회 이상의 심실부정맥(ventricular premature depolarization, VPD)을 보이는 환자를 대상으로 다기관 임상시험을 수행한 결과는 표 12.1과 같다.

표 12.1 Encainide와 flecainide의 치료 효능

치료 방법	환자 수	총 사망자 수	부정맥에 의한 사망자 수
Encainide/ Flecainide	730	56	33
Placebo	725	22	9
상대위험도(95% 신뢰구간)		2.5(1.6~4.5)	3.6(1.7~8.5)

자료: N Engl J Med 1989;321:406~412

평균 10개월의 추적기간 후에 분석된 이러한 결과에 근거하여 임상시험은 조기에 중단되었고, 비록 두 가지 약이 심실부정맥을 억제하는데 효과가 있을지라도 심근경색 증후의 경미한 심실부정맥을 나타내는 환자에게는 사용하지 못하도록 결론을 내리게 되었다.

하) 임상시험 연구의 장 · 단점

임상시험의 장점은 연구대상 환자를 치료군과 비교군에 무작위로 배정함으로써 비교하고자 하는 집단이 예후인자에 관하여 균형을 이루어 비교성을 극대화할 수 있고, 통계적 분석의 전제조건을 만족시키게 되며, 환자 배정 및 결과 판정 과정에 눈가림법을 적용함으로써 효과를 객관적으로 판정할 수 있으며, 환자들에 관한 기초자료와 추적조사 내용을 보다 자세히 파악할 수 있으며, 실험적 연구설계이기 때문에 치료내용을 연구자가 사전에 결정할 수 있다는 점 등을 들 수 있다. 이러한 장점에 의하여 임상시험의 결과는 인과관계를 주장할 수 있는 가장 강력한 증거를 제시해 주는 연구형태로 인정받고 있다.

임상시험의 단점은 엄격한 환자 선정기준을 적용함으로써 연구결과를 다른 환자에게 일반화하기 힘들다는 점, 많은 수의 환자를 대상으로 장기간에 걸친 연구를 수행하여야 하는 경우가 대부분이기 때문에 환자들의 순응도가 떨어지며, 추적이 불가능해지는 환자가 늘어날 뿐 아니라 연구원의 탈락도 문제가 될 수 있다는 점, 대부분의 임상시험은 연구비가 매우 많이 들기 때문에 연구에 착수하기 힘들고, 직접 사람을 연구대상으로 삼기 때문에 윤리적인 문제가 발생할 수 있다는 점 등을 들 수 있다. 즉 실제 임상적으로 중요한 가설들을 검정하기 위한 연구들 가운데 적지 않은 연구들에서 윤리적인 문

제가 매우 심각하거나, 너무 드물게 발생하는 결과를 관찰하여야 하기 때문에 이러한 실험적 연구를 적용할 수 없는 경우가 발생한다.

2) 치료효능 판정을 위한 비실험적 연구

치료효과를 판정하는 데 있어서는 실험적 연구인 무작위임상시험 결과가 가장 타당도가 높은 것으로 인정받고 있지만, 연구내용에 따라서는 대조군이 없는 환자군 연구나, 환자-대조군연구 또는 코호트연구에 의하여도 타당한 연구가 가능하다. 환자군 연구는 예를 들어, B형간염의 수직전파를 막기 위하여, HBeAg 양성인 산모에서 태어난 아기에게 생후 1개월 이내에 B형간염 면역글로블린과 세 번의 B형간염 백신을 접종하여 9~18개월간 추적 관찰한 결과 14%의 영아에서만 B형간염 표면항원 양성으로 나타났다. 이전에 수행되었던 연구결과에 의하면 HBeAg 양성인 산모에서 태어난 아기에게 아무런 조치를 하지 않았을 때는 85~90%에서 표면항원이 양성으로 나타나는 것으로 예측되므로 비록 비실험적이고 대조군도 없는 환자군 연구이지만 그러한 처치의 효과를 타당하게 인정할 수 있었다.

환자-대조군 연구의 예를 들면, 고환고정술(orchiopexy)의 고환암 예방효과를 평가하기 위하여 암등록센터에 등록된 고환암 환자와 무작위 전화걸기(random digit dialing)에 의하여 선정된 대조군을 대상으로 표 12.2와 같은 연구결과를 얻었다. 고환고정술이 시행된 시기가 오래될수록 즉, 어린 나이에 고환고정술을 할수록 예방효과가 크다는 결론을 내릴 수 있었다.

한편, 지도부딘(AZT)은 AIDS 환자의 평균 생존율을 증가시키는 것으로 알려져 있었으나, AIDS 환자가 아닌 HIV 양성자 338명을 대상으로 한 임상시험에서는 생존율에 유의한 영향을 미치지 않는 것으로 나타났다. 미국에서 AIDS를 진단받기 전의 HIV 양성자 2,568명을 대상으로 하는 다기관 코호트연구를 시행하여 1986년부터 1991년 사이의 사망률을 관찰한 결과 지도부딘이 AIDS 환자가 아닌 HIV 양성자의 생존율도 유의하게 증가시키는 것을 확인할 수 있었다.

표 12.2 잠복고환(cryptorchid)에 대한 고환고정술 시기와 고환암 발생

노출 상태	환자군	대조군	상대위험도*(95% 신뢰구간)
잠복고환이 아님	286	658	1.0
잠복고환	40	15	5.9(3.4~10.2)
고환고정술을 하지 않음	20	6	7.3(3.2~16.7)
고환고정술 시행(전체)	20	8	5.4(2.6~11.2)
≤ 10세	5	4	2.6(0.8~8.7)
11~13세	8	3	5.6(1.7~8.1)
≥ 14세	7	1	19.6(3.7~104.7)

*Mantel과 Haenszel의 방법으로 출생연도를 보정

자료: Am J Epidemiol 1988;127:1013~1018

3. 질병의 자연사 연구

질병의 자연사에 관한 연구는 특정한 증상이나 증후 또는 상태를 가진 사람이 아무런 치료를 받지 않았을 때 어떤 결과를 나타내는지 연구하는 분야이다. 이와 같은 연구로 얻어진 결과는 여러 가지 측면에서 유용하게 쓰인다.

1) 질병 자연사 연구결과의 활용

가) 질병의 자연사를 알게 됨으로써 특정한 증상, 증후 또는 상태를 가진 사람에게서 질병을 조기발견하기 위한 합리적인 방법을 마련할 수 있다. 예를 들어, 위궤양으로 위절제술을 받은 사람에게 정기적으로 내시경검사를 받도록 조치함으로써 위암을 조기에 발견할 수 있다.

나) 질병의 자연사를 알게 되므로 현재의 상태에 대한 치료의 필요성을 판단할 수 있고, 또 그 치료효과를 평가할 수도 있다. 예를 들어, 어린이에게서 급성 중이염으로 중이에 삼출액이 있을 경우에 고막천공술 튜브(tympanostomy tube)를 시술해 주어야 하는지를 결정할 때, 장기간의 삼출액으로 인한 전도성 청력장애가 실제로 환아의 언어발달에 지장을 초래할 것인지에 관한 지식을 제공할 수 있다.

다) 임상시험은 대개 연구의 내적 타당도를 최대한으로 높이기 위하여 연구대상의 선정기준을 엄격히 제한하게 되고, 따라서 그 결과를 일반화하려고 할 때 문제가 될 수 있다. 만약 이전의 임상시험에서 내려진 어떤 결론이 다른 연구대상 선정기준에 의하여 선정된 환자를 대상으로 한 임상시험 또는 자연사 연구의 결과와 일치한다면, 임상시험 결과를 일반화하기가 쉬워진다.

라) 의사는 질병의 자연사에 관한 지식을 이용하여 특정한 질병을 진단받은 환자에게 질병의 예후에 관하여 상담해 줄 수 있다.

2) 질병의 자연사를 파악하기 위한 연구설계

대개 코호트연구의 형태로 수행하는데 특정한 증상, 증후 및 상태를 가진 사람들과 그렇지 않은 사람들을 추적하여 연구대상인 결과의 발생 양상을 비교, 관찰함으로써 자연사를 파악하게 된다. 예를 들어, 특정 인구집단 중 3살 때 급성 중이염으로 중이 삼출액을 자주 경험한 어린애와 중이염을 앓지 않은 어린애를 대상으로 추적조사하여 언어발달 정도를 비교하여 급성 중이염의 자연사를 파악할 수 있다.

질병의 자연사는 환자-대조군연구를 통하여도 파악할 수 있다. 예를 들어, 비특이적인 호흡기 및 소화기 질환이 영아에서 예기치 않았던 갑작스러운 사망(sudden infant death syndrome)의 원인으로 작용하는지를 규명하기 위하여, 사망아를 환자군으로 하고, 출생신고자료로부터 선정된 건강한 영아를 대조군으로 하여 그 부모로부터 사망하기 수일 전(대조군에서는 해당되는 시점)의 증상이 있었는지를 파악하여 분석함으로써 인과적인 관련성을 파악할 수 있었다. 환자-대조군연구에서는 특정한 증상 및 증후를 가진 환자 집단에서 특정한 결과의 발생률을 직접 계산할 수 없다는 단점이 있지만, 그 결과의 발생에 관한 몇 가지 정보를 안다면, 발생률을 추정할 수도 있다.

3) 분석 및 결과 해석시 고려할 사항

가) 어떤 조건과 특정한 결과간에 통계적인 관련성이 있다고 반드시 인과관계가 성립하는 것은 아니다. 특정한 요인과 질병발생 간에 상관관계를 보이는 경우에 그 요인과 결과 간에 시간적인 선후관계가 명확하지 않으면 인과적인 관계로 추정하기 힘들게 된다. 예를 들어, 특정 영양소의 결핍이 질병을 유발하였는지, 질병이 발생하였기 때문에 그 영양소가 과다 소모되어 혈액검사시 낮게 측정된 것인지를 확인할 수 있어야 한다. 또한 특정 요인과 질병발생 간의 관련성이 일변량 분석을 통하여 관찰된 경우에는 교란변수에 의한 영향을 반드시 고려하여야 한다.

나) 특정한 증상 증후와 결과와의 관련성이 같은 질환을 가진 모든 환자들에서 동일하게 관찰되지는 않는다. 즉, 연구결과를 얼마나 일반화할 수 있는지를 따져 보아야 한다. 연구대상 환자들의 특성으로 인하여 연구결과를 일반화하기 힘든 경우가 있다. 병원, 의원을 방문한 환자를 대상으로 한 연구의 결과는 일반화하기 어려운 경우가 많다. 예를 들어, 열성 경련(febrile seizure)을 하는 어린이를 추적조사하는 중에 열이 없으면서도 경련을 일으키는 경우를 관찰하게 되면, 열 때문에 경련이 발생한다는 결론을 일반화하기 힘들다.

참고문헌

1. 박병주. 임상수행의 수행. 대한소화관운동학회지 1998;4:138-250.
2. 박병주. 국내 항생제 임상시험계획서 분석결과로 본 항생제 임상시험 중점 고려사항. 대한화학요법학회지 1995;13:15-23.
3. 박병주. 임상역학의 연구영역. 한국역학회지 1994;16:6-19.
4. 안윤옥. 임상시험의 설계. 한국역학회지 1989;11:1-17.
5. Feinstein AR. Clinical epidemiology: The architecture of clinical research. W.B. Saunders Company;1985.
6. Pocock SJ. Clinical trials: A practical approach. John Wiley & Sons;1983.
7. Spilker B. Guide to clinical trials. Raven Press;1991.

8. Strader CH, Weiss NS, Daling JR, Karagas MR, McKnight B. Cryptorchism, orchiopexy, and the risk of testicular cancer. Am J Epidemiol 1988;127:1013-1018.
9. The Cardiac Arrhythmia Suppression Trial(CAST) Investigators. Preliminary report: Effect of encainide and flecainide on mortality in a randomized trial of arrhythmia suppression after myocardial infarction. N Engl J Med 1989;321:406-412.
10. Weiss NS. Clinical epidemiology: The study of the outcome of illness. 2nd ed. Oxford University Press;1996.

13장

지역사회시험

Epidemiology

1. 지역사회시험의 정의

실험역학(experimental epidemiology)은 연구자가 연구환경을 조절할 수 있다는 점이 주요한 특징이다. 임상시험의 경우 대상자를 무작위로 배정할 수 있다. 임상시험의 대상은 환자 개개인인 반면, 지역사회시험(community trial)은 지역사회를 대상으로 한 실험역학 연구라는 점에서 차별화된다. 달리 말하면 임상시험과 지역사회시험의 가장 큰 차이는 대상자가 임상시험에서는 환자 개인인 반면 지역사회시험은 일정지역의 인구집단이라는 점이다.

지역사회시험은 field trial, community-based public health trials, lifestyle intervention trials이라고 하는데, field trial은 지역사회시험이 지역사회현장에서 특정 개입을 시행한다는 점을 부각한 것이고, community-based public health trials는 지역주민을 대상으로 보건에 관한 개입을 주로 시도한다는 점을 고려한 것이며, lifestyle intervention trials는 보건에 관한 개입이 대부분 생활양식의 변화를 야기토록 하는 점을 지적한 것이다.

2. 지역사회시험 수행배경

지역사회시험을 고려하는 경우는 어떤 질환의 의심되는 위험요인이 널리 펴져 있어 특별히 고위험군을 정의하기 어렵지만, 해당 질환의 발생, 유병 및 사망을 줄일 필요가 있을 경우이다(Kottke 등, 1985). 한 예로, 미국 사회에서 심혈관 질환과 뇌졸중의 위험요인인 고지혈증과 흡연이 만연할 경우 등이다. 이 경우 고위험자를 알아내기 위해 일반 인구집단을 대상으로 집중적 선별검사를 할 필요가 있는데, 비용이 많이 들고 대상자의 협조를 요한다. 이럴 경우 전반적인 위험요인의 수준을 낮출 목적으로 일반인에 대하여 지역사회시험을 추진하는 것이다. 지역사회시험의 효과는 해당 지역사회에서 위험요인의 수준을 낮춘 이후 그 지역에서 특정 질병의 발생 혹은 사망수준이 낮아졌는가를 평가한다(Blackburn, 1983). 종종 만성 질환처럼 질병 발생에 수년이 걸리는 경우에는 질환의 중간단계 현상을 활용하여 위험요인 감소의 효과를 살피기도 한다.

지역사회시험을 수행하는 것이 적합한지는 다음 네 가지 기준으로 결정할 수 있다(Lilienfeld 등, 1994).

1) 개입처치의 복잡성

개입하는 내용이나 결과가 되는 질병이 임상시험을 수행하기에 복잡하다면 지역사회시험을 시행하는 것이 유리하다. 한 예로 심혈관질환과 암 예방을 위하여 금연을 시행하고자 할 때 흡연 환경을 줄여 흡연의 자극을 제거해야 하는데, 이를 무작위시험을 시행한다면 금연 환경을 개개인별로 만들어 주기 어렵지만 지역사회시험은 그렇지 않다.

2) 개입처치의 내용

AIDS 예방을 위한 콘돔 사용 등과 같은 생활습관 개선이 연구하고자 하는 개입처치이라면, 또는 혈압을 조절하는 개입처치가 의료진이 직접 시행하기 어려운 상황이라면 지역사회시험이 더 바람직하다.

3) 질병수준이 높을 때

해당 질병 유병률이 높은 지역이라면 소규모 인구를 대상으로 하는 임상시험보다는 대규모 집단 대상의 지역사회시험이 비용-효과 면에서 더 바람직하다.

4) 보건정책

해당지역의 의료시스템이 필요한 보건정책을 수용할 능력이 없는 상태라면 지역사회시험을 수행하여 보건의료를 제공하는 것이 중요하다.

지역사회시험과 임상시험의 선택은 대상의 규모에 의해서도 좌우된다. 대상의 규모가 클수록 지역사회시험이 바람직하다. 물론 비용도 고려사항이다. 예를 들어 미국에서라면 고콜레스테롤 혈증이 만연하여 이들 모두에 대한 검진사업을 수행하기에는 막대한 비용과 의료자원이 필요하다. 그러나 저콜레스테롤 식이 섭취를 위한 보건교육을 시행한다면, 물론 효과적이라는 것을 전제로 하고, 모든 대상자를 검사하는 비용보다 훨씬 저렴할 것이다.

3. 지역사회시험 수행단계

지역사회시험을 수행하는 개략적인 과정을 요약하면 우선 여러 가지 면에서 가능한 한 서로 유사한 두 지역사회를 선택한다. 선택한 지역사회의 여론주도자나 유지로부터 연구협조를 얻어낸 다음, 연구대상이 되는 특정 질병의 발생 혹은 유병수준과 개입하고자 하는 위험요소의 수준을 측정하는 조사를 시행한다. 이후 개입처치를 시행하는데, 개입처치의 내용은 주로 보건교육 같이 행위변경을 유도하거나 불소 섭취 같이 보호효과가 있을 물질을 복용하게 하는 것이다. 개입처치를 시행하는 지역(개입지역)과 개입처치를 시행하지 않는 지역(대조지역)에 대하여 해당 질병의 발생수준 혹은 위험요소 수준의 차이를 비교한다. 차이가 있다면 그것은 개입처치 여부에 따른 결과라고 해석하는 것이다.

이러한 지역사회시험은 다음 6단계로 진행되며, 이전 단계의 성공적인 수행이 있어야만 다음 단계의 수행이 가능하다(Lilienfeld, 1994).

1) 연구계획서 작성

지역사회시험의 연구배경, 진행과정, 조직구성 등을 자세히 기술해 놓은 공식적인 연구계획서를 개발하는 것이 연구의 첫 단계이다. 연구계획서에는 연구결과를 분석하는 방법뿐만 아니라 연구 진행과정을 정기적으로 확인하는 방법 등도 제시하여야 한다. 또한 개입처치에 따른 부작용 같은 우발적 상황 등 예상되는 모든 사항을 담고 있어야 한다.

2) 지역사회 선택과 대상자 확보

다음 단계는 시험을 진행할 지역사회를 선정하는 것이다. 연구에 필요한 지역사회의 규모와 지역사회 내의 연구대상자 수는 표준화된 통계 공식으로 알아낼 수 있다. 임상시험과 마찬가지로 개입효과를 발견하는데 충분한 통계적 검정력을 가지도록 규모를 잡아야 할 것이다(Detels 등, 1997).

지역사회시험을 수행하는 데는 많은 비용이 들기 때문에 지역사회의 숫자도 최소한이 되도록 한다. 한 예로, 심혈관질환의 위험요소 수준을 감소시키기 위해, 지역사회 대상의 보건교육을 시행하는 Minnesota Heart Health Program에서는 6개 지역만을 대상으로 하였다(Jacobs 등, 1986). 지역사회시험에서 지역의 수를 너무 적게 하면 통계적 검정력이 낮아져 개입지역과 대조지역의 비교에서 개입처치에 따른 차이를 보여주지 못할 수도 있다.

바람직하기로는 지역사회는 이동이 거의 없는 안정적인 사회이면서 자체적인 의료제공시스템이 갖추어져 있어야 한다(Kessler 등, 1972). 특정 지역을 선택하는데 고려할 5가지 기준은 다음과 같다. ① 질병 수준, ② 의심되는 위험요인의 수준, ③ 원활한 행정적 지원, ④ 지역주민과의 원만한 관계, ⑤

지역의 인적구성 정보획득이 가능한 경우. 이중 행정적 지원의 원활성과 지역사회와의 원활한 관계가 성공적 연구수행의 가장 중요한 요소로 볼 수 있다.

선택한 지역사회는 가능한 여러 가지 면에서 유사해야만 한다. 지역사회 주민 수뿐만 아니라 사회경제수준 등도 유사해야 한다. 만약 두 지역 간에 주요 변수에서 차이가 난다면, 연구결과의 차이가 개입 처치의 효과보다는 해당 변수의 차이 때문에 나타난 것일 수 있기 때문이다. 한 예로, Minnesota Heart Health Program에서는 세 가지 규모가 다른 지역을 선택하였는데 두 지역은 대도시별로 짝짓고, 두 지역은 중소도시, 나머지 두 지역은 시골지역으로 짝지었다(Jacobs 등, 1986).

지역을 선택하고 나면 연구에 참여할 대상을 모집해야 한다. 효과적인 모집을 위해서는 그 지역 여론주도자나 유지 혹은 지역 의료기관의 협조가 필요하다. 지역사회시험을 수행할 때는 임상시험처럼 개별 승낙서를 얻어낼 수 없기 때문이다. 만약 그 지역 대표자가 승낙해 주지 않는다면, 연구수행이 힘들 뿐만 아니라 윤리적으로도 문제가 될 수 있다. 한편 대표자가 승낙을 했을 경우에는 연구자는 해당 지역주민이 연구에 참여할 예정이라는 점을 그 지역신문이나 방송을 통해 따로 알려주는 것도 중요하다.

3) 연구결과항목 선정 및 감시체계 구축

다음 단계로 연구자가 알고자 하는 '결과지표'를 확정하는 것이 중요하다. 사망률 변화를 연구결과로 한다면 비교적 측정하기 쉬울 것이다. 사망률 변화는 그 지역사회의 사망신고자료를 이용하면 측정이 가능하다. 만약 질병발생을 결과로 한다면 발생확인과정이 추가로 필요함을 고려하여야 한다. 또한 중간단계 결과인 질병발생 위험요인의 수준변화(식이 내 포화지방 섭취량, 흡연률의 변화 등)를 활용할 수도 있다.

연구결과 항목이 정해지고 나면 해당 결과 항목에 대한 각 지역사회의 기저(baseline) 수준을 알아야 한다. 평소 수준을 측정하기 위하여 사용하는 방법은 개입처치 후 연구 종료시의 측정방법과 동일해야 한다. 물론 연구 도중

결과 항목의 변화를 알아보는 것도 바람직하다. 생정통계 자료를 이용하는 방법, 입원 환자 확인방법, 지역사회 조사방법 같은 감시체계를 사용할 경우 경비가 저렴해야 하고, 결과 항목에 민감하게 반응하는 것을 사용해야 한다.

지역사회 감시체계는 다음 6가지 부분으로 구성된다(Gillum, 1978). ① 수집계획서 작성, ② 출장소 설치, ③ 진단기준의 선정, ④ 환자발생 확인, ⑤ 자료 타당성 확보, ⑥ 자료 처리이다. 어떤 감시체계를 구축할 것인가가 연구계획서를 통하여 정해지면 연구자는 지역적 협조를 얻어내야 한다. 그 지역의 정치사회의료계 지도자로부터 지지가 있을 때 연구에 필요한 체계를 갖출 수 있으며, 또한 그 지역이 이미 갖고 있는 자료를 이용할 수 있기 때문이다. 질병발생의 정의는 보다 명확히 할 필요가 있는데, 예를 들면 '심근경색이나 뇌졸중의 진단기준을 어떻게 할 것인가?' 이다. 이를 달리 말하면 질병발생의 확인을 어떤 방법으로 할 것인가를 정하라는 의미이기도 하다. 그리고 추적조사체계를 통해 얻어진 자료를 정리하는 것이다.

4) 개입처치 내용 선정 및 적용

기초자료가 확보된 후 다음 단계는 해당 지역사회에 개입처치할 내용이 무엇인가를 구체화하는 것이다. 지역사회시험에서 사용하는 개입처치의 예로는 흔히 보건교육을 들 수 있다. 예를 들어 한 지역사회시험의 가설이 '콘돔 사용이 AIDS 위험을 감소시킨다' 라는 것이라면, 콘돔 사용을 권장하는 보건교육을 지역사회에 시행하는 것이다.

개입처치의 내용이 해롭다고 이미 알려진 것이라면 이를 도입할 수 없는 반면, 이를 제거하거나 감소하는 조치를 취하는 방법은 강구할 수 있다. 즉, 금연프로그램이 그 예가 될 것이다. 또한 고혈압 환자에서 약물치료의 예방효과를 보는 경우처럼 개입처치의 내용이 이롭다고 알려져 있다면, 고혈압 대상자에게 약물을 복용하지 않도록 개입할 수는 없을 것이다. 그러나 대부분의 경우 개입처치의 효과는 불확실하다. 이 경우는 무작위배정을 시행할 수 없는 경우라면 윤리적 문제를 검토해야 할 것이다.

지역사회시험에서 개입처치를 어떻게 배정할 것인가를 결정하는 것은 간단하다. 임의 배정방식을 사용하는 지역사회시험이라면 연구자는 대상지역 중 하나에 개입처치를 시행한다. 만약 무작위배정방식을 사용한다면 개입처치 배정 여부를 동전던지기 식으로 선택하면 된다. 예를 들어 Community Intervention Trial for Smoking Cessation 연구에서는 7개의 짝지은 지역에 대하여 금연 프로그램 시행 여부를 룰렛으로 무작위 배정하였다(COMMIT, 1991). 이러한 무작위 배정 방법을 적용하여 연구자의 무의식적 편견을 배제할 수 있다.

5) 진행 모니터링

지역사회시험을 진행하는 과정에서는 모든 자료를 이용하여 개입처치의 부작용 여부를 확인할 필요가 있다. 혹 어떤 부작용이 있다고 나올 경우는 그 시험을 중단해야 한다. 이러한 조기발견체계를 이용하여 개입처치의 효능도 알아낼 수 있다. 연구에 직접 관여하지 않은 전문가와 정기적인 회동을 가져 윤리적 문제는 없는지, 연구를 계속할 것인지를 논의할 필요가 있다.

6) 결과평가

연구가 종결되면 모아진 자료를 통해 개입처치의 효과를 분석한다. 우선 교란변수를 고려하지 않고 변수 각각에 대한 일변량분석을 한 다음, 보정을 위한 다변량분석을 거친다. 분석과정에서 개입처치의 효과를 찾아낼 수 있는 통계적 검정력이 확보되어 있는가를 고려해야 한다. 여기서 말하는 검정력은 무작위 임상시험과 동일한 내용이다. 한 예로, Minnesota Heart-Health Program에서 43만 명의 대상자를 모았는데 이 규모는 5%의 1종 오류와 85% 검정력으로 심혈관 질환 사망률이 14% 감소함을 밝힐 수 있는 규모였다(Jacobs 등, 1986).

4. 지역사회시험의 예

수행의 어려움과 비용문제 등이 있기 때문에 지역을 대상으로 개입처치 연구를 대규모로 시행한 경우는 별로 많지 않다(Detels 등, 1997). 지역사회시험도 임상시험처럼 무작위배정에 의해 이루어졌는가에 따라 두 가지 형태로 나눌 수 있다.

1) 비무작위 지역사회시험

이 형태의 연구로는 1972년에 시행된 두 개의 실험연구가 있다. 하나는 North Karelia Project로서 해당 지역 내의 높은 심혈관질환 율을 낮추기 위하여 보건교육, 보건요원의 훈련, 건강식이 권장, 지역 내 건강행위 권장 프로그램 연락망을 구축하여 시행하였다. 다른 하나인 Stanford Five-City Project는 심혈관질환 유병률을 감소시키기 위해 지역주민을 대상으로 교육프로그램을 시행하였다.

가) North Karelia Project(Puska 등, 1985)
지역사회시험의 대표적 예로서 핀란드의 North Karelia 지역이 세계에서 가장 높은 심혈관질환 발생률을 보였다는 배경에서 시작되었다. 핀란드 정부의 권유로 North Karelia 지방자치단체에서 심혈관 질환을 감소시키기 위해 시작하였다. 지역자치단체는 세계보건기구와 지역 과학자의 협력 하에 지역사회시험 계획서를 작성하였다. 그 지역에 만연하는 세 가지 위험요인인 흡연, 고지혈증, 고혈압을 감소시키는 동시에, 지역주민의 심근경색이나 뇌졸중에 대하여 보다 나은 의료서비스를 받는 방향으로 진행되었다.

비교지역으로 North Karelia와 인구 규모가 비슷한 Kuopio를 정하였다. 이 두 지역에 대하여 이미 언급한 세 가지 위험요소의 기초 수준을 알아보는 연구를 수행하였다. 동시에 두 지역에 대하여 심근경색과 뇌졸중 환자 등록 체계를 구축하였다. 개입처치지역인 North Karelia에 대하여는 지역주민을 대상으로 한 보건교육시행, 보건요원 훈련, 고혈압 검진프로그램 시행, 필요한 보건기관 확보 등을 추진하였다. 프로그램의 효과는 1977년, 1982년, 1987년 세 번에 걸쳐 평가하였다. 첫 평가 이후 연구자들은 핀란드 전 지역의 대한 심혈관질환 유병 수준을 감소시키는 방향으로 노력하였다.

North Karelia Project의 세 번째 평가에서 North Karelia 지역의 세 가지 주요 위험요소 수준이 감소하였다(Tuomilehto 등, 1989). 그러나 비교 지역인 Kuopio와 비교해 볼 때 North Karelia 지역의 위험요인 수준이 더 낮게 나왔지만 그 차이는 적었다. 연도별 비교에서 1972년과 1982년간의 차이가 가장 현저했으며 1982~1987년 동안의 감소 정도는 미미했다. 허혈성 심질환의 사망률을 North Karelia와 핀란드의 타 지역과 비교해 볼 때 위험요소의 수준이 감소함에 따라 사망률도 감소함을 잘 보여주고 있다. 비록 1970년 초반에서 1980년 초반까지 North Karelia의 남녀별 허혈성 심질환 사망률이 감소했지만 1980년 중반이 되면서 일정한 수준을 유지하였다. 이러한 현상은 핀란드의 다른 지역에서도 같이 나타났는데 사망률 감소가 주로 1970년 후반에서 1980년 중반 사이에 일어났다. 이러한 감소는 심혈관질환 위험요소의 수준이 감소함에 기인하는 것이다.

나) Stanford Five-City Project(Farquhar 등, 1990)

지역사회를 대상으로 한 보건교육 프로그램이 심혈관질환 발생률을 감소시키는지 알아보는 것이 연구목적이었다. 1972년 캘리포니아주의 세 지역을 대상으로 처음 시행되었으며(Stanford Three-City Study), 지역 보건교육을 통해 흡연, 고지혈증, 고혈압의 세 가지 위험요소 수준을 변화시키는지 조사하였다. 두 지역에 대하여는 2년에 걸쳐 대중매체를 이용한 집중적인 홍보를 시행하였고, 이중 한 지역에 대하여는 고위험군에 대하여만 개별접촉으로 상담을 추가 시행하였다. 나머지 세 번째 지역은 비교지역으로 삼았다.

교육프로그램 시행 전에 각 지역주민을 대상으로 면담과 검진을 시행하였다. 1~2년 후 식이와 흡연에 관한 보건지식과 생활양식을 알아보았다. 위험요소로 알려진 혈압, 체중, 혈청 콜레스테롤도 측정하였다. 이런 조사를 통해 위험요소의 수준이 지역별로 유사함을 확인하였다.

2년에 걸쳐 캠페인을 시행한 결과 대중매체 홍보나 개별 상담이 상대체중을 제외한 나머지 위험요소의 수준을 감소시키는 효과가 있음을 알아낼 수 있었다. 심혈관질환 발생수준은 비교군에 비해 25% 감소하였다. 이러한 결과를 토대로 연구진은 1980년에 5개 지역으로 연구를 확대하였다.

Stanford Five-City Project는 2개의 개입처치지역과 3개의 비교지역으로 구성되었고 교육프로그램은 1980년에 시작하여 5년 간 계속하였다. 1985년 개입처치지역에서 체중 이 외의 모든 심혈관질환 위험요소가 작지만 명확히 감소했음을 확인하였다.

2) 무작위 지역사회시험

North Karelia Project와 Stanford Five-City Project 모두 그 지역의 심혈관질환 사망률이 높다는 배경 하에 수행되었다. 따라서 North Karelia나 Kuopio에서 대하여 개입 여부를 무작위로 한다는 것은 오히려 비윤리적이었다. Stanford Five-City Project는 초기 Stanford Three-City Study에서 시작되었는데, 이 프로젝트 수행시 무작위배정이 힘들었다. 왜냐하면 선택한 세 개 지역 중 두 개 지역이 같은 TV 방송국을 보유하고 있었기 때문이었다.

그러나 근래에 와서 지역사회시험은 무작위배정을 시행하는 것을 원칙으로 하고 있다. 일단 무작위배정을 하게 되면, 연구결과에 영향을 줄 지 모르는 대부분의 요소(우연, 연구자의 편견 등)를 통제할 수 있는 장점이 있기 때문이다.

가) Multifactorial Prevention of Coronary Heart Disease Study(세계보건기구, 1982)

무작위배정 지역사회시험의 예로서 세계보건기구가 주관이 된 관상동맥질환의 다요인 예방연구이다. 1971-1977년에 걸쳐 4개 국가 80개 공장 근로자에 대하여, 흡연, 혈압, 체중, 혈중 콜레스테롤값을 선별검사로 알아낸 다음 80개 공장을 공장 규모, 위치, 생산물을 고려하여 40개 짝으로 공장을 나누었다. 각 짝에서 무작위배정방식으로 한 공장에 대하여는 금연 교육, 저지방 식이, 운동,

체중조절, 고혈압 조절을 포함한 보건교육프로그램을 시행하였다. 무작위 배정을 이용하여 개입처치 여부에 대하여 있을지도 모를 오류를 제거할 수 있었다. 본 연구를 통하여 전체적인 위험요인 수준을 감소시킬수록 심혈관질환의 발생과 사망이 줄어듦을 확인할 수 있었다. 그리고 문화적 차이가 있음에도 불구하고 표준화된 교육프로그램을 사용하여 위험요소를 줄일 수 있음을 추가로 확인하였다.

나) Aceh Study(Sommer 등, 1986)

비타민 A 섭취와 아동 사망률의 관련성을 보는 연구이다. 연구배경은 약간의 비타민 A 결핍을 가진 아동에서 사망률이 증가하였다는 역학연구 결과로서, 실제 비타민 A 결핍이 사망률을 증가시키는지 확인하고자 하였다. 인도네시아의 Aceh 지방 주민들에게 눈마름증(xerophthalmia)은 매우 흔한 병이었기 때문에 이들을 연구대상으로 선정하였다. 지역 비타민섭취프로그램을 시행한 적이 없었던 마을은 2,048개였다. 이 중 계통적 추출로 450개 마을을 선정하였으며, 선정된 마을은 다시 무작위배정방식을 이용하여 개입지역(229)과 비교지역(221)으로 나누었다. 연구시작 직전 18개 마을은 이전에 비타민 A 섭취프로그램을 시행한 것으로 밝혀져 이웃 마을로 대치하였다.

연구 규모는 5%의 1종 오류와 80% 검정력으로 개입지역 사망률의 20% 감소를 밝힐 수 있을 정도로 정하였다. 450개 마을에 대해 기초자료가 수집되었고, 0~5세 아동 전체에 대하여는 눈마름증 유무를 확인하였다. 환자로 밝혀진 대상은 연구대상에서 제외하는 동시에 비타민 A 투여라는 개입처치를 시행하였다. 개입처치는 200,000 IU의 비타민 A와 40 IU의 비타민 E를 함유한 약제 한 알을 투여하는 것으로 정하였으며, 이 알약은 기초조사 시행 후 1~3개월 동안 1~5세의 자발적 동의자에게 나누어 주었다. 이 알약은 추적기간 6개월 동안 투여토록 하였다.

기초조사를 시행할 수 있었던 아동은 29,236명이었다. 추적조사는 개입처치군의 89%, 대조군의 88.4%에서 가능했다. 6개월의 추적기간 동안 사망한 아동은 개입처치지역에서 53명, 대조지역에서 75명이었으며, 사망 감소율은 34%이었다. 또한 개입지역의 눈마름증 유병률이 85% 감소하였다. 이를 근거로 이 지역에서 비타민 A 공급을 시행할 수 있다면 비타민 A 결핍에 따른 사망을 감소시킬 수 있다고 결론내렸다.

5. 지역사회시험 수행시 고려사항

1) 추적조사기간

개입처치의 효과를 알기 위한 추적조사기간은 평가하고자 하는 결과(outcome)가 어떤 질병인가에 따라 정해야 할 것이다. 폐암에 대한 금연프로그램 도입의 효과를 알아보고자 한다면 암 발생 기간을 고려하여 추적조사기간을 결정해야 할 것이다(Doll 등, 1978). 예를 들어 베타카로틴 50mg 복용군과 위약 대조군을 5년 동안 추적조사한 결과 비흑색종 피부암(non-melanoma skin cancer)의 발생률 차이가 없는 것으로 보고하였다(Greenberg 등, 1990). 그러나 효과를 판정하기에는 관찰기간이 부족한 것으로 밝혀졌다.

2) 연구대상자의 순응도

무작위 배정한 치료(개입)를 대상자가 그대로 순응하였을 때, 개입처치의 효과를 올바르게 평가할 수 있기 때문에, 연구진행에서 대상자의 순응도를 확인하는 체계를 갖추는 것이 필요하다(Detels 등, 1997).

12,866명의 건강한 남성에 대하여 관상동맥질환의 위험 생활습관을 줄여서 해당 질병 사망률을 줄일 수 있는가를 알아본 연구(MRFIT Research Group, 1982)에서 7년의 추적조사결과 개입처치군에서 7%의 사망률 감소를 관찰하였으나, 대조군과의 비교에서 통계적 유의성을 확보할 수 없었다. 이는 대조군에서도 금연, 체중조절, 야채 위주의 식이변경 등 개입처치를 수용하여 시행한 경우 (대조집단에서 보면 순응하지 않는 경우가 됨)가 상당히 많았기 때문이다.

3) 추적조사 탈락자

지역사회시험 시행에서 주요하게 고려할 점은 추적조사과정에서 조사대상의 소실이 발생하여 비교할 집단 간에 변화가 생긴다는 점이다. 추적조사기간 중 많은 대상들이 지역에 들어오기도 하고 나가기도 하기 때문이다. 지역을 벗어나는 사람은 지역에 계속 있는 대상과 여러 가지 면에서 차이가 있을 수 있다. 어떠한 경우라도 대상군에서의 추적조사 소실은 연구결과 추론에 문제가 된다. 개입처치가 시작된 이후 그 지역으로 유입된 사람이 실제로는 개입처치를 따르지 않았다면 연구결과 평가가 어려워진다. 또한 개입지역 주민에서 추적조사 소실이 비교지역보다 많다면 개입의 실제 효과가 상쇄될 것이다 (Farquhar 등, 1990).

4) 연구 중단조치

중간자료 분석에서 개입처치의 효과가 확연히 있다고 나올 경우(긍정적이든, 부정적이든)에는 연구 조기중단을 고려 한다. 하지만 연구중단 조치를 결정하는 과정은 매우 신중해야만 한다. 연구중단의 목적이 연구대상자를 개입처치에 따른 실제 위험으로부터 보호해야 한다는 측면과 함께, 조기중단에 따른 연구 실패 가능성을 최소화해야 한다는 측면이 동시에 고려되어야 하기 때문이다. 이를 위해서는 우선 관찰된 효과가 충분한 근거에 의하여 얻어진 것인가를 살펴보아야 할 것이다.

한편, 조기중단에 따른 연구실패 가능성을 생각하게 하는 예로서는 22,071명의 미국 의사를 대상으로 저용량 아스피린의 심혈관질환 예방효과와 베타카로틴의 암발생 억제효과라는 두 가지 목적을 위하여 시행한 연구(Physiciaris Health Study Research Group, 1989)가 있다. 연구자들은 1988년 초, 아스피린이 심근경색의 위험을 줄인다는 효과를 확인하였기에 아스피린 투여에 대한 개입연구를 종료하였다. 이로 인하여 아스피린이 효과가 있으리라고 기대되는 뇌졸중과 심혈관질환 사망에 대한 평가는 불가능하게 되었다.

참고문헌

1. Blackburn H. Research and demonstration projects in community cardiovascular disease prevention. J Pub Health Pol 1983;4:398-421.
2. COMMIT Research Group. Community Intervention Trial for Smoking Cessation: summary of design and intervention. J Natl Cancer Inst 1991;83:1620-1628.
3. Detels R, Holland WW, McEwen J, et al. Oxford textbook of public health. 3rd ed. Oxford University Press;1997.
4. Doll R, Peto R. Cigarette smoking and bronchial carcinoma: dose and time relationships among regular smokers and lifelong non-smokers. J Epidemiol Community Health 1978;32:303-313.
5. Farquhar JW, Fortmann SP, Flora JA, et al. Effects of communitywide education on cardiovascular disease risk factors. The Standford Five-City Project. JAMA 1990;264:359-365.
6. Gillum RF. Community surveillance for cardiovascular disease: methods, problems, applications - a review. J Chron Dis 1978;31:87-94.
7. Greenberg ER, Baron JA, Stukel TA, et al. A clinical trial of beta carotene to prevent basal-cell and squamous-cell cancers of the skin. N Engl J Med 1990;323:789-795.
8. Jacobs Jr DR, Luepker RV, Mittelmark MB, et al. Communitywide prevention strategies: evaluation design of the Minnesota Heart Health Program. J Chron Dis 1986;39:775-788.
9. Kessler II, Levin ML. The community as an epidemiological laboratory. Johns Hopkins University Press;1972.
10. Kottke TE, Puska P, Salonen JT, et al. Projected effects of high-risk versus population-based prevention strategies in coronary heart disease. Am J Epidemiol 1985;121:697-704.
11. Lilienfeld DE, Stolley PD. Foundations of Epidemiology. 3rd ed. Oxford University Press;1994.
12. MRFIT Research Group. Multiple Risk Factor Intervention Trial: risk factor changes and morbidity results. JAMA 1982;248:1465-1477.
13. Puska P, Nissinen A, Tuomilehto J, et al. The community-based strategy to prevent coronary heart disease: conclusions from the ten years of the North Karelia Project. Ann Rev Public Health 1985;6:147-193.
14. Sommer A, Tarwotjo E, Djunaedi E, et al. The Aceh Study Group. Impact of vitamin A supplementation on childhood mortality. A randomised controlled community trial. Lancet 1986;i;1169-1173.
15. Steering Committee of the Physicians' Health Study Research Group. Final report on the aspirin component of the ongoing Physicians' Health Study. N Engl J Med 1989;321:129-135.
16. Tuomilehto J, Puska P, Korhonen K, et al. Trends and determinants of ischemic heart disease mortality in Finland: with special reference to a possible leveling off in the early 1980s. Int J Epid 1989;18(S1):S109-S117.
17. WHO. Multifactorial trial in the prevalence of coronary heart disease: 3. Incidence and mortality results. Eur Heart J 1982;4:141-147.

14장

분자 및 유전역학

Epidemiology

1. 분자역학의 소개

전통적인 역학 개념으로 '노출과 질병 관련성의 정량화'라는 목적을 달성하기는 일반적으로 쉽지 않다. 노출군과 비노출군 혹은 질병군과 비질병군를 분류하는데 오류(misclassification)가 발생할 가능성이 높고, 그 결과로 비뚤림이 발생한다. 전통적 역학연구의 또 다른 단점은 숙주 요인 또는 개개인의 감수성에 대한 평가가 어려웠다는 것이다. 연령, 성별 등의 보정은 가능하지만 유전적 요인이나 환경 유해물질에 대한 개개인의 대사능력 등은 측정할 수 없었다. 예를 들어 똑같은 양의 발암물질에 노출되더라도 일부에서만 질병이 발생하며, 고농도의 발암물질에 장기간 노출되어도 질병이 발생되지 않는 사람도 있다. 이러한 맹점을 보완하는 방안으로 DNA 또는 염색체 등의 분자생물학 또는 유전학적 지표를 이용하여 노출-질병 관련성을 정확히 파악하기 위한 노력이 역학분야에서도 진행되고 있다.

분자역학(molecular epidemology)은 '역학적인 연구에서 생체지표를 이용하는 방법론'이라고 정의할 수 있다. 기존의 역학연구에서 감염병의 병원체에 대한 항원, 항체(예를 들어 B형간염의 항원, 항체)를 활용한다던가, 암의 전구물질(예를 들어 암태아성항원(CEA), 알파태아단백(AFP))의 측정한 것 등이 생체지표를 이용한 연구의 좋은 예라고 할 수 있다. 하지만 유해인

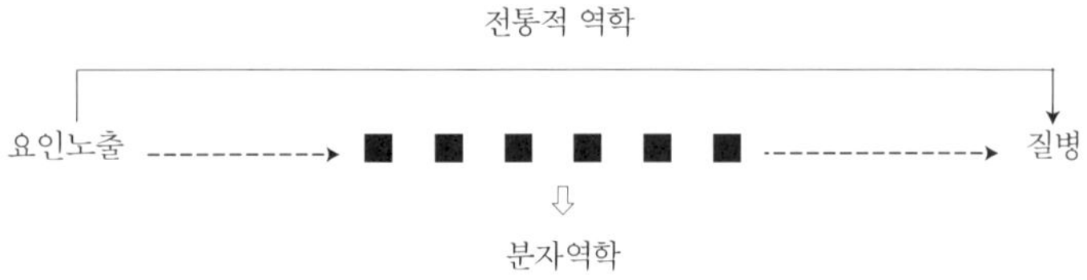

그림 14.1. 분자역학의 기본적 도시

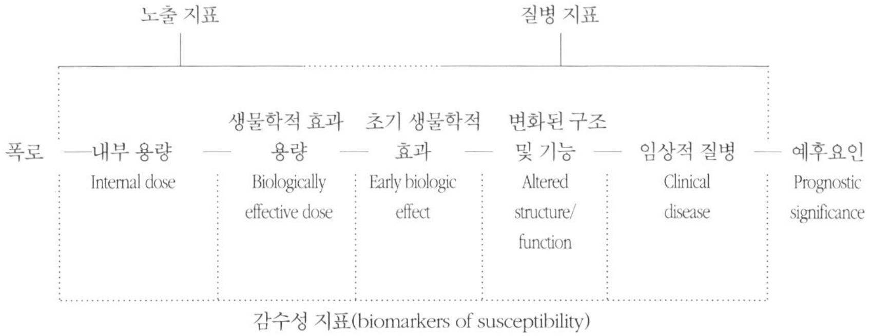

그림 14.2 분자역학연구 연속선의 구성요소(Schulte과 Perera, 1993)

자의 노출과 질병발생 간의 사이에 벌어지는 일련의 사건(series of events between exposure and disease occurrence)에 대한 지식이 쌓여가면서, 1980년대 초부터 등장한 분자역학(genetic epidemiology)이라는 새로운 분야가 특히 환경성 발암론에 관한 연구에서 본격적으로 등장하기 시작하였다(그림 14.1의 검은 사각형 부분). 그림 14.2는 분자역학의 영역을 도시적으로 정리한 것이다.

2. 생체지표의 종류

생체지표(biological markers)는 인체내 생리학적, 세포학적 또는 분자수준에서 벌어지는 일을 나타내 주는 지표(indicators signaling the events)를 총칭한다. 생체지표는 노출지표(markers of exposure), 효과지표(markers of effect), 감수성지표(markers of susceptibility)로 분류한다. 생체지표를 '노출-질병의 연속선 상' 에서 다시 세분해 보면, 노출(exposure), 내부 용량(internal dose), 생물학적 효과용량(biologically effective dose), 초기 생물학적 효과(early biologic effect), 변화된 구조 및 기능(altered structure/ function), 임상적 질병(clinical disease), 감수성지표 (susceptibility) 등의 요소로 되어 있다(그림 14.2).

내부용량 지표로는 발암물질의 소변내 대사산물 등이 있고(예를 들어 polycyclic aromatic hydrocarbon metabolites), 생물학적 효과용량지표로는 DNA adducts, 헤모글로빈 adducts가 있으며, 초기 생물학적 효과지표로는 염색체 이상, 유전자 돌연변이, 암유전자 활성화, 종양억제유전자 비활성화 등이 있으며, 감수성지표로는 glutathione-S-transferase(GST), N-acetyl transferase(NAT) 등 발암물질 대사효소의 유전자 다형성이나 DNA 회복능력(repair capacity)의 차이 등이 있다.

3. 생체지표의 유용성

생체지표는 다음과 같은 장점을 갖는다. 첫째, 노출과 질병발생의 기전 및 관계 규명에 있어서 많은 도움을 준다. 둘째, 소량의 유해물질에 대한 측정이 가능하며 실제 노출량에 근접한 수치를 제공한다. 셋째, 질환이 임상적으로 발현되기 이전 단계의 사건을 인지한다. 넷째, 질병 연구에 있어 독립 및 종속변수의 분류 오류를 현저하게 줄일 수 있다. 다섯째, 교란변수 및 매개변수의 변이(variability) 파악에 도움을 준다. 여섯째, 개인 또는 집단의 위해도 평가에 도움을 준다. 일곱째, 개인 간의 유해물질에 대한 감수성의 차이를 평가할 수 있다.

4. 역학연구에서 생체지표 사용시 고려사항

분자역학 연구에서 생체지표를 사용하는 데에는 다음과 같은 몇 가지 사항이 고려되어야 한다. 첫째, 지표의 생물학적 적절성(biologic relevance), 둘째 지표의 흡수, 분포, 대사, 및 배설에 관한 약동학적 이해(understanding pharmacokinetic aspects), 셋째 노출과 지표 간의 시간적인 관련성(temporal relevance), 넷째 지표의 자연적인 변이(background variability), 다섯째 지표 측정의 타당도 및 재현성(타당도, 특이도, 재현 가능성, 예측도 등), 마지막으로 시료 채취 및 보관방법 등도 고려하여야 한다(Schulte와 Perera, 1993).

5. 분자역학연구의 종류

분자역학연구는 생체지표의 개발에 관한 연구(이행연구, transitional study)와 개발된 지표의 적용에 관한 연구로 크게 나눌 수 있다(표 14.1).

1) 이행연구

실험실 연구결과를 인구집단에 적용하기 위하여, 생체 지표의 발현 및 변이에 대한 정보가 필요하게 되었다. 생체지표의 주된 목적이 전암성(precancerous) 변화를 갖는 사람이나, 암으로의 진행 위험이 높은 개인을 확인하는 것이므로, 생체지표의 표현에 있어서 정상인에서의 변이가 결정되어야 하는데 이는 분자수준에서의 검색이 필요한 일이다. 예를 들면, 성장인자 및 그 수용체(예를 들어 epidermal growth factor receptor, transforming growth factor α, β,

표 14.1 분자역학연구의 종류

이행연구	질병 원인 연구	실험 연구
1. 생체지표 개발연구	1. 환자-대조군연구	중재적 개입 연구
1) 신뢰도 연구	1) 환자군의 새로운 정의	(intervention trial)
2) 검체 수집 및 처리에 관한 연구	2) 외인적(exogeneous) 노출 평가	
2. 생체지표 특성화 연구	3) 유전적 감수성 평가	
1) 단면적 연구	2. 코호트연구	
2) 경시적 연구	3. 코호트내 환자-대조군연구 또는 환자-코호트 연구 (복합연구, hybrid studies)	

fibroblast growth factor family)의 과표현(overexpression)이나, 암유전자(예를 들어 *erbB*-2, *ras* oncoprotein)의 증폭과 및 돌연변이 등은 정상 조직이나 체액에서 다양한 정도로 일어난다.

생체지표의 개체내 변이(intra-individual variability)는 확률변이(random variation)와 실제 생물학적 변이(biological variation)로 구분할 수 있는데, 전자는 추출된 표본이 전체 대상(기관이나 조직)을 반영하는데 있어 발생하는 통계학적 오차를 반영하고, 후자는 시간에 따른 측정오차 및 조직내 표현도의 다양성 등을 반영한다. 개인간 변이(inter-individual variation)는 노출정도, 인종, 나이, 개체 감수성, 실험실 요인 등에서 기인한다. 또한 항체 민감도 및 특이도, 정상 DNA의 오염, 면역세포화학검사 결과 위음성, 위양성 등의 실험실적 오류는 연구결과가 일관되지 못한 결과를 초래한다.

2) 질병원인 연구

분자역학에서는 질병(전이의 발생, 암의 발생, 특정 돌연변이의 존재 중 무엇으로 정의하든 간에)과 노출의 연관성을 파악하는데 환자-대조군연구를 많이 사용하고 있다. 그러나 생체지표 검사결과의 민감도, 특이도의 작은 차이는 특정 생체지표를 이용하여 관찰하는 연관성에 영향을 줄 수 있다. 어떤 경우에 있어서는 민감도 및 특이도가 약간이라도 감소할 경우, 연관성 정도를 표시하는 관찰된 대응위험도에 심각한 비뚤림을 초래함으로써 실제 연관성을 의미있게 과소평가하게 된다.

이러한 이유로 분자역학 연구에서는 세심하고 철저하게 준비된 연구설계가 중요하다. 연구가 원하는 효과를 찾아내는데 충분한 통계학적 검정력을 얻기 위해서는 충분한 표본 크기가 필요하다. 만약 관심있는 지표의 효과가 소집단 간에 다를 것으로 예상되면 표본의 크기는 이 소집단간 효과의 차이를 검출할 만큼 충분해야 하며 연구에 들어갈 환자군, 대조군의 선택기준을 주의 깊게 정의해야 한다. 생체지표 검사시기와 질병 발생시기와의 시간적 선후 관계를 고려해 볼 때, 기존의 환자군과 향후 진단받는 환자군을 결합한다면 원인보다는 예후와 연관된 효과를 확인하는 것이 될 것이다. 환자군은 주어진 기간에 연구 의료기관에서 치료받는 환자의 전체 대상을 대표해야 하고 대조군은 대상질환이 없는 환자로 구성하는 것이 일반적인 대상선정 방법이다.

6. 분자역학연구의 적용분야

잘 고안된 분자역학연구는 다음과 같은 분야에서 새로운 정보를 제공해 준다. 첫째, 질병발생 기전을 이해하는데 환경적 요인과 유전자 요인과의 상호작용을 평가할 수 있고 또한 유전자-유전자 간의 상호작용을 평가할 수 있다. 둘째, 질병의 경과과정에 미치는 환경적 또는 유전자적 요인의 영향을 파악할 수 있다. 즉, 예후에 영향을 미치는 인자나 치료의 순응도의 개체간 차이를 유전자 수준에서 파악할 수 있다. 셋째, 신약이나 암예방화학물질(chemopreventive agents)의 효과(efficacy)를 생체지표를 이용한 분자역학연구를 통하여 파악할 수 있다.

7. 분자역학연구에서 생체지표 이용의 예

1) 다환성 방향족 탄화수소의 노출에 관한 생체지표의 연구

가) 다환성 방향족 탄화수소

다환성 방향족 탄화수소(polycyclic aromatic hydrocarbons, PAHs)는 유기물질의 불완전 연소과정에서 발생하고, 인체는 직업적, 환경적, 흡연, 그리고 음식요인 등 다양한 원인으로부터 이러한 화합물에 노출된다. PAH는 다양한 직업군에서 상당히 고농도로 노출되는데, PAH가 고농도로 노출되는 대표적인 작업 환경으로는 코크스로(爐), 고로 등 제철공업 근로자, 주물공업 및 알루미늄제조 작업자, 아스팔트 도포에 종사하는 근로자 등이 있고 이 외에도 용접공, 자동차정비공, 소방수 등이 고농도의 PAH에 노출된다. 담배에도 대표적인

PAH라고 할 수 있는 benzopyrene이 고농도로 함유되어 있고, 자동차 배기가스 등에 의해 오염된 대기를 흡입하는 경우에도 저량의 PAH가 노출된다는 보고가 있다.

나) PAH의 내부 용량: 소변의 PAH 대사산물

역학적 연구에서 PAH의 노출 정도를 파악하는데 있어서 가장 많이 사용되어 왔던 방법은 대기 중 PAH의 농도 측정이다. 그러나 작업환경에서 대기 중 PAH 농도 측정은 몇 가지 제한점을 갖는데 예를 들어 PAH가 대기 중 분진에 흡착되는 경우가 많아 정확한 농도 측정에 방해가 되며, PAH의 bioavailability에 영향을 미치게 되어 인체 내 정확한 노출농도를 추정하는 데 어려움을 주게 된다. 또한 많은 작업환경에서 PAH는 피부를 통해 흡수되는 경우가 많은 데 대기 농도 측정만으로는 경피노출을 가늠할 수 없게 된다. 개인적 또는 작업 행태의 차이 또한 전체 노출양에 영향을 미치게 되는 데 이러한 요소를 고려하지 않으면 정확한 노출양을 추정할 수 없다는 단점이 있다. 이러한 이유로 소변 내 PAH 대사산물에 대한 정량법은 시료를 채취하기가 용이하고 비침습적이라는 장점을 갖고 있어서, 다양한 환경에서 PAH에 대한 최근 노출을 평가하는 방법으로서 광범위하게 사용되어 왔다.

다) PAH의 생물학적 효과용량: PAH-DNA, PAH-hemoglobin adducts

PAH-DNA adducts는 PAH가 인체 내에 흡수된 후 대사과정을 거쳐 활성화된 형태의 PAH가 critical biomolecule인 DNA와 안정적인 공유결합을 통해 새로운 부가물을 만든 것이고, 이것이 발암물질과 인체물질 간의 상호작용으로 화학적 발암과정이 시작되는 가장 초기 단계로 이해되고 있다. adducts를 정량하는 방법으로는 단세포항체를 이용한 효소면역측정법 또는 방사면역측정법이 많이 사용되었지만, ^{32}P-postlabelling이라던가 질량분광법(mass spectrometry)를 이용한 방법도 시도되고 있다.

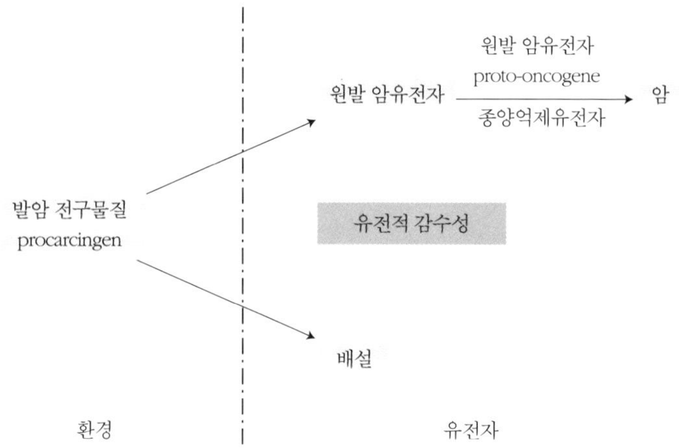

그림 14.3 암 발생에서 환경-유전자 상호작용

표 14.2 유전자의 종류

요인	단일 유전자	감수성 유전자
유전자 빈도	드묾	흔함(〉1%)
투과도	높음	낮음
기여위험도/상대위험도	높음	낮음
인구집단 기여위험도	낮음	높음
연구대상	가족	일반 인구집단
연구형태	연관(linkage) 연구	관련성 연구

2) 인체 감수성유전자에 대한 연구

질병 발생 특히 발암과정은 환경적 인자와 유전적 인자의 상호작용에 의해서 이루어진다고 이해된다(그림 14.3).

인체 감수성에 관여하는 유전자를 투과도(penetrance)의 정도에 따라 두 가지로 분류할 수 있다(표 14.2). 투과도가 높은 유전자는 빈도는 드물게 나타나지만 돌연변이를 갖는 사람이 그렇지 않은 사람에 비해서 질병발생의 위험도(기여위험도 또는 상대위험도)는 상당히 높다. 하지만 빈도가 아주 낮기 때문에 일반 인구집단에서의 기여위험도(population attributable risk,

PAR)는 상당히 낮다. PAR이 높은 유전자일수록 공중보건학적 연구대상으로서의 우선순위가 높다고 할 수 있다. 다음은 투과도가 낮은 몇 가지 유전자와 유방암 발생과의 관계에 대하여 저자들이 최근에 수행한 연구를 소개한다.

가) Glutathione S-transferase(GST)

환경성 발암물질이 인체에 흡수되면 간 효소의 비활성화 혹은 활성화로 발암물질의 대사과정을 통한 비독성화(detoxification)를 거쳐 발암물질들이 해독되는데, GST는 2단계(phase II) 해독반응 과정 중 cytochrome p-450(1단계 비독성화, detoxification)을 거친 반응 중간물(reactive intermediates)의 전환을 촉매하는, 특히 epoxide 결합(conjugation)을 촉매하거나 친전기성(electrophilic) 화학물의 비활성화에 의해 발암물질에 대한 보호체계를 형성한다. 현재까지 GST의 아형으로는, GST-α (GSTA), GST-μ(GSTM), GST-π(GSTP), GST-θ(GSTT) 등의 네 가지가 알려져 있다(표 14.3).

이들 중 GSTM에 대한 유전자 분석(genotyping)을 통해 유전자 다형성이 알려졌는데, GSTM의 존재는 인간의 염색체 1p arm에서의 5개 유전자와 연관된다. 2개의 대립유전자 형질(allele)이 다 없는 GSTM1 * 0 형질은 발암물질의 비독성화에 장애가 되어 발암물질의 체내 축적을 증가시키기 때문에 발암을 유발한다. 일반 인구집단을 대상으로 한 유전자 다형성의 분포에 관

표 14.3 Glutathione S-transferases

GST 아형	유전자 개수	염색체 상 위치	대사발암물질(carcinogenic substrates)
α-GSTA	> 2	6	방향족 아민(aromatic amines), polycyclic aromatic hydrocarbons(PAH), 지질 과산화 산물 (lipid peroxidation products)
μ-GSTM	5	1p-13	지질 과산화 산물
π-GSTP	1	11	PAH
θ-GSTT	> 2	?	유기용제
Microsomal GST Mic	1	12	

표 14.4 GST와 유방암 발생과의 관계

문헌	JNCI 1999;91:1960–4 Garcia-Closas 등	Cancer Res 1998;58:65–70 Bailey 등	JNCI 1998;90:512–8 Helzlsouer 등	Pharmacogenetics 2000;10:301–9lsou Park 등
환자군/대조군	466/466(짝짓기)	164/162	110/113	189/189(짝짓기)
대응위험도(95% 신뢰구간)				
null M1	1.1(0.8～1.4)	0.8(0.5～1.2)	2.1(1.2～3.6)	1.3(0.8～2.1)
null T1	0.9(0.6～1.2)	1.1(0.7～1.8)	1.5(0.8～3.0)	1.6(1.0～2.5)
both null	1.0(0.6～1.6)	0.7(0.4～1.2)		
유의한 요인	폐경 전기 null GSTT1 대응위험도 = 0.2		비만, 폐경 후기 null GSTM1 대응위험도 = 7.0	음주, 폐경 전기 both null 대응위험도 = 5.3

한 연구에서는 인종간 차이를 관찰할 수 있는데, GSTM1이 없는 유전자형(null genotype, GSTM1 * 0 형질)이 미국 흑인에서는 31%, 로스앤젤레스 백인에서는 47～54%, 불란서인에서는 42.8%, 영국인에서는 40.8%, 로스앤젤레스 일본인에서는 51%, 로스앤젤레스의 한국인에서는 53%를 보이고 있고, 일본 본토인에서는 48–50% 정도의 분포를 보이고 있다. 표 14.4에서는 현재까지 보고된 GST와 유방암 발생 간의 관계를 요약하였다.

나) COMT(catechol–O–methyltransferase)

COMT(catechol–O–methyltransferase)는 phenolic hydroxyl group의 메틸화를 촉매하여 catechol estrogens를 불활성시키고, catecholamines를 metanephrines로 변환하게 하여 발암을 억제하는 것으로 보고되고 있다. COMT 유전자 다형성은 codon 158의 염기 G → A 치환으로 Val → Met이 되며, 이로 인해 COMT의 활성이 고활성에서 저활성으로 변화된다고 알려지고 있다. Lavigne 등(1997)은 처음으로 COMT Met/Met를 가진 비만 여성에서 폐경기 유방암의 위험 증가를 보고하였으나, 반면 Thomas 등(1998)은 비만 여성에서 COMT Met를 하나 이상 가진 폐경 전기 유방암의 위험 증가를 보고하였고, 최근에 Millikan 등(1998)은 대규모 환자-대조군 연구에서 관련성이 없다

표 14.5 COMT 유전자 다형성과 유방암 발생

문헌	Cancer Res. 1998;58:2107–10 Thompson 등	Cancer Res. 1999;59:4870–5 Huang 등	Carcinogenesis 1998;19:1943–7 Millikan 등	Pharmacogenetics 2001;11:279–86 Yim DS 등
환자군/대조군	281/289	150/150	389/379	163/163
대응위험도 (95% 신뢰구간)				
HL	1.3(0.9~1.9)	0.7(0.4~1.2)	0.8(0.6~1.1)	2.3(1.4~3.9)
LL	0.8(0.5~1.4)	3.2(0.9~12.0)	0.7(0.5~1.1)	0.2(0.1-0.9)
유의한 요인	비만 폐경 전기 (for HL+LL, 대응위험도 = 5.7	첫 만삭분만 연령	유의한 관련성 없음	흡연, 음주 폐경 전기 (for HL, 대응위험도 = 2.3

고 보고하였다. 표 14.5에서 COMT 유전자 다형성과 유방암 발생과의 관계를 요약하였다.

다) XRCC1(X-ray repair cross-complementing group1)

XRCC1 단백은 single-strand break repair에 참여하여 DNA 손상을 막음으로 암 발생증가를 억제한다. 즉 DNA 중합효소, DNA 연결효소와 함께 작용하여 DNA strand break를 재연결한다. XRCC1 유전자 다형성은 codon 194의 염기 C → T 치환, codon 399의 염기 G → A 치환으로 나타나는데, 이런 돌연변이는 알킬화 인자(alkylating agent)와 전리방사선에 민감하고, 자매염색체교환(sister chromatid exchange)를 증가시키는 것으로 보이며, XRCC1의 변화된 기능은 암 발생 위험도 증가와 관련될 것으로 생각된다. 또한 최근 codon 399 A/A가 불안전한 DNA 복구와 관련 있다고 보고되었다. 표 14.6은 XRCC1과 각종 암 발생과의 관계를 요약하였다.

표 14.6 XRCC1의 유전자 다형성과 암 발생과의 관계

문헌 2001;461:273-8 Divine 등	Mutation Res. 2000;159:79-86 Abdel-Rashman 등	Cancer Letters	Int J Cancer 2000;88:601-6 Shen 등
부위	폐암	대장직장암	위암
환자군/대조군	172/143	48/48(짝짓기)	188/166
대응위험도(95% 신뢰구간)			
194 Trp	-	2.6(0.7~9.4)	1.4(0.9~2.3)
399 Gln	2.5(1.1~5.8)	3.9(1.5~10.6)	1.5(0.9~2.4)
유의한 요인	흡연	첫 만삭분만 연령	유의한 관련성 없음

8. 요약

질병발생 기전을 연구하는데 있어 생체지표의 이용은 발생 기전에서 환경적 요인과 유전자 요인 간 관계(gene-environment interaction)를 파악하고, 유전자-유전자 간 관계(gene-gene interaction)를 파악하는데 도움을 주며, 장기적으로는 분자생물학적 표지자를 이용하여 질병 발생의 고위험 집단을 조기에 찾아냄으로써 이러한 집단에 대한 효과적인 예방대책 수립이 가능하도록 도와준다. 특히 인체유전자지표를 이용, 질병 발생기전을 파악하는 역학적 연구는 여러 다른 전공분야(예를 들어 역학, 분자생물학, 인체 유전학 등)의 도움이 없이는 불가능하다. 이러한 다분야 공동연구는 인체 질병발생의 원인을 규명하는데 큰 도움이 될 것으로 생각한다.

참고문헌

1. Committee on Biological Markers of the National Research Council. Biological Markers in Environmental Research. Environmental Health

Perspectives. 1987;74:3-9.

2. Kang DH, Rothman N, Cho SH, Lim HS, Kwon HJ, Kim SM, Schwartz BS, Strickland PT. Association of polycyclic aromatic hydrocarbon exposure estimated from job category with concentration of 1-hydroxypyrene-glucuronide in urine from steel plant workers. Occup Environ Med 1995;52:593-599.
3. Kang DH, Rothman N, Poirier MC, Greenberg A, Hsu CH, Schwartz BS, Baser ME, Weston A, Groopman JD, Strickland PT. Interindividual differences in the concentration of 1-hydroxypyrene-glucuronide in urine and polycyclic aromatic hydrocarbon-DNA adducts in peripheral white blood cells after charbroiled beef consumption. Carcinogenesis 1995;16:1079-1085.
4. Kim SU, Park SK, Yoo KY, Yoon KS, Choi JY, Noh DY, Ahn SH, Choe KJ, Strickland PT, Hirvonen A, Kang D. XRCC1 genetic polymorphism and breast cancer risk. Pharmacogenetics 2002;12.
5. Kim YS, Kang D, Kwon D, Park WY, Kim H, Lee DS, Kim CS, Kim S, Lee JS. Uteroglobin gene polymorphisms affect the progression of IgA nephropathy by modulating the level of uteroglobin expression. Pharmacogenetics 2001;11:299-305.
6. Park SK, Yoo KY, Lee SJ, Kim SU, Ahn SH, Noh DY, Choe KJ, Strickland PT, Hirvonen A, Kang DH. Alcohol consumption, glutathione S-transferase M1 and T1 genetic polymorphisms and breast cacner risk. Pharmacogenetics 2000;10:301-309.
7. Schulte PA and Perera FP. Molecular epidemiology: Principles and practices. Academic Press, Inc.;1993.
8. Strickland PT, Kang DH, Bowman ED, Fitzwilliam A, Downing TE, Rothman N, Groopman JD, Weston A. Identification of 1-hydroxypyrene as the major pyrene metabolite in human urine by synchronous fluorescence spectroscopy and gas chromatography-mass spectrometry. Carcinogenesis 1994;15:483-487.
9. Yim DS, Park SK, Yoo KY, Yoon KS, Chung HH, Ahn SH, Noh DY, Choe KJ, Cho SH, Jang IJ, Shin SG, Strickland PT, Hirvonen A, Kang D. Relationship between the Val158Met polymorphism of catechol O-methyl transferase and breast cancer. Pharmacogenetics 2001;11:279-286.

15장

연구성적의 오류와 비뚤림

Epidemiology

역학적 연구는 특정 질병의 발생에 영향을 주는 위험요인을 규명하고 질병과 요인(혹은 치료방법)과의 인과적 관련성이 얼마나 되는지 계량적으로 평가하는 것이다. 그러나 불행하게도 역학적 연구를 수행하는 과정에서는 노출요인의 측정이나 질병의 확인과정에서 각종 오류가 불가피하게 발생하며, 거의 모든 종류의 역학적 연구에서, 그리고 연구의 계획, 수행, 자료분석의 모든 단계에서 나타난다. 따라서 역학연구의 결과를 해석함에 있어 '관찰된 관련성의 정도가 이러한 오류에 의해 얼마나 영향을 받은 것인가?' 하는 사항을 반드시 평가해야 한다. 즉, 역학적 연구결과로 관련성이 관찰되었다 하더라도 어떤 결론을 내리기 전에 다음의 사항을 반드시 검토해야 한다.

① 관찰된 관련성이 노출요인 측정과정이나 대상 선정과정 혹은 추적과정에서 발생한 비뚤림에 의한 잘못된 결과는 아닌가?
② 노출요인 측정이나 대상 선정과정의 잘못은 없다 하더라도 미처 통제하지 못한 교란변수에 의한 잘못된 결과는 아닌가?
③ 우연에 의한 결과는 아닌가?
④ 그렇지 않다면 이들 관련성은 정말 인과적 관계에 있는 것인가?

1. 오류(error)와 비뚤림(bias)

1) 오류

역학연구에서는 진정한 참값을 잘못 측정할 가능성이 항상 존재하는데, 그 중에서 '측정의 부정확 정도가 비교하고자 하는 두 집단 사이에 비슷하게 나타나는 경우' 를 오류라 한다.

측정오류는 ① 연구대상이 집합체를 이룸으로 해서 야기되는 확률변동(random variation)과 ② 생체 바이오리듬이나 계절변동처럼 개개인이 자연발생적으로 가지는 생물학적 변동을 포함한다. 이 외에도 ③ 측정기구를 사용하는 경우에는 그 기구의 측정능력에 따라 오류가 발생하기도 하며, ④ 자료수집이 완료되어 기록되는 과정에서, 혹은 ⑤ 전산처리를 위해 부호화하는 과정에서도 이러한 오류는 발생한다. 이러한 오류는 대부분의 역학연구에서 발생할 수 있는데, 이를 완전히 없앨 수는 없다 하더라도 사전에 세심한 주의를 기울이면 최소한 두 집단 사이에 균등하게 분포하도록 할 수는 있다.

측정항목에 따라서는 아무리 최선의 방법을 동원한다 하더라도 완전하게 측정해 낼 수 없는 경우도 있다. 이런 경우에는 특정 요인과 결과가 서로 인과관계에 있음이 명백할 것으로 기대된다 하더라도 실제 분석해 보면 관련성을 발견해 낼 수 없게 된다. 그 좋은 예가 음식섭취와 암과의 관련성에 관한 것으로, 각종 암의 세계적 발생양상이나 특정 국가에서 암 발생의 추세변동을 관찰해 보면 특정 식이요인이 암 발생에 관여할 것으로 기대된다. 또한 동물실험을 통해 고지방식이나 고칼로리식이 대장암 발생과 연관되어 있음을 관찰한 소견을 참고로 한다면 특히, 의학적 관점에서는 식이요인이 대장암 발생에 깊이 관여하고 있을 것으로 강력히 의심할 수 있다. 그러나 많은 역학적 연구들이 이런 관계를 밝혀내는데 실패하는데 그 주된 이유는 의학적으로 이 가설이 그럴싸해 보이지만 이를 증명하는 과정에서 매우 곤란한 문제가 발생되기 때문이다. 즉, 한 개인이 평소 매일 섭취하는 모든 종류의 음식물에 대한 정보를 설문조사를 통해 얻는 과정에 오류의 발생 가능성이 존재하며, 더군다나 암 발생은 연구시점보다 최소한 십수 년 이전에 시작되었으므로, 먼 옛날의 기억을 되살려 식이습관을 조사해야만 가능한데 현실적으로는 거의 불가능하기 때문이다.

2) 비뚤림

역학연구에서 측정상의 오류보다 더 심각하고 더 흔히 발생하는 문제가 바로 비뚤림이다. 이는 '연구대상을 선정하는 과정이나 조사항목을 측정하는 과정에서 부정확한 정도가 비교하고자 하는 두 집단 사이에 서로 다르게 발생되는 경우'를 말한다. 이미 설명한 바와 같이 역학연구는 연구대상의 속성을 '있는(현상) 그대로' 관찰하는 방법을 사용하기 때문에 이러한 비뚤림이 항상 발생할 수 있으며, 이는 역학연구에서 필연적으로 관찰되는 현상이다. 역학연구를 수행하는 데에는 '이러한 비뚤림을 어떻게 효과적으로 피하여 참된 연구결과를 도출해 내는가?' 하는 문제가 연구의 성패를 결정하는 중요한 관건이 된다. 일반적으로 다음과 같은 세 가지 비뚤림이 문제가 된다.

① 연구대상 선정과정의 비뚤림
② 연구자료 측정 과정 혹은 분류과정의 비뚤림
③ 교란변수에 의한 비뚤림

2. 연구대상 선정과정의 비뚤림(선택비뚤림)

연구대상 및 최종 분석대상을 선택하는 과정에서 특정 대상이 선택적으로 뽑힘에 따라, 비교하고자 하는 두 집단의 위험요인 분포가 진정한 상태를 반영해 주지 못하고 왜곡된 상태로 측정되어 야기되는 잘못을 선택비뚤림(selection bias)이라 한다. 다시 말해서 연구대상으로 선정된 집단의 특성과 선정되지 않은 집단의 특성이 다를 때 선택비뚤림은 발생되며, 이 비뚤림은 선정된 대상에서의 관련성과 선정되지 않은 집단에서의 관련성 간의 차이를 반영한다.

선택비뚤림에는 ① 집단검진 등 질병감시를 할 때, 특정한 특성을 지닌 환자군이 대조군 및 다른 집단에 비해 연구대상으로 선택될 기회가 자연히 많아지기 때문에 발생하는 경우(detection bias), ② 코호트연구에서 위험요인 비노출군보다 노출군의 질병 발생을 더 철저히 조사하게 됨에 따라 야기되는 경우(ascertainment bias), ③ 연구가설의 노출요인을 특정 질병으로 하는 경우 연구대상을 특정 병원에 한정하여 뽑을 때 질병에 따라 입원율이 다름으로 해서 야기되는 경우(Berkson's bias), 그리고 특히 ④ 코호트연구나 임상시험처럼 연구대상을 추적하는 과정에서 관찰대상으로부터의 탈락이나 거부, 그리고 무응답 등이 비교집단 사이에서 서로 다르게 발생할 경우, ⑤ 유병 환자를 대상으로 하는 환자-대조군연구에서 재원기간이 긴 환자나 생존기간이 긴 경증환자가 환자군으로 선택될 확률이 높아지게 되는 경우(Neyman's fallacy) 등이 있다.

1) 선택비뚤림이 일어나는 경우

연구대상을 선정하는 과정에서의 비뚤림은 다음과 같은 경우에 발생한다. 그림 15.1에서 보는 바와 같이 궁극적 대상모집단에 속한 개개인이 실제 연구대상으로 선정되는 확률을 각각 $\alpha, \beta, \gamma, \delta$라 할 때, ① α/β와 γ/δ가 서로 다를 경우나 혹은 ② α/γ와 β/δ가 서로 다를 때 선택비뚤림이 일어난다. 즉, 환자군(D) 중 위험요인 E를 가진 사람과 안 가진 사람($\bar{E}$)의 선택확률의 비(α/β)가 대

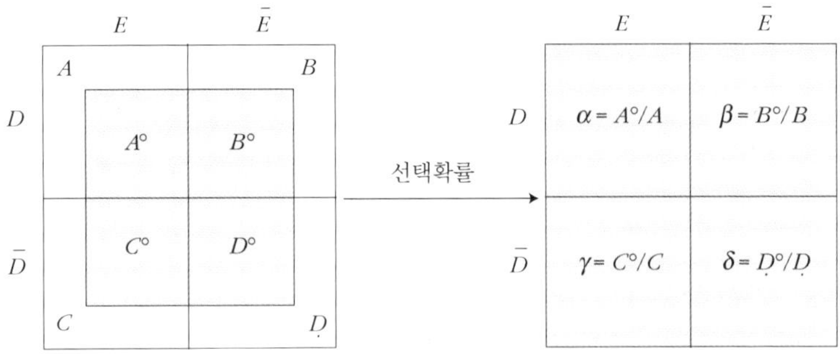

그림 15.1 궁극적 대상으로부터 연구대상으로의 선택확률

조군 ($\bar{D}$)에서의 요인 E에 대한 선택확률의 비(γ/δ)와 같기만 하면 선택비뚤림은 일어나지 않는다. 다시설명하면 연구가설의 노출요인 때문에 환자군 또는 대조군으로 선정될 기회가 달라지는 경우에 선택비뚤림이 생긴다. 코호트 연구에서는 위험요인을 가진 집단(E)에서의 질병 발생 예와 질병이 발생하지 않은 예의 선택확률 비(α/γ)가 위험요인에 노출되지 않은 집단($\bar{E}$)에서의 선택확률 비(β/δ)와 같기만 하면, 선택비뚤림은 일어나지 않는다. 즉, 질병발생 확인을 하는 추적조사과정이나 상황이 노출집단과 비노출집단에서 다르게 일어나면 선택비뚤림이 생긴다.

2) 입원율 차이에 의한 선택비뚤림

선택비뚤림은 예제 15-1에서 보는 것처럼 병원 환자를 대상으로 하여 환자-대조군연구를 수행할 때 특히 주의하여야 하는데, 비교하고자 하는 두 군 간의 특성이 다름으로 해서 병원에 찾아오는 경향(입원율)이 다를 때 야기되는 경우를 특히 'Berkson의 비뚤림'이라 한다.

15-1 인구 5만 명인 지역에서 고혈압(E)과 피부암(D)과의 관련성을 연구하기 위해 환자-대조군연구를 수행하였다. 대조군으로 골절 환자(D^*)를 사용하려 할 때 지역주민 전체를 대상으로 하는 경우(왼쪽)와 병원을 찾은 환자만을 대상으로 하는 경우(오른쪽)의 대응위험도를 각각 구해 본다. 괄호 안의 숫자는 병원으로의 입원율을 뜻한다.

궁극적 대상인 지역사회 주민 모두를 연구대상으로 관찰한 환자-대조군 연구의 대응위험도(OR_1)와 병원을 찾은 환자만을 대상으로 한 경우의 대응위험도(OR_2)는 표 15.1과 같이 계산된다.

이 결과에서 알 수 있듯이 연구대상자들이 가지고 있는 질병에 따라 입원율이 다르기 때문에 나타난 비뚤림이다. 골절만 있는 환자는 20% 정도가 입원하고 있는 반면에 고혈압만을 가진 환자는 15% 정도 그리고 피부암만을 가진 경우는 5% 정도만이 입원하고 있다. 이 연구에서 이러한 선택비뚤림이 일어난 이유는 각 세부 집단별로 연구대상으로의 선택확률을 계산해 보면

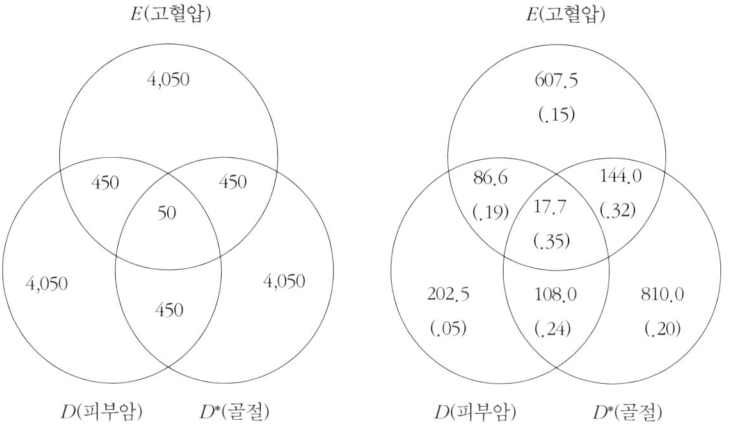

(괄호 안은 입원율)

그림 15.2 궁극적 대상(왼쪽) 및 병원 환자(오른쪽)에서의 환자-대조군 분포

표 15.1 궁극적 대상 및 병원 환자를 대상으로 한 환자-대조군연구 분석결과

궁극적 대상에서의 참값			병원 환자를 대상으로 한 추정치		
	노출	비노출		노출	비노출
환자군	450 + 50	4,050 + 450	환자군	86.6 + 17.7	202.5 + 108
대조군	450	4,050	대조군	144	810
$OR_1 = \frac{500 \times 4,050}{450 \times 4,500} = 1.0$			$OR_2 = \frac{104.3 \times 810}{144 \times 310.5} = 1.9$		

알 수 있다. 즉, 피부암 환자군 중 고혈압의 과거력을 가지고 있던 집단(DE)의 선택확률은 α = 104.3/500 = 0.209이고 환자군 중 고혈압의 과거력을 가지고 있지 않은 집단$D\bar{E}$의 선택확률은 β = 310.5/4,500 = 0.069로 α/β= 3.03인데 비해, 대조집단 중 고혈압의 과거력을 가지고 있던 집단($\bar{D}E$)의 선택확률은 γ= 144.0/450 = 0.32이고 고혈압의 과거력을 가지고 있지 않은 집단($\bar{D}\bar{E}$)의 선택확률은 δ = 810.0/4,050 = 0.2로 γ/δ =1.60이므로 결국 $\alpha\delta/\beta\gamma > 1$이 되어 선택비뚤림이 발생된 것이라 분석할 수 있다. 이러한 선택확률의 차이는 결국 병원 환자를 대상으로 할 때의 OR_2가 진정한 값이라고 판단되는

OR_1을 0.9만큼 과대평가한 결과로 나타난다. 즉, 실제로는 고혈압과 피부암은 $OR = 1.0$으로 아무런 관련성이 없는 데도 불구하고 선택비뚤림에 의해 고혈압이 피부암의 발생 위험을 1.9배만큼 올린 결과로 연구성적이 잘못 나온 것이다.

3) 선택적 환자발견에 의한 비뚤림

비교하고자 하는 환자군 및 대조군을 선정하는 과정에서 노출요인의 특성에 따라 환자군 혹은 대조군을 발견하게 되는 율이 다르게 될 경우에도 선택비뚤림(detection bias)이 발생할 수 있는데, 예제 15-2는 이러한 비뚤림의 좋은 예이다.

15-2 다음은 에스트로겐 복용 여부(E)와 자궁내막암(D)과의 관련성을 연구하기 위해 환자-대조군 연구를 수행함에 있어, 대조군을 양성 종양을 가진 환자 중에서 선택한 경우 (가)와 자궁내막암 이 외의 악성 종양을 가진 환자 중에서 선택한 경우 (나)에서 발생 가능한 선택비뚤림에 관한 서로 다른 주장을 요약한 것이다.
($\alpha, \beta, \gamma, \delta$는 그림 15.1에서와 같이 대상 선택확률은 표시함)

(가) 대조군: 양성 종양 환자

Horwitz와 Feinstein(1978)

$\alpha > \beta$ $\gamma_1 > \delta_1$ $\alpha/\beta = \gamma_1/\delta_1$

Hutchinson and Rothman (1978)

$\alpha = \beta$ $\gamma_1 > \delta_1$

(나) 대조군: 자궁내막암 이 외의 악성 종양 환자

Horwitz와 Feinstein(1978)

$\alpha > \beta$ $\gamma_2 = \delta_2$

Hutchinson and Rothman (1978)

$\alpha = \beta$ $\gamma_2 = \delta_2$

이 예제는 대조군 선정에 따른 선택비뚤림의 가능성을 지상 논쟁을 통해 다룬 것으로 예일대학의 Horwitz와 Feinstein은 이 연구에서 에스트로겐을 복용하게 되면 이 약물에 의해 하혈이 유발되기 쉬운데 이와 같은 경우 약물 복용자가 하혈 때문에 병원을 방문하게 되며 따라서 부인과적 진찰을 받는 과정에서 자궁내막암을 발견하기 쉽게 되어 $\alpha > \beta$가 된다고 주장하였다. 이 때 대조군을 양성 종양환자로 하게 되면 양성 종양을 모르고 가지고 있던 환자들도 에스트로겐 복용에 의한 하혈로 더 많이 진단되게 되어 $\gamma_1 > \delta_1$이 되므로 결국 $\alpha/\beta = \gamma_1/\delta_1$이 되어 선택적 발견에 의한 비뚤림은 발생되지 않는 반면에, 대조군을 악성 종양환자로 사용하게 되면 대조군의 암 환자는 에스트로겐 복용과 관계없이 궁극적으로는 병원에 찾아오게 되기 때문에 $\gamma_2 = \delta_2$가 되어 비뚤림이 발생하게 된다는 주장이다.

한편, 하버드대학의 Hutchinson과 Rothman은 정반대의 주장을 하고 있는데, 특히 비교적 오랜 기간동안 이러한 연구를 수행하는 경우에는 환자군 모두가 결국 병원을 찾아올 수밖에 없기 때문에 에스트로겐 복용 여부에 상관없이 선택되어 (가), (나)의 경우 모두 $\alpha = \beta$가 되지만 에스트로겐을 복용하는 여성에서 하혈로 인해 병원선택의 기회가 많아지는 것은 대조군을 양성 종양으로 사용하는 경우이므로 $\gamma_1 > \delta_1$가 되어 (가)의 경우에는 선택비뚤림이 발생하지만, 대조군이 악성 종양 환자인 (나)의 경우에는 마찬가지 이유로 하여 결국 모든 환자가 병원에서 진단되기 때문에 $\gamma_2 = \delta_2$가 되어 선택비뚤림은 일어나지 않는다는 것이다.

4) 연구형태에 따른 선택비뚤림

선택비뚤림은 환자-대조군연구에서 많이 발생하지만 모든 종류의 역학적 연구에서 가능하다. 자발적 참여자를 대상으로 유병률을 추정하는 단면적 연구에서도 모든 대상이 연구대상에 포함되지 않으면 참여자와 비참여자 간의 특성 차이로 인해 선택비뚤림이 발생할 수 있다.

환자-대조군연구 중에서도 일반 주민을 대상으로 하는 경우나 코호트내 환자-대조군연구에서는 대조집단이 환자군이 뽑힌 집단을 대표할 수 있기 때문에 선택비뚤림이 잘 발생하지 않지만, 병원 환자를 대상으로 하는 경우에는 항상 주의해야 한다. 예제 15-3의 환자-대조군연구에서 보면 일반 주민의 비흡연율은 12.1%인데 비해 흡연과 관련이 없다고 인정되는 질병으로 입원한 환자로서 선정한 대조군에서는 비흡연율이 7.0%이었으며, 하루 25개피 이상 피우는 흡연자의 분율도 일반 주민은 8.5%이었으나 병원 대조군은 13.4%이었다고 보고하고 있다. 따라서 병원에 입원한 환자들은 흡연율이 높은 집단이 선택적으로 선정된 것이며, 결과적으로 연구의 결과는 실제 관련성에서 비뚤리게 된다. 여기서 중요한 것은 이러한 비뚤림의 결과를 해석하는 것인데, 결국 병원 환자의 흡연율이 일반 주민보다 높기 때문에 이런 집단을 대상으로 수행한 환자-대조군연구의 결과로 제시된 '폐암과 흡연의 관련성'은 실제 참값을 과소추정하게 될 것이며, 따라서 실제 상황(지역 주민을 대상으로 한다면)은 연구결과로 나타난 값보다 더욱 큰 관련성을 보일 것이다'고 주장할 수 있다. 병원 환자를 대상으로 대조군을 선정하는 경우에는 연구가설상의 원인과 관련이 있을 것으로 예상되는 질병을 가진 자는 모두 대상에서 제외하여야 하는 것이 원칙이다.

15-3 영국에서 1948년부터 1952년에 수행된 환자-대조군연구는 흡연과 폐암의 관련성 규명을 목적으로 하여 런던에 소재한 참여병원에 입원한 1,488명의 폐암 환자를 대상으로 하여 수행되었다. 대조군은 같은 병원에 입원한 환자 중에서 당시 지식으로 흡연과 관련이 없다고 여겨지는 질병으로 입원한 환자 1,390명을 선정하였는데, 병원 환자로 구성한 대조군의 흡연율과 표본추출된 런던 시민의 흡연율을 비교한 결과 같은 연령의 남자에서 병원환자의 흡연율이 일반 주민에 비해 훨씬 높았다.

코호트연구에서는 선택비뚤림이 잘 발생하지 않지만, 비노출군을 선정하는 과정에서 외부 비교군으로 일반인구를 이용하는 경우 문제가 되기도 한다. 특히 산업장 근로자를 노출군으로 하고 일반 인구를 비노출군으로 하는 연구에서는 소위 '건강근로자 효과(healthy worker effect)'라 불리는 선택비뚤림이 자주 발생한다. 뿐만 아니라 코호트연구에서는 추적 도중의 소실, 무응답, 도중에 참여를 거부하는 경우 등 관찰대상으로부터의 소실이 위험요인 노출 범주 사이에 차등적으로 발생한다면 선택비뚤림이 발생하게 된다. 무작위배정에 의한 임상시험은 선택비뚤림에 영향을 가장 적게 받지만, 코호트연구에서와 같이 추적과정에서의 소실은 선택비뚤림을 야기시킬 수 있다.

3. 연구자료 측정/분류과정의 비뚤림(정보비뚤림)

노출요인을 측정하거나 대상을 분류함에 있어 야기되는 비뚤림은 ① 환자군 혹은 대조군을 잘못 분류하는 경우(misclassification bias)와 ② 질병 위험요인에 대한 과거 노출 여부를 설문서나 면접조사를 통해서 수집할 때, 부정확한 정보를 입수하게 되어 연구결과가 비뚤게 나타나게 되는 경우(measurement bias)가 있는데, 이를 모두 합하여 정보비뚤림(information bias)이라 한다. 전자의 경우는 상피내 암종 환자를 자궁암 환자로 분류하는 경우나 Doll과 Hill(1952)의 연구에서와 같이 폐암으로 간주된 환자 중 상당수가 나중에 확인한 결과 정상이었던 경우가 그 좋은 예가 된다. 하지만 환자-대조군연구에서는 전자의 경우보다는 후자의 비뚤림이 더 문제가 되는데, 임신 중 경구피임약의 복용 여부나 식이습관에 관한 설문조사가 그 좋은 예이다. 이러한 분류상의 비뚤림은 상호관련성 측도를 과대 혹은 과소평가시키게 된다.

1) 단면적 연구에서의 분류비뚤림

유병률 추정을 하는 단면적 연구에서 모든 대상이 참여하였고 응답거부도 없었다 하더라도 추정 유병률 P^*가 항상 진정한 유병률 P를 반영하지는 않는다. 그 이유는 조사에 사용된 방법이 완벽하지 않아 추정 유병률(P^*) 속에는 정말로 그 질병에 걸린 사람뿐만 아니라 환자가 아닌데 환자라고 잘못 분류된 사람(위양성)도 포함되어 있기 때문이다. 이와 같이 질병 혹은 어떤 요인을 가진 사람을 분류해 내는 과정에서 완전하지 못한 방법을 사용하기 때문에 발생되는 분류상의 비뚤림이 존재하는데, 추정 유병률은 검사방법의 민감도와 특이도에 따라 실제 유병률과 차이가 나게 되며, 이들 간의 관계식은 다음과 같다.

$$P^* = P \times \text{민감도} + (1 - \mathrm{P})(1 - \text{특이도}) \qquad \text{(식 15-1)}$$

예를 들어 실제 유병률 P = 0.1%인 질병이 있다 할 때 민감도 = 90%이고 특이도 = 90%인 설문조사를 통해 조사한 유병률 P^* = 10.1%가 된다. 즉, 민감도와 특이도가 완벽하지 못한 방법을 사용하였기 때문에 실제 환자를 잘못 분류하여 유병률을 100배나 과대 추정하는 결과를 보였다. 민감도와 특이도를 보정하여 추정 유병률로부터 진정한 유병률을 계산하는 공식은 다음과 같다. 공식에서 보는 바와 같이 민감도와 특이도가 100%가 되지 못하면 대개는 과대 추정하게 되는데, 이 과정에서 민감도보다 특이도가 더 큰 영향을 준다.

$$P = \frac{P^* + \text{특이도} - 1}{\text{민감도} + \text{특이도} - 1} \qquad \text{(식 15-2)}$$

2) 노출정보의 분류비뚤림

가) 비편향적 분류비뚤림

연구가설의 노출요인에 관한 정보를 수집하는 과정에서 노출 여부를 잘못 측정하는 정도가 비교하고자 두 군 사이에 비편향적(non-differential)으로 비슷한 정도로 발생할 때, 대부분의 경우 진정한 관련성의 정도를 과소평가하게 된다. 표 15.2는 환자-대조군연구에서 '비편향적 분류비뚤림이 어떻게 나타나는

표 15.2 커피 음용과 췌장암에 관한 환자-대조군연구에서 분류비뚤림: 가상자료

참된 결과			비편향적 분류비뚤림 (민감도 = 80%, 특이도 = 90%)		
	커피 음용			커피 음용	
	예	아니오		예	아니오
환자군	200	100	환자군	(200×0.8) + (100×0.1) = 170	(100×0.9) + (200×0.2) = 130
대조군	150	150	대조군	(150×0.8)+(150×0.1) = 135	(150×0.9)+(150×0.2) = 165
대응위험도 = $\frac{200\times150}{150\times100}$ = 2.0			대응위험도 = $\frac{170\times165}{135\times130}$ = 1.6		

표 15.3 경구피임약과 유방암에 관한 환자-대조군연구에서 분류비뚤림
'아니오'의 60%를 '많이'로 분류하고, '많이'의 60%를 '아니오'로 분류한 경우

	경구피임약 참된 결과				잘못 분류한 경우 (60%)		
	아니오	약간	많이		아니오	약간	많이
환자군	53	40	60	환자군	53 – (53×0.6) + (60×0.6) = 57	40	60 –(60×0.6) + (53×0.6) = 56
대조군	424	160	60	대조군	424 – (424×0.6) + (60×0.6) = 206	160	60 – (60×0.6) + (424×0.6) = 278
대응위험도	1.0	2.00	8.00	대응위험도	1.0	0.90	0.73

가?'를 보여주는 가상 자료로서, 민감도, 특이도 모두 100%인 왼쪽의 경우 대응위험도가 2.0이지만, 노출지표에 대한 측정 도구의 민감도, 특이도가 각각 80%, 90%인 경우 오른쪽과 같이 대응위험도를 잘못 추정하게 되어, 대응위험도가 1.6으로 과소평가(underestimation, bias toward the null)하게 됨을 알 수 있다.

이와 같이 노출 여부를 비편향적으로 잘못 분류하게 되면 실제 관련성을 과소평가하게 되지만, 이는 노출 여부를 이분성으로 분류할 경우에만 해당되는 것으로, 예를 들어 표 15.3에서 보는 바와 같이 경구피임약 복용 여부를 '미복용/과거 복용/현재 복용'처럼 세 가지 이상으로 분류하는 경우에는 잘못 분류하는 정도가 세 범주 사이에 동일하게 나타난다 해도 관련성을 과소평가할 수도 있고 혹은 과대평가할 수도 있다. 이상에서 설명한 분류비뚤림은 코호트연구에서도 마찬가지로 나타난다.

나) 편향적 분류비뚤림

연구가설의 노출 여부를 잘못 측정하는 정도가 비교하고자 두 군 중 한쪽으로 치우쳐 다르게 발생(differential)할 경우에는 실제 관련성의 정도를 과소평가하기도 하고 과대평가하기도 한다. 표 15.4는 경구피임약과 유방암에 관한 환자-대조군연구로 민감도, 특이도 모두 100%인 왼쪽의 경우 대응위험도가 1.0이지만, 노출지표에 대한 측정도구의 민감도는 모두 100%이고 특이도가 환자군에서는 80%이고 대조군에서는 100%인 경우 오른쪽과 같이 잘못 측정하게

표 15.4 경구피임약과 유방암에 관한 환자-대조군연구에서 분류비뚤림: 가상자료

	참된 결과		편향적 분류 비뚤림의 경우 (환자군: 민감도 = 100%; 특이도 = 80%) (대조군: 민감도=100%; 특이도 = 100%)		
	경구피임약 복용			경구 피임약 복용	
	예	아니오		예	아니오
환자군	150	200	환자군	150 + (200×0.2) = 190	200 − (200×0.2) = 160
대조군	150	200	대조군	150	200
대응위험도 $= \frac{150 \times 200}{150 \times 200} = 1.0$			대응위험도 $= \frac{190 \times 200}{150 \times 160} = 1.58$		

되어 결과적으로 대응위험도가 1.58로 과대평가(overestimation, bias away from the null)하고 있음을 알 수 있다.

즉, 유방암 환자는 자신의 과거 경구피임약 복용 여부를 잘못 판단하여 먹지 않고도 먹었다고 설문한 반면에 대조군은 정확히 대답하는 차이 때문에 야기되는 오류를 보여주고 있는데, 이는 질병에 걸린 환자는 자신의 과거 사실을 과장하여 기억하기 때문에 발생되는 일종의 회상(기억) 비뚤림(recall bias)이다.

3) 결과정보의 분류비뚤림

가) 비편향적 결과분류 비뚤림

노출군과 비노출군 사이에 결과변수인 질병발생 분류가 고르게(non-differential) 잘못된 경우에는 상대위험도에 전혀 영향을 안 주든지 아니면 결과를 귀무(toward the null)시키는 방향으로 비뚤림이 일어난다. 단, 민감도와 특이도가 100%로 완전한 경우에 한한다. 표 15.5는 새로운 예방법의 효과를 판정하기 위한 개입연구의 가상자료로서, 결과에서 볼 수 있듯이 민감도는 상대위험도(risk ratio)에 전혀 영향을 주지 않지만, 절대위험도(risk difference)는 영향을 받음을 알 수 있다. 한편, 표 15.6에서 특이도는 상대위험도를 귀무의

표 15.5 개입연구 결과의 가상자료

	개입 여부			발생확인(진단법의 민감도 = 0.8)	
	신약	위약		신약	위약
발생자	25	50	발생자	25×0.8 = 20	50×0.8 = 40
비발생자	9,975	9,950	비발생자	9,975 + (25×0.2) = 9,980	9,950 + (50×0.2) = 9,960
실제 상대위험도 = 0.5 실제 절대위험도 = 25/10,000 실제 예방분율(preventive fraction) = 50%			상대위험도 추정치 = 0.5 절대위험도 추정치 = 20/10,000 예방분율 추정치 = 50%		

표 15.6 폐암 환자를 대상으로 한 개입연구의 결과: 가상자료

	개입 여부			발생확인(진단법의 민감도 = 0.8)	
	신약	위약		신약	위약
발생자	25	50	발생자	25+(9,975×0.1) = 1,022	50 + (9,950×0.1) = 1,045
비발생자	9,975	9,950	비발생자	9,975×0.9 = 8,978	9,950×0.9 = 8,955
실제 상대위험도 = 0.5 실제 절대위험도 = 25/10,000 실제 예방분율(preventive fraction) = 50%			상대위험도 추정치 = 0.98 절대위험도 추정치 = 23/10,000 예방분율 추정치 = 2.2%		

방향으로, 그리고 절대위험도에는 큰 영향을 주지 않음을 알 수 있다.

나) 편향적 결과분류 비뚤림

노출군과 비노출군 사이에 결과변수인 질병발생 분류가 고르지 않게(differential) 잘못된 경우에는 진정한 노출의 영향이 과소평가 혹은 과대평가되는 방향으로 비뚤림이 일어난다.

4) 선택적 기억에 의한 분류비뚤림의 예

노출요인에 관한 정보수집과정에서 나타나는 비뚤림 중 가장 대표적인 예는

설문조사자의 편견이나 유도질문 혹은 피조사자의 기억력에 의해 다르게 수집되는 기억비뚤림이다.

예 15-4 류마티스 관절염과 부모로부터 유전되는 가족력의 관련성을 평가하기 위하여 관절염에 걸린 환자 19명과 대조군 201명에 설문조사를 한 결과 (가)와 환자군 40명의 형제자매 40명을 대조군으로 하여 같은 설문으로 조사한 결과 (나)는 다음과 같다.

	관절염 환자군	대조군	대응위험도
(가) 부모에서의 관절염 없음	3	111	1.0
한 부모에서 있음	10	74	5.0
부모 모두에서 있음	6	16	13.9
(나) 부모에서의 관절염 없음	11	20	1.0
한 부모에서 있음	23	17	2.5
부모 모두에서 있음	6	3	3.6

예 15-4의 환자-대조군연구에서 (가)의 경우 대조군으로 관절염에 걸리지 않은 정상인을 사용한 것으로 연구결과, 환자군에서 부모의 질병 이환력이 훨씬 높아 이 질병은 유전적 소인이 강하게 작용하는 질환임을 의심하게 한다. 그러나 (나)에서는 환자의 형제자매 중 질병에 걸리지 않은 사람에게 동일한 질문을 한 것으로, 그 결과를 보면 역시 환자군에서 부모의 질병 이환력이 약간 높게 나타나고 있다. 특이한 점은 (나)에서는 환자의 형제나 자매에게 부모에 관한 사항을 물어본 것이므로 환자군에게 물어본 경우와 똑같은 부모의 이환력이 나와야 함에도 불구하고 대응위험도가 2.5-3.6으로 나온 것은 같은 형제라도 환자군은 정상적인 경우에 비해 자기 부모의 질병상태를 더 잘 기억해 내기 때문에 야기된 결과라고 해석할 수 있다.

이와 같이 과거의 사실에 대한 기억의 정도가 비교하고자 하는 두 군 간에 서로 다르게 나타나는 경우는 질문 내용이 매우 민감한 개인생활을 언급하고 있거나, 아주 중대한 문제를 다루고 있는 경우에 질문에 대한 혼동, 응답거부, 얼렁뚱땅 얼버무리기, 거짓말 등의 형태로 나타날 수 있다. 일반적으로 환자가 된 사람은 정상적인 대조군에 비해 심리적인 이유로 인해 과거 자신의 건강행위를 선택적으로 잘 기억해 내는 경향이 있기 때문에 발생되기도 하고, 기억소실의 정도가 개인에 따라 다른 이유에 의해 발생되기도 한다. 다음은 일종의 죄의식으로 인해 거짓 응답을 한 것으로 추정되는 예이다.

예제 15-5 선천성 심장기형의 환경적 위험요인에 관한 연구로서, 1987년부터 1989년까지 서울대병원 소아과에서 선천성 심장기형으로 확진된 생후 1년 이내 환아의 어머니 377명을 환자군으로 하고, 같은 기간 동 병원에 내원하여 예방접종을 맞은 생후 1년 이내의 정상아를 가진 어머니 426명을 대조군으로 하여 환자-대조군연구를 수행하였다. 잘 훈련된 간호사 출신의 면접요원이 대상자를 직접 면접하여 설문조사를 실시하였다. 임신초기에 모르고 피임약을 복용한 경우의 대응위험도는 다음과 같았다.

	피임약 복용	피임약 미복용
환자군	11	366
대조군	227	199

$$대응위험도 = \frac{11 \times 199}{366 \times 277} = 0.03$$

결과에 의하면 '피임약을 그것도 임신초기에 복용한 경우가 복용을 안 한 경우에 비해 선천성 기형아를 낳을 확률이 훨씬 적다'고 해석된다. 그러나 환자군, 즉 기형아를 낳은 엄마는 사실은 임신초기에 피임약을 먹었음에도 불구하고 자기 자식의 질병에 대한 일종의 죄의식 때문에 설문에 답하는 과정에서 일부러 거짓으로 '안 먹었다'고 답했을 가능성이 있다. 반면에 건강한 자식을 낳은 엄마는 떳떳한 마음에서 있는 그대로 혹은 더욱 과장하여 피임약 복용사실을 답했다면 위의 연구결과는 믿을 수 없는 것이 된다. 연구의 상황적인 측면을 고려할 때 상기의 가능성이 사실일 것으로 생각된다면 이때 이 연구결과는 정보수집상 비뚤림이 있었다고 간주한다.

이러한 정보비뚤림은 선택비뚤림의 경우와 마찬가지로 환자-대조군연구에서 잘 발생하는데, 연구의 결과를 평가함에 있어 정보비뚤림에 의한 영향이 명백하다고 판단될 경우에는 연구결과의 내적 타당도를 심하게 해친 결과가 되므로 결국 쓸모없는 연구결과가 되고 만다. 더욱 중요한 사실은 아무리 고급 통계분석법을 사용한다 하더라도 이런 비뚤림은 해결되지 않으며, 표본의 크기를 늘린다고 해서 없어지는 것도 아니다. 이러한 정보 비뚤림은 과거에 대한 정보를 입수하는 과정에서 면접조사원을 철저히 훈련시키거나 설문조사를 과학적으로 잘 계획하고, 대상선정과정에서 비교하고자 하는 두 군의 동질성을 확보하도록 계획함으로써 극복할 수 있다. 뿐만 아니라 연구결과를 해석함에 있어 이런 비뚤림에 의한 결과의 가능성을 면밀히 검토하고, 비록 통제를 할 수는 없다 하더라도 '이런 비뚤림이 어느 방향으로 어느 정도 영향을 주었을 것' 이라는 가능성을 감안하고 이를 기술하는 것이 중요하다.

4. 교란변수에 의한 비뚤림

연구가설을 분석하는 과정에서 독립변수와 종속변수 이외의 제3의 변수에 의해 진정한 관련성이 영향을 받아 그릇된 결론을 유도하게 되는 경우 교란(혼란, confounding)이 일어났다고 한다. 예를 들어, 일반 인구에 비해 특정 산업장 근로자에서 폐암 발생이 높음을 증명하는 과정에서 만약 이들 근로자의 흡연율이 비교집단의 흡연율보다 높다면 [산업장 노출 → 폐암]의 인과적 추론은 잘못된 것이다. 교란비뚤림은 연구계획 단계 그리고 결과 분석단계에서 유의하여야 하는데 유독 역학연구만의 문제는 아니며 의학연구 전반에서 발생하는 중요한 문제이다.

교란변수(confounder)는 ① 연구가설상의 결과변수와 서로 인과적인 관계에 있어야 하며, 동시에 ② 연구가설 상의 노출요인변수와 서로 관련되어 있어야 한다.

> Confounder is a variable that
>
> ① is causally related to the disease under study, and
>
> ② is associated with the exposure under study in the study population, but is not a consequence of this exposure.
>
> (Kelsey 등, 1986)
>
> Confounder is a risk factor for the disease under study whose control in some appropriate way will reduce or completely correct a bias when estimating the exposure-disease relationship.
>
> (Kleinbaum 등, 1982)

교란변수의 대표적 예를 몇 가지 들기로 한다. [석면 근로자 → 폐암] 과정에서 석면 근로자에서 흡연율이 일반 인구에 비해 높고 동시에 흡연 그 자체는 폐암의 독립변수이기 때문에 흡연은 교란변수가 된다. [커피 음용 → 심근경색증]에서 커피 애호가의 흡연율은 비교집단에 비해 일반적으로 높기 때문에 흡연이 심근경색증의 위험요인이란 관점에서 볼 때 흡연은 교란변수의 자격을 갖추고 있다. [모유 수유 → 유방암]에서 보는 것처럼 모유 수유가 유방암 보호효과가 있음을 증명하는 과정에서 만삭분만 수는 매우 중요한 교란변수가 된다. 엄마 젖을 먹인 아이의 수는 만삭분만 아이의 수와 밀접한 관련이 있으며, 만삭분만 아이의 수가 많으면 많을수록 유방암 위험은 낮아진다는 것이 사실이라면 중요한 교란변수가 된다. 여자에서 기생충인 머릿니 발견율이 높다는 보고에서 머리카락의 길이는 [여성 → 머릿니] 관계의 교란변수가 된다. 성교 상대자 숫자란 교란변수가 중간에 작용하여 사실은 아무런 관계도 없는 [매독 → 자궁경부암]이 실제 환자-대조군연구 결과에서는 마치 관련성이 있는 것처럼 나타난다. 이와 같이 교란변수는 아무런 관련이 없는 관계를 관련이 있어 보이게 하기도 하고, 반대로 진정한 의미의 인과

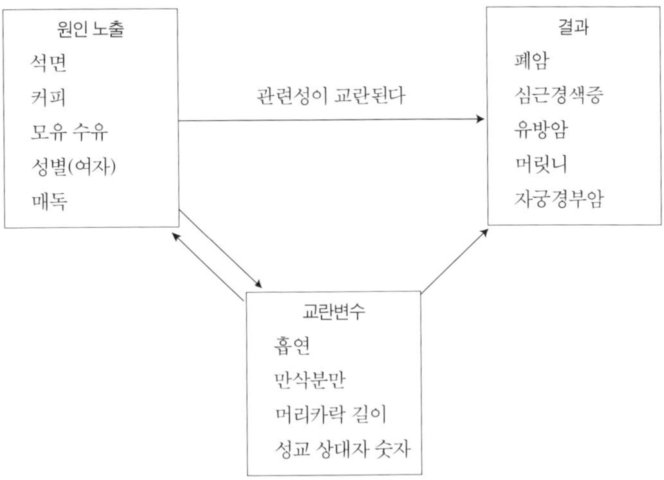

그림 15.3 교란현상이 발생하는 경우

관계를 교란하여 관련이 없어 보이게 만들기도 한다.

아래의 예에서 알코올성 간경변증은 [음주 → 간암]의 중간에 존재하는 간섭요인이며, 폐암의 예에서 음주는 위험요인인 흡연하고만 관련이 있지 폐암의 위험요인이 되지 못하기 때문에 모두 교란변수가 아니다.

예제 15-6은 임상시험에서 '교란변수가 어떻게 작용하며, 그 영향을 어떻게 확인하고, 동시에 어떻게 보정하는가?'를 보여주는 예이다. 교란변수는 결국 연구자료에서 확인할 수밖에 없다.

700명의 신석증 환자에 대한 임상시험결과, 경피술이 훨씬 좋은 성공률을 보이고 있는데, 가만히 생각해 보면 이는 신석의 크기에 따라 적응 치료법이 다르기 때문에 나타난 현상이지, 원래 치료법 자체가 가지는 치료효과의 차이는 아닐 수도 있겠다는 생각이 든다. 즉 [수술법 → 치료 성공률]이 아니라 이 사이에 '돌의 크기'라는 변수가 간섭하고 있다면 실제는 돌의 크기라는 교란변수가 이들 두 변수의 관련성을 교란하고 있을 수 있다는 생각이다. 왜냐하면 교란변수의 정의에 입각해서 검토해 보면 ① 돌의 크기는 치료성공률에 대단히 큰 영향을 주고 있을 것이 예상되며, 동시에 ② 통상적으로 환자

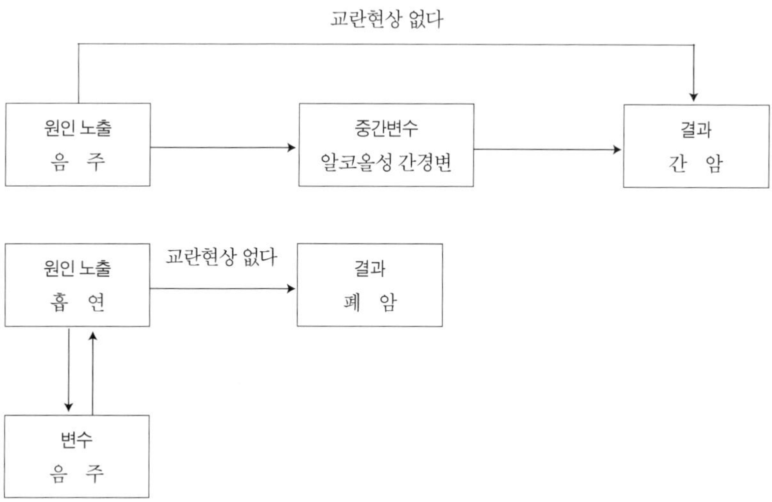

그림 15.4 교란현상이 발생하지 않는 경우

예제 15-6 신석증에 대한 두 가지 치료법의 치료효과에 관한 임상시험 결과는 다음과 같았다. 어떤 교란변수의 영향이 예상되는가? 교란영향을 제거한 후 치료효과는 어떻게 변했는가?

치료 종류	환자 수	성공	실패	성공률(%)
합계(n = 700)				
개복술	350	273	77	78
경피술	350	289	61	83
돌의 크기<2cm(n = 357)				
개복술	87	81	6	93
경피술	270	234	36	87
돌의 크기 2cm(n = 343)				
개복술	263	192	71	73
경피술	80	55	25	69

의 치료법은 돌의 크기에 의해 결정되므로, 돌의 크기는 교란변수에 해당된다. '돌의 크기' 변수의 교란변수로서의 역할을 자료에서 확인해 보기 위해서, 보정 관련성을 계산해 보았다. [수술법 → 치료 성공률] 간의 관련성 측도 1.06을, 교란변수인 '돌의 크기' 변수의 영향을 적절한 통계학적 방법으로 보정해 준 결과, 보정 관련성 측도(adjusted rate)가 0.94로 변화하며, 따라서 돌의 크기가 교란변수로서 작용하고 있음을 알 수 있다.

예제 15-7은 환자-대조군연구에서 교란변수의 영향을 보여주는 예이다. 이 연구에서 초경연령이 빠른 경우 14세 미만, 늦은 경우 14세 이상에 비해 유방암 발생위험이 1.85배 높기 때문에 빠른 초경연령이 유방암 발생에 크게 관여하고 있다는 결론을 내렸다. 그러나 환자군과 대조군의 연령에 차이가 있어 출생시기가 교란변수로서 역할을 하고 있을 가능성을 고려해야 올바른 결론을 유도하게 된다. 즉, 연령이란 거의 모든 종류의 암 발생에 깊게 관여하고 있는 변수이므로 최소한 연령에 의한 영향을 보정한 후에도 초경연령이 여전히 중요한 변수로 남아 있다면 그 때는 정말로 이 집단에서의 월경-여성 호르몬의 역할을 인정하게 되는 것이다. 이를 위하여 연구대상의 연령에 따라 두 가지로 분할한 표를 따로 작성한다. 역학연구에서는 이런 방법을 층화분석법(stratified analysis)이라 한다.

| 15-7 환자-대조군연구

유방암의 발생위험은 초경연령이 빠를수록 증가하기 때문에 초경연령은 유방암의 위험요인의 하나로 간주된다. 다음은 이 같은 사실을 확인하기 위하여 계획되었던 한 환자-대조군연구의 결과이다. 이런 관련성에 출생시기가 교란변수로 작용한 예이다.

전체			50세 미만			50세 이상		
초경연령			초경연령			초경연령		
	~14세	14세 이상		~14세	14세 이상		~14세	14세 이상
환자군	138	112	환자군	12	33	환자군	126	79
대조군	100	150	대조군	54	126	대조군	46	24
대응위험도 = 1.85(1.28~2.68)				0.85(0.38~1.86)				0.83(0.45~1.52)

연령의 영향을 층화분석으로 보정한 결과를 보면 원래 1.85배나 되던 대응위험도 값이 현저히 감소하였음을 알 수 있다. 더군다나 층화 이전에 비해 층으로 나눈 후에는 통계학적 유의성도 없어졌다. 왜 이런 현상이 벌어졌을 것인가? 연구자료를 자세히 들여다보면 그 이유를 알 수 있다. 환자군은 연령 50세 이상인 대상이 많이 포함되어 있는데 비해 상대적으로 대조군은 연령이 어린 대상이 많이 포함되어 있어 야기되는 현상임을 알 수 있다. 즉 이 집단에서는 연령이 유방암 발생과 밀접히 관련되어 있음을 우선 알 수 있다. 뿐만 아니라 50세 이상으로 연령이 많은 집단은 연령이 적은 집단에 비해 초경연령이 늦을 것은 여러 정황을 보아 사실일 것이 틀림없다. 따라서 [연령→초경연령]의 관계도 성립하게 되므로 결국 연령은 이 연구에서 [초경연령→유방암 발생]의 관계를 교란시키는 변수로 작용하였음이 명백해졌다. 다시 말해서 이 연구에서는 초경연령의 빠르고 느림이 유방암 발생에 영향을 준 것이 아니라 연령의 영향이 더욱 크게 작용하였다는 뜻이 된다. 연령, 즉 출생시기를 고려하지 않은 상태에서는 초경연령이 마치 매우 중요한 변수인 것처럼 나타났을 뿐이다. 역학연구에서는 이렇듯 많은 교란변수의 영향을 모두 제거한 상태에서의 상호관련도 지표를 보정 상대위험도 혹은 보정 대응위험도 형태로 논문에 제시한다. 위의 예에서 층을 다시 종합한 하나의 측도인 Mantel-Haenszel 대응위험도는 0.84로 이 값은 결국 연령 보정 대응위

험도가 되는 셈이다.

연구계획 수립단계에서 ① 연구대상을 특정 집단으로 제한(restriction)시켜 버리면 교란변수의 영향을 없앨 수 있는데, 예를 들어 비흡연자만을 대상으로 하면 흡연에 의한 교란영향은 제거된다. 교란변수의 영향을 통제하는 가장 이상적인 방법은 ② 연구대상을 무작위확률추출법으로 선정하는 것인데 교란변수는 물론 알려지지 않은 잠정적 교란변수도 비교하고자 하는 두 군 사이에 고르게 분포하도록 하는 방법이다. 표본의 크기가 클수록 교란 억제효과는 커지지만 임상시험과 같은 실험적 연구에서만 가능한 방법이다. ③ 교란변수로 의심되는 변수에 관해 짝짓기를 하면 교란영향이 가장 효과적으로 통제된다. 개별 짝짓기와 빈도 짝짓기가 사용되는데, 코호트연구와 같이 대규모 연구에서는 적용하기가 너무 힘들기 때문에 주로 환자-대조군연구에서 애용된다.

자료분석단계에서 교란영향을 통제하기 위하여 ④ 분석대상을 특정 집단으로 한정시키는 방법(restriction)이 사용된다. 한편 ⑤ 연구자료를 교란변수에 대해 층화(stratification)하면 교란영향을 보정할 수 있는데, 예를 들어 연령이 교란변수일 경우 연령군을 나누어 각 층마다 관련성 측도를 계산한 후 이를 다시 종합하면 교란변수의 영향을 보정한 측도(confounder-adjusted measures)를 산출할 수 있다. 표준화도 교란영향을 통제하기 위하여 사용되는 방법의 하나로 층화분석법의 일종이다. 층화가 적절한 방법이 되지 못할 경우에는 근래 역학연구에서 널리 애용되고 있는 ⑥ 로지스틱 모델 등 다변량분석을 이용해 통계학적 방법으로 교란변수의 영향을 수학적 모델내에서 보정시키는 방법(statistical modelling)도 있다.

잠정적 교란변수란 대상 질병과 관련이 있다고 알려진 모든 변수를 말한다. 잠정적 교란변수를 포함하여 교란영향을 보정하기 위해서는 이들 변수에 관한 자료가 수집되어 있어야만 가능하다. 분석과정에서 사용되는 통계학적 방법들에 의해 교란영향이 비교적 잘 보정되지만, 통제 후에도 잠재적으로 교란현상이 남아 있는 경우가 가끔 있다. 예를 들어 [흡연 → 자궁경부암]에서 교란변수인 '성교 상대자 수'의 영향을 통계적 방법으로 통제하였음에도 불구하고 교란영향이 충분히 통제되지 않아 남아 있을 수 있다. 이는

'성교 상대자 수'라는 변수가 '성행위'라는 개념의 교란변수를 충분히 잘 반영하지 못하는 변수라는 의미이며, 현재 원인이라 인정되는 인유두종바이러스(human papilloma virus, HPV)의 영향을 대변하기에는 미약하다는 뜻으로 해석된다.

5. 우연에 의한 가능성 평가

연구결과가 우연에 의해 발생할 가능성(chance variation)을 배제하기 위해서 적절한 통계학적 분석을 수행하게 된다. 연구방법의 종류나 수집자료의 크기 혹은 관련성 측도의 종류에 따라 통계적 분석법의 종류가 달라진다. 통상적으로 ① 가설검정(hypothesis test)과 ② 구간추정(interval estimation)이 있다. 일반적으로 p-value로 표시되는 가설검정은 관련성의 정도와 동시에 표본의 크기에 의해 결과가 결정되기 때문에 주의하여야 한다. 즉, 관련성의 정도는 매우 큰데 표본 크기가 작아 통계적 유의성이 관찰되지 않는 경우도 있고, 반대로 관련이 없는데도 표본 크기가 커서 통계적으로는 유의할 수도 있다. 이런 의미에서 근래에는 구간추정이 권장되고 있는데, 구간추정은 가설검정으로 설명할 수 없는 보다 많은 정보를 독자에게 전해 주기 때문이다. 요컨대 통계분석은 이미 수집된 자료의 변이성을 평가하는 방법이지, 수집과정의 변이를 평가하는 방법은 아니기 때문에 연구의 계획-수행-분석과정에서 발생하는 비뚤림이나 교란 등의 비표본추출 오류에 관해서는 통제 능력이 없다.

6. 종합

역학연구의 특성상 단 한번의 역학연구를 통해 어떤 질병의 원인이 밝혀지는 경우는 극히 드물다. 하지만 역학연구의 형태에 따라서 인과성의 가능성을 밝힐 수 있는 정도가 다르다는 점을 감안한다면 가설을 증명하고자 시도한 연구의 결과를 인정하는 수준도 다소 다르게 평가할 수 있다. 표 15.7 흔히 사용되

표 15.7 역학연구의 형태에 따른 각종 비뚤림의 발생 가능성

비뚤림의 종류	생태학적 연구	단면적 연구	환자-대조군 연구	코호트 연구	무작위배정 개입연구(임상시험)
선택비뚤림					
대상자 선택과정	해당 없음	중간	높다	낮다	낮다
추적조사 소실	해당 없음	해당 없음	낮다	높다	중간
기억비뚤림	해당 없음	높다	높다	낮다	낮다
교란 현상	높다	중간	중간	낮다	매우 낮다

는 역학연구의 형태에 따라 연구결과의 타당성이 어떻게 다른가를 보여주는 표이다.

참고문헌

1. 유근영. 의학논문 평가법. 인과성 평가를 중심으로. 대한의학협회지 1994;37:1215-1221.
2. Berkson J. Limitations of the applications of four-fold table analysis to hospital data. Biometrics Bull 1946;2:47-53.
3. Boyd AV. Testing for association of diseases. J Chronic Dis 1979;32:667-672.
4. Dosemeci M, Wacholder S, Lubin JH. Does nondifferential misclassification of exposure always bias a true effect toward the null value? Am J Epidemiol 1990;132:746-748.
5. Elwood JM. Causal relationship in medicine. A practical system for critical appraisal. Oxford University Press;1992.
6. Horwitz RI, Feinstein AR. Alternative analytic methods for case-control studies of estrogens and endometrial cancer. N Engl J Med 1978;299:1089-1094.
7. Hutchinson GB, Rothman KJ. Correcting a bias. N Engl J Med 1978;299:1129-1130.
8. Kelsey JL, Thompson WD, Evans AS. Methods in observational epidemiology. Oxford University Press;1986.
9. Kleinbaum DG, Kupper LL, Morgenstern H. Epidemiologic research: principles and quantitative methods. Van Nostrand Reinhold Co.;1982.
10. Neyman J. Statistics - servant of all sciences. Science 1955;122:401-406.
11. Roberts RS, Spitzer WO, Delmore T, et al. An empirical demonstration of

Berkson's bias. J Chronic Dis 1978;31:119–128.
12. Schlesselman JJ. Case-control studies: design, conduct, analysis. Oxford University Press;1982.

▌찾아보기

ㅅ

ㅊ

ㅋ_

ㅌ_

ㅍ_

ㅎ

A_

B_

C_

D_

E_

저자약력

안윤옥
서울대학교 의과대학 의학사
서울대학교 의학박사
서울대학교 의과대학 예방의학교실 교수
현재, 서울대학교 명예교수

유근영
서울대학교 의과대학 의학사
서울대학교 의학박사
서울대학교 의과대학 예방의학교실 교수
현재, 서울대학교 명예교수

박병주
서울대학교 의과대학 의학사
서울대학교 의학박사
현재, 서울대학교 의과대학 예방의학교실 교수

김동현
서울대학교 의과대학 의학사
서울대학교 의학박사
현재, 한림대학교 의과대학 사회의학교실 교수

배종면
서울대학교 의과대학 의학사
서울대학교 의학박사
현재, 제주대학교 의과대학 예방의학교실 교수

강대희
서울대학교 의과대학 의학사
Johns Hopkins 보건대학원 보건학박사
현재, 서울대학교 의과대학 예방의학교실 교수

신명희

서울대학교 의과대학 의학사

서울대학교 의학박사

현재, 성균관대학교 의과대학 사회의학교실 교수

이무송

서울대학교 의과대학 의학사

서울대학교 의학박사

현재, 울산대학교 의과대학 예방의학교실 교수

역학의 원리와 응용

펴낸곳 서울대학교출판문화원
펴낸이 오세정
지은이 안윤옥 외

초판 1쇄 발행 2005년 9월 25일
초판 11쇄 발행 2020년 7월 5일
출판등록 제15-3호

주소 08826 서울 관악구 관악로 1
대표전화 02-880-5252 팩스 02-888-4148
도서주문 02-889-4424, 02-880-7995
이메일 snubook@snu.ac.kr
홈페이지 www.snupress.com

ISBN 978-89-521-1563-8 93510

2007 대한민국학술원 우수학술도서